After Effects
高效学习指南

自学影视后期制作（全彩+视频）

梦尧 著

电子工业出版社
Publishing House of Electronics Industry
北京·BEIJING

内 容 简 介

这是一本适合初学者自学 After Effects 的书籍。全书详细讲解了 After Effects 的基础操作，以及与影视后期制作相关的技术应用，内容涉及 After Effects 的基本工作流程、菜单栏、工具栏、功能面板、图层与关键帧、抠像与遮罩、调色、内置滤镜、MG 动画、表达式、粒子特效、画面跟踪技术与摄像机反求等。

未经许可，不得以任何方式复制或抄袭本书之部分或全部内容。
版权所有，侵权必究。

图书在版编目（CIP）数据

After Effects 高效学习指南：自学影视后期制作 / 梦尧著 . —北京：电子工业出版社， 2019.5
ISBN 978-7-121-35876-0

Ⅰ . ① A… Ⅱ . ①梦… Ⅲ . ①图象处理软件－教材 Ⅳ . ① TP391.413

中国版本图书馆 CIP 数据核字 (2019) 第 001747 号

策划编辑：官　杨
责任编辑：牛　勇
印　　刷：中国电影出版社印刷厂
装　　订：中国电影出版社印刷厂
出版发行：电子工业出版社
　　　　　北京市海淀区万寿路173信箱　邮编：100036
开　　本：787×1092　1/16　印张：21.75　字数：577千字
版　　次：2019年5月第1版
印　　次：2021年7月第6次印刷
定　　价：129.00元

凡所购买电子工业出版社图书有缺损问题，请向购买书店调换。若书店售缺，请与本社发行部联系，联系及邮购电话：（010）88254888，88258888。
质量投诉请发邮件至 zlts@phei.com.cn，盗版侵权举报请发邮件至 dbqq@phei.com.cn。
本书咨询联系方式：010-51260888-819，faq@phei.com.cn。

目录

第1章 导读 1
   1.1   如何开启自学之路 1
   1.2   本书使用指导 1

第2章 学习前的准备 2
   2.1   与"视频"有关的基础知识 2
       2.1.1   关于扫描、分辨率的知识 2
       2.1.2   关于"帧"的知识 2
       2.1.3   视频格式 4
   2.2   软件安装与电脑配置 6
       2.2.1   应该安装哪个版本的 After Effects 6
       2.2.2   为什么总是安装失败或者在使用时报错 6

第3章 基本的工作流程 8
   3.1   认识工作界面 8
   3.2   合成与素材 11
       3.2.1   新建合成 11
       3.2.2   如何导入素材 13
       3.2.3   如何开始使用素材 18
       3.2.4   如何为一个素材添加效果 20
       3.2.5   合成预览窗口与图层预览窗口 21
   3.3   如何输出工程 22

第4章 菜单栏、工具栏、功能面板 29
   4.1   菜单栏 29
   4.2   工具栏 40
   4.3   功能面板 41
       4.3.1   项目面板中的常用功能 41

4.3.2　时间轴面板中的常用功能 42
　　　4.3.3　合成面板中的常用功能 50
　　　4.3.4　效果控制面板中的常用功能 59

第5章　图层与关键帧 60

5.1　如何理解图层的概念 60
　　　5.1.1　图层的特点 60
　　　5.1.2　图层的类型 63
5.2　图层的基本属性 65
5.3　如何理解并使用关键帧 73
　　　5.3.1　什么是关键帧 73
　　　5.3.2　如何使用关键帧 73
　　　5.3.3　图表编辑器 82
5.4　图层叠加模式与图层样式 89
　　　5.4.1　图层叠加模式及效果 89
　　　5.4.2　TrkMat 及效果 98
　　　5.4.3　如何使用图层样式 101
5.5　灯光图层 103
　　　5.5.1　如何使用灯光图层 103
　　　5.5.2　灯光图层与其他图层的关系 108
5.6　文本图层 113
　　　5.6.1　如何输入与设置文字 113
　　　5.6.2　如何设置文字动画效果 114
5.7　三维图层与摄像机图层 122
　　　5.7.1　三维图层的主要特点 122
　　　5.7.2　摄像机设置属性 126
　　　5.7.3　如何控制摄像机 130
　　　5.7.4　三维图层的自动定向功能 130
　　　5.7.5　合成中既有三维图层又有二维图层，摄像机怎么读取画面 131
5.8　调整层、父子级关系与空层 132
　　　5.8.1　如何使用调整层 132
　　　5.8.2　父子级关系与空层 134
5.9　图层时间的问题 136

第6章　抠像与遮罩 139

6.1　抠像 139
　　　6.1.1　如何去掉不想要的颜色 139
　　　6.1.2　对 Keylight 抠像效果进行观察 140
　　　6.1.3　修正抠像细节 143
　　　6.1.4　抠像颜色校正 148

    6.1.5 遮罩与裁剪 149
  6.2 遮罩 151
    6.2.1 如何绘制遮罩 151
    6.2.2 如何进行遮罩跟踪 163
  6.3 如何使用 Roto 164

第7章 调色 172
  7.1 色阶 172
  7.2 曲线 177
  7.3 色相与饱和度 181

第8章 内置滤镜 187
  8.1 After Effects 内置滤镜与效果 187
  8.2 色彩校正滤镜 187
  8.3 扭曲滤镜 187
  8.4 生成滤镜 192

第9章 MG动画 196
  9.1 绘制图形的基本知识 196
    9.1.1 形状图层的基本操作 196
    9.1.2 如何将不同的形状归纳到一个整体形状图层中 198
    9.1.3 单独调整形状图层中所包含的图形的属性 201
    9.1.4 如何分组控制形状图层下的元素 205
  9.2 如何制作自己想要的图形 207
    9.2.1 如何使用 After Effects 中的钢笔工具 207
    9.2.2 钢笔工具的常见操作 208
    9.2.3 如何绘制复杂的图形 214
  9.3 如何让图形动起来 218
    9.3.1 使用图钉工具让一张图片动起来 218
    9.3.2 调整形状图层的路径产生动画效果 222

第10章 表达式 225
  10.1 表达式的基本用法 225
    10.1.1 什么是表达式 225
    10.1.2 如何创建表达式 225
    10.1.3 表达式的基本操作 226
  10.2 表达式的语法 227
    10.2.1 结构 228
    10.2.2 数据类型 232
    10.2.3 运算 235

10.2.4 变量与函数 239
10.2.5 逻辑 244
10.3 有哪些经常引用的表达式 249
10.3.1 常见的效果表达式和插件 249
10.3.2 表达式样例参考 254

第11章 粒子特效 256

11.1 Trapcode Particular 粒子系统 256
11.1.1 Trapcode Particular 粒子系统的效果 256
11.1.2 Trapcode Particular 简介 256
11.1.3 使用插件参数可以实现的功能 256
11.2 Particular 粒子发射系统 257
11.2.1 如何获得粒子 257
11.2.2 粒子发射行为与发射数量 258
11.2.3 粒子发射器的类型 259
11.2.4 发射器的坐标位置与方向速度 267
11.3 Particular 粒子本身的特性 270
11.4 Particular 粒子阴影系统 291
11.4.1 粒子阴影属性组 291
11.4.2 灯光与粒子的可见关系 291
11.4.3 粒子与灯光强度 292
11.4.4 粒子反射光照 294
11.5 粒子的物理系统是如何影响粒子的 297
11.5.1 如何理解物理系统中的 Air 模式 297
11.5.2 如何理解物理系统中的 Bounce 模式 301

第12章 画面跟踪技术与摄像机反求 303

12.1 基础的跟踪方式 303
12.1.1 画面跟踪 303
12.1.2 四点跟踪 315
12.1.3 变形稳定器 VFX 328
12.2 摄像机反求 333

后记 340

第 1 章 导读

1.1 如何开启自学之路

我在过去的学习过程中,也走过一段自学的路。与很多人一样,面对茫茫众多的教程,学完就忘,也不知道可以用在哪里。在工作了这些年以后,我经常想起当初那段自学的路程。在跟初学者聊天的时候,我发现历史总是相似的,依然有很多人在重复我当初走过的那段迷茫的道路,不知道如何安装软件,不知道应该学什么,不知道学习重点在哪里,也不知道学会之后用在哪里。

我会在书中尽可能回忆那些初学时的情景与问题。在复盘整个入门学习的过程中,我发现有很多内容必须学习根本原理,而不是照着书本做几个案例就可以的。因为换一个情景你就会对任何可能出现的意外状况感到束手无策了,只有做到真正理解原理,你才能深入下去。

有很多学习视频后期制作的朋友们,没有足够的精力和资金去参加专门的培训班,我希望通过这本书让他们掌握最重要的入门知识。

1.2 本书使用指导

第一步,在 http://www.broadview.com.cn/35876 下载电子资源及教学视频。

第二步,阅读电子资源文件夹中的"内容概要与问题准备"。带着问题开始学习。

第三步,在学习完书中相应内容后,再查看电子资源文件中的补充内容。

第四步,看每一章配备的教学视频,里面有对重点知识的演示讲解。

第五步,关注知乎:梦尧,里面会有不定期的资源推荐。

第 2 章
学习前的准备

2.1 与"视频"有关的基础知识

2.1.1 关于扫描、分辨率的知识

<1> 逐行扫描、隔行扫描

曾经因为技术限制,在显示器显示画面时会用逐行扫描与隔行扫描来显示画面。通俗来说,隔行扫描会让传输数据的压力小很多,但是画面有时候会有闪烁,呈现条状扭曲。这样的画面效果在多年前的电视机上会出现。有些时候,大家会把解决这个画面条状扭曲问题的方法称为"去场"。对于初学者来说,如果看到选项有逐行扫描或者其他的扫描方式时,一般选择逐行扫描即可。

<2> 如何设置分辨率

分辨率又叫"解析度"。我们的显示器是由一个个像素点组成的。比如 1080P 就是 1920 像素 ×1080 像素,这是什么意思呢?意思是视频画面在水平方向上包含了 1920 个像素点,在垂直方向上包含了 1080 个像素点。这些小点可以显示各种颜色,最后组成了我们看到的画面。所以分辨率越大,视频就越清晰,反之就越模糊。视频分辨率越大,计算就越复杂,越影响机器的运算性能。

在 After Effects 新建合成时,首先需要设置视频分辨率。图 2-1 中的红框部分就是在新建视频时,修改分辨率的地方。

2.1.2 关于"帧"的知识

<1> 像素宽高比、帧宽高比

通俗说来,像素宽高比(Pixel Aspect Ratio)是指图像中的一个像素的宽度与高度之比,而帧宽高比(Frame Aspect Ratio)是指图像的一帧的宽度与高度之比,即我们常说的视频画面比,这要区别于像素比。此外,我们看到的视频的画面几乎都不是宽高比为 1∶1 的比例。而是其他的宽高比,例如视频的宽高比为 4∶3,视频高度像素是 768,视频宽度像素是 576,它们之间的比例就是 4∶3。此外,还有现在非常流行的 16∶9 的视频宽高比,16 除以 9 约等于 1.78,所以又称为 1.78 的比例。通常,我们会自己设置视频分辨率,在 After Effects 中新建工程时,在 Pixel Aspect Ratio 中选择 Square Pixels 就可以了,系统会自动计算 Frame Aspect Ratio。为什

么选择 Square Pixels 呢？这是因为我们目前能接触到的显示屏幕几乎都是 Square Pixels 的，只有在极少数情况下需要修改像素宽高比。例如拍摄的画面是 720 像素 ×576 像素，这个画面的宽高比为 5 ∶ 4，那么 PAL 制的视频分辨率应该为 768 像素 ×576 像素，画面的宽高比为 4 ∶ 3。如果不想在电视画面上留出黑色的边框，那么请思考一下，在像素宽高比是 1 ∶ 1 的情况下，720 像素与 768 像素之间还差了几十个像素怎么办？答案是修改一下像素宽高比，让每个像素稍微长一点点，比如说 768 除以 720 约等于 1.07，那么像素宽高比就是 1.07。

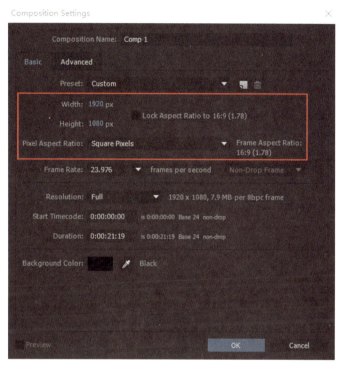

图 2-1

<2> 帧数、帧速率

"帧数"是帧生成数量的简称。而我们一般谈的是"帧速率"。因为口语习惯上的原因，我们通常将帧数与帧速率混淆。当静止的画面快速、连续地显示时，便形成了运动的假象。这跟以前动画片的诞生原理是一样的。比如说，我们看到动态的画面 1 秒，其实这 1 秒中包含了 25 张静止的图片，然后快速播放形成了运动的效果。而帧速率就是设置 1 秒里播放多少个静止画面。帧数越高，那么 1 秒里所包含的画面越多，画面就会越流畅。

现在我们知道视频是无数静止画面快速播放的结果，那么我们把静止的一张图片理解为一帧。

帧速率 = 帧数 / 时间，单位为帧每秒（fps，frames per second）。

也就是说，如果一个动画的帧速率恒定为 60fps，那么它在 1 秒内的帧数为 60 帧，2 秒内的帧数为 120 帧。

我们在玩游戏的时候，为什么会配置高端显卡？为什么会关注帧速率呢？就是为了保证玩游戏的时候画面流畅不卡顿。一般来说，视频只需要每秒 25 帧就可以看上去很流畅、不卡顿。但很多用手机设备拍摄的视频是以 30fps 的帧速率拍摄的。如果是用手机拍摄的素材，即便对合成没有特殊需要，但最好也以 30fps 的帧速率进行设置。而游戏往往需要到 60fps，甚至更高才能保证画面的流畅不卡顿。很多人会把 fps 称为"刷新率",这都是口语习惯引起的,但是现在我们明白它们的本质意思就可以了。如果有人跟你说"这是 25 帧的",说明这个视频或者序列文件在 1 秒里播放了 25 个图像。如果有人跟你说"这个刷新率好低啊",他的意思是在说,这 1 秒播放的帧数或者画面数很少,意味着画面卡顿。

<3> 帧融合

帧融合是画面在快慢之间变化时使用的处理方法。如果你的视频镜头幅度大,或者物体运动幅度大,又或者与镜头幅度小的画面之间有镜头切换,那么推荐使用帧融合。因为,画面快慢交接时在一定时间里可能没有足够多的画面支撑,会出现卡顿,把素材进行帧融合后可以在一定程度上缓解这个问题。在初期,你主要记得它能够在一定程度上处理画面卡顿的问题就可以了。

2.1.3 视频格式

<1> 如何查看视频格式信息

查看视频格式信息,最简单的办法就是在视频文件上单击鼠标右键,在弹出的快捷菜单中查看属性,如图 2-2 所示。

图 2-2

图 2-2 中红框部分就是文件的视频格式 .mp4。另外,你也可以使用 MediaCoder 格式转换软件查看。这个软件不但可以查看视频格式,还可以转换视频格式。有些视频播放软件也可以查看视频格式,比如 PotPlayer。使用播放器播放素材时,按下 Caps Lock 键,PotPlayer 可以显示出该视频的格式信息,如图 2-3 所示。

图 2-3

<2> 视频格式、视频编码方式、视频封装格式

很多新手会把视频格式与视频编码方式混淆，其实它们是不同的，在你导出文件时就需要选择视频格式与视频编码方式了。比如常见的 MOV 格式，就是 QuickTime 的视频格式。

虽然导出的视频格式文件都是以 MOV 结尾的，但是其编码方式却不同。比如我们在 Vide Codec 中选择"PNG"编码方式（如图 2-4 所示），那么这个视频就是具有透明通道效果的，文件也会很大。如果选择"H.264"编码方式，则该视频不具有透明通道，但是文件会相对小很多，适合网络媒体使用。

现在你对视频格式与视频编码方式有了一个初步了解，接下来进一步了解视频封装格式。常见的 AVI、MPEG、VOB 等都是视频封装格式。我们可以把视频封装格式理解成一种存储视频信息的容器，这些容器让不同媒体内容可以同步播放。它的另一个作用就是为多媒体内容提供索引。也就是说，如果没有容器存在的话，一部影片你只能从一开始看到最后，不能拖动进度条，而且音频也需要你自己另外单独载入。这种容器也可以理解成一种标准，就是把编码器生成的多媒体内容（视频、音频、字幕、章节信息等）混合封装在一起的标准。

图 2-4

<3> 视频码率

视频码率就是数据传输时单位时间内传送的数据位数，一般我们用的单位是"Kbps"，即"千位每秒"。通俗一点的理解就是取样率，单位时间内取样率越大，精度就越高，处理出来的文件就越接近原始文件。视频文件体积与取样率是成正比的，所以几乎所有的编码格式重视的都是如何用最低的视频码率达到最少的失真，围绕这个核心衍生出来了恒定比特率（CBR）与可变比特率（VBR）。如果你觉得导出的视频文件过大，除修改视频编码方式以外，也可以降低视频码率。

<4> 可变比特率与恒定比特率

在使用 Premiere 导出视频的时候，会看到可变比特率与恒定比特率选项。可变比特率，也就是非固定的比特率，音频编码软件在编码时根据音频数据的复杂程度即时确定使用什么比特率，这是以质量为前提兼顾文件大小的编码方式，缺点是编码时无法估计压缩后的文件大小。而恒定比特率指的是编码器每秒钟的输出数据量（或者解码器的输入比特率）是固定（常数）的。编码器检测每一帧图像的复杂程度，然后计算出比特率。如果比特率过小，就填充无用数据，使之与指定比特率保持一致。如果比特率过大，就适当降低比特率，使之与指定比特率保持一致。因此，恒定比特率模式的编码效率比较低。在快速运动画面部分，画面细节较多，一般需要更多的数据来描述画面信息，但由于强行降低码率，会丢失部分画面的细节信息，因此出现画面模糊、不清晰的现象。现在，恒定比特率已逐步被可变比特率取代，所以建议大家在

导出视频文件时选择可变比特率。

<5> 初学者常用的视频编码方式

视频格式不过是一个封装容器，而视频编码方式才是一个视频的内核。要注意的是，不要通过文件格式就轻易判断它的视频编码方式。所谓视频编码方式就是指通过特定的压缩技术，将某个视频格式的文件转换成另一种视频格式文件的方式，只不过容器的名字与编码的名字一样或相似。初学者常用的视频编码格式主要有以下两个。

- MPEG 系列的 MPEG-4。
- H.26X 系列的 H.264。

此外，在互联网上被广泛应用的还有 Real-Networks 的 RealVideo、微软公司的 WMV，以及苹果公司的 QuickTime 等。

2.2 软件安装与电脑配置

2.2.1 应该安装哪个版本的 After Effects

很多旧的 After Effects 教程是使用 After Effects CS4 与 After Effects CS6 录制的，但是你依然可以安装最新的 After Effects CC 系列。

版本越新的 After Effects，它的核心功能就会越好，当你掌握了任意一个版本的使用方法后，也就会使用其他版本了。个人推荐先使用那些稳定版本，一般来说是次于最新版本一到两代的版本，这些成熟的版本相对应的插件也是更丰富、稳定的。本书的内容适用于所有的 After Effects CC 系列版本。还有一个常见的问题就是安装英文版还是中文版？很多人会认为自己的英文不够好所以害怕使用英文版。实际上常用的功能就那些，看多了也就熟悉了，丝毫不会影响你的使用。如果实在不行的话，你可以安装多个版本，After Effects 不同版本之间是不会冲突的。你可以安装一个中文版，再安装一个英文版。它们可以同时打开，你可以对照使用。为什么强调使用英文版呢？因为很多的底层语言是英文的，使用中文版本可能会在你使用插件或者表达式时频繁报错，甚至使用模板也会报错，所以要尽快熟悉英文版本。

注意：不要使用汉化版本的 After Effects 软件。这类版本的软件问题非常多。我们其实可以直接通过其他方法修改版本的语言。以 Window 64 位操作系统中的 After Effects 为例，在"C:\Program Files\Adobe\ 软件版本 \Support Files\AMT"路径下找到文件"application.xml"，然后将它拷贝到桌面上，使用记事本打开。在记事本中按下 Ctrl+F 组合键进行查找，输入 zh_CN 或者 en_US。找到后，修改成 en_US 就是英文版，修改成 zh_CN 就是中文版，保存后复制回原文件地址并进行替换，重启软件后就会显示相应的系统语言了。

2.2.2 为什么总是安装失败或者在使用时报错

总有人在安装软件时出现各种问题，看到那些奇怪的报错信息我也感到非常沮丧。老实说，我很少遇到奇怪的报错信息、安装失败，等等。我后来看了一些频繁报错的朋友的电脑，他们的系统非常混乱，文件也有各种误删，安装过很多来路不明的奇怪软件。因为这些报错问题，有些人居然就放弃了对 After Effects 的学习，这是非常可惜的。建议大家不要安装乱七八糟的软件，不乱删文件，如果之前卸载过 Adobe 的软件，那么可以使用一些清理工具彻底清除干净，比如用 Adobe Creative Cloud Cleaner Tool（一款 Adobe 官方出品的专用于强制卸载 Adobe 系列软件的辅助软件）清理残余文件。不要用一些来路不明的安装文件，使用官方英文版，你会发现基本不会再出现奇怪的问题，就可以进入正常的学习了。如果在正常使用时报错，系统会弹出信息对话框，在互联网上搜索错误代码，查阅相关的信息，就知道是哪里出了错误。

第 3 章
基本的工作流程

3.1 认识工作界面

初次打开 After Effects 时可能会觉得陌生,因为我们并不知道每个区域的主要功能与作用,那么我们的学习就从这一部分开始。

<1> 各工作区域的主要作用

首先需要认识的是 After Effects 的工作面板,如图 3-1 所示。

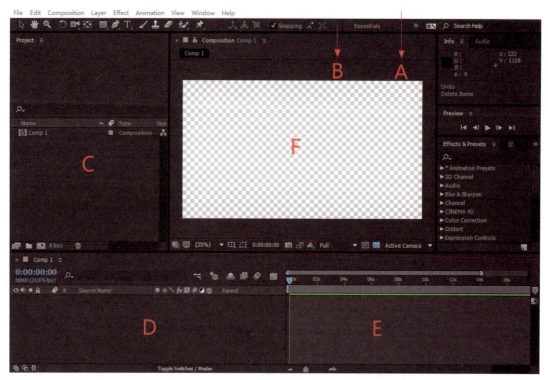

图 3-1

图 3-1 是 After Effects 默认的 Standard 模式下的工作面板,也是你第一次打开 After Effects 显示的工作界面。图 3-1 涵盖了工作界面里最重要与最常用的功能面板。

A:菜单栏,通常用于调整各种工具、面板、工作界面、项目导入导出等设置。

B：工具栏，包括常用的主要工具。

C：项目面板，放置合成文件、素材等的地方。

D：时间轴面板，主要用于对素材进行处理的操作面板。时间轴面板其实包括图层区域与时间轨道区域。

E：时间轨道，隶属于时间轴面板，又被称为"时间线面板"，主要用于对素材进行与时间线和关键帧有关的操作。在之后文章中提到的"时间线面板""时间轨道""时间线"其实都是指同一个功能区域，要与之前提到的时间轴面板区域区分。

F：合成预览窗口/图层预览窗口，显示最终合成效果，或者单独显示图层的预览效果。

<2> 如何选择工作界面的布局

在 After Effects 的菜单栏中可以调整界面布局，比如在 Window → Workspace 下有很多工作面板预设可供选择，如图 3-2 所示。

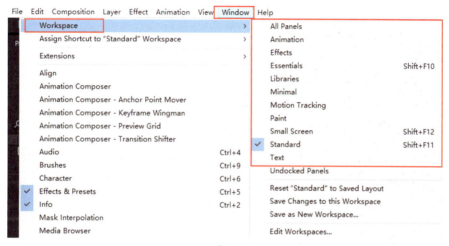

图 3-2

在图 3-2 中，你可以看到很多的工作界面模式选项。初学的时候一般使用 Standard，或者 All Panels 较多。当你误操作把一些面板关掉，或者拖动到不想要的位置，以至于找不到自己想要的功能面板时，想复原工作界面应该怎么办呢？你可以通过 Window → Workspace → Reset 恢复成初始工作面板。

<3> 如何自定义工作界面的布局

当你需要自己定义工作界面布局时，该如何去做呢？首先用鼠标左键拖动任意面板，然后移动到新位置，通常会出现蓝色选框标记可以放置的区域。简单尝试一下，比如在 Project 面板的空白区域上按住鼠标左键不放，如图 3-3 上红框标记的区域。然后拖动鼠标到其他位置，如果可以放置的话，就会在鼠标位置显示出蓝色的方块，如图 3-4 所示。此时松开鼠标左键，Project 面板就会移动到新的位置上。

大部分的功能面板都是嵌套在工作界面中的，所以也可以把面板取消锁定，变成独立窗口。以 Project 面板为例，如图 3-5 所示。

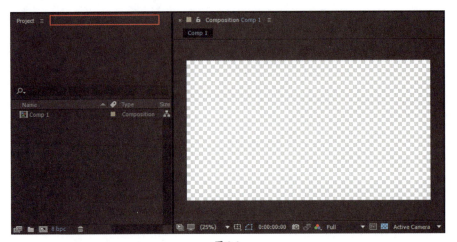

图 3-3

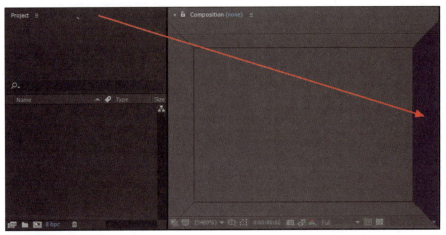

图 3-4

单击 Project 面板上的扩展按钮（参见图 3-5 上左边的红框标记）。此时，会显示一个下拉菜单。选择 Close Panel，整个 Project 面板会被关闭。选择 Undock Panel，Project 面板会变成一个独立的活动面板，可以任意放置。

图 3-5 所示下拉菜单中的其他重要选项是：

- Close Other Panels in Group：当多个功能面板互相叠加在一起，如图 3-6 所示。在 Effects & Presets 面板中选择此选项，就会保留当前功能面板并关闭其他功能面板，即"库"功能面板就会被关闭。
- Panel Group Settings：对整个面板组进行统一设置，主要是关闭、解锁、堆叠等基础调整功能。
- Columns：并不是所有的面板都有该选项，也不是都提供同样的功能，你可以看看其他功能面板中的 Columns 里都有什么，尤其需要注意时间轴面板与合成面板中的该功能选项。

图 3-5　　　　　　　　　　　　　　图 3-6

3.2 合成与素材

3.2.1 新建合成

<1> 如何新建合成

在 After Effects 中所有素材处理都是以合成开始的，最后结果的输出也是在合成中设定范围、参数，然后导出的。所以，我们首先要学会建立一个合成文件，如图 3-7 所示。

在图 3-7 所示的 Project 面板中的空白区域单击鼠标右键，然后在弹出的菜单中选择 New Composition，打开合成设置对话框，如图 3-8 所示。当然也可以使用 Ctrl+N 组合键来新建工程。

图 3-7　　　　　　　　　　　　　　图 3-8

<2> 设置新建合成的参数

在新建合成以后，会弹出 Composition Settings 对话框，通过这些设置我们就可以搭建一个进行创作的"画布"了，如图 3-8 所示。

在这个对话框中，对于初学者来说需要设置的参数不是很多，总的原则是要知道什么属性是做什么用的才能修改它。

Composition Name：对新建合成进行命名，中英文均可，推荐使用英文字母。

Preset：在这个选项中有预设好的分辨率与帧速率，但是推荐使用 Custom，自定义参数。

Width/Height：设置合成视频的宽与高，现在主流是 1920 像素 ×1080 像素规格，其次是 1280 像素 ×720 像素规格。对于分辨率你可以想象成一张画布。这是一张多大的画布呢？如果是"Width 1920, Height 1080"，那么这张画布的宽是 1920 像素，高是 1080 像素，以此类推。

Pixel Aspect Ratio：设置像素的宽高比，一般选择 Square Pixels 即可。

Frame Rate：视频每秒播放帧数，通常设置为每秒 25 帧、30 帧。你在设置这个参数之前要看一下导入的视频素材是多少帧数的，最好是一致的帧数，不然可能会造成音画不同步的问题。如果你有一个每秒 30 帧的视频且没有转换格式，但是在合成时需要设定为每秒 25 帧，那么可以使用"解释素材"的方法解决这个问题。

Resolution：这个选项会影响合成界面的分辨率显示，方便快速预览，毕竟分辨率越大越占用系统资源。另外，该选项还可以在合成预览窗口中随时修改，观察合成效果。不过，这并不会影响最终的导出结果，最终结果以新建合成时对分辨率设置的大小为准，如图 3-9 所示。

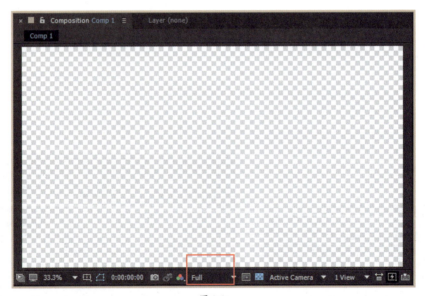

图 3-9

在新建完合成以后，在合成预览窗口中可以随时修改预览的分辨率大小。这个选项在图 3-9 中用红框标识了。如果你觉得视频不够流畅，出现卡顿现象，可以降低这个数值。比如设置为 Half，只以一半的合成分辨率预览合成画面，这会提高预览速度。如果你想预览最终的导出效果，则可以调高这个值到 Full 来观察最后的渲染画面效果。

Start Timecode：默认数值是 0，表示视频正常在时间线面板上从 0 秒开始计算时间，如图 3-10 所示。

图 3-10 展示的是一个 10 秒的合成，即从 0 秒到 10 秒的一个合成。但是当你将 Start Timecode 修改成 30 秒时，我们再来看一下时间线面板上的显示，如图 3-11 所示。

第3章 基本的工作流程

图 3-10

图 3-11

在图 3-11 中我们可以看到计数从 30 秒开始，虽然这个视频依旧是 10 秒的合成长度，但是变为从 30 秒到 40 秒的合成。

Duration：新建合成的时间长度。这个按需设置即可，如果你需要 10 秒就设置 10 秒，如果你需要 1 小时就设置 1 小时。

有时候，如果整个合成只对某一个视频直接进行修改，也需要看这个视频到底有多长，那么可以按照图 3-12 演示的方式，直接把素材拖动到下方红框标记的新建合成的图标上。此时系统会自动读取这个视频的信息，新建一个与该视频分辨率一致、帧数一致、长短一致的合成文件。但是可能因为素材的缘故，它的 Start Timecode 不一定为 0，所以需要我们进入 Composition Settings 中修改。当你需要跟视频分辨率、长度、帧数一样的合成时，就可以使用这个方法。

图 3-12

3.2.2 如何导入素材

导入素材的方法很多，一般可以直接从文件夹里把素材拖动进 Project 面板中，或者在 Project 面板上的空白区域单击鼠标右键，在弹出的快捷菜单中选择素材导入，如图 3-13 所示。

按照 Import → File 的操作顺序就可以导入各种素材了。在弹出的窗口中找到我们需要的素材并单击 Import 即可，如 3-14 所示。

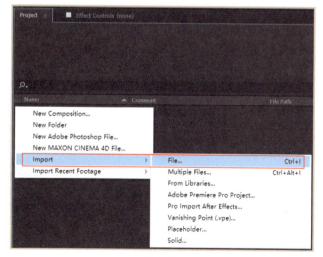

图 3-13

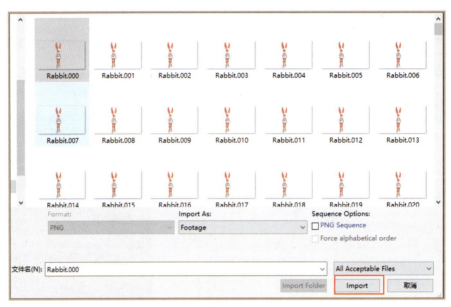

图 3-14

<1> 如何导入序列图片

序列图片就是一种连续获取的系列图像。序列图片是比较常用的素材之一，尤其在你掌握三维软件以后，经常会将导出的序列图片重新导入 After Effects 中使用。图 3-15 就是一组序列图片。

当需要将序列图片作为一个整体导入项目中时，应该如何做呢？

观察图 3-15 中的序列图片我们可以发现，它们的最大特征就是图片按照顺序排列，每一张图片的内容中只是动作有微小的变化。当把序列图片快速连续播放的时候，也就形成了动画。如果你的一些图片放在一个文件夹里，并且按着数字顺序命名，也可能会被系统认为是序列图片。

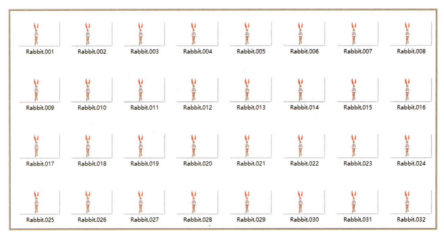

图 3-15

所以在导入序列图片时，就需要勾选导入素材界面下的 PNG Sequence 选项，告诉计算机这是序列，反之只会单张导入，如图 3-16 所示。

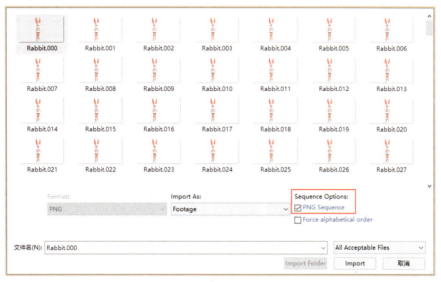

图 3-16

因为本例导入的是 PNG 格式的序列图片,所以勾选的是 PNG Sequence。如果是 JPG 格式的图片,就勾选 JPG Sequence。而当你只需要导入序列中的一张图片,则不要进行任何勾选,就会单独导入你选中的那张图片素材。在导入序列图片以后,界面如图 3-17 所示。这里显示了该序列包含 300 张图片,你可以把它们作为一个整体直接拖动到时间轴面板上进行使用。

<2> 如何导入 PSD 与 AI 格式的素材

相比视频,图片素材的导入更简单,把素材拖入项目面板中就可以了,但是对于 PSD 与 AI 格式会略有不同,因为这些文件中包含了很多图层。我们导入一个 PSD 文件试试,如图 3-18 所示。

图 3-17

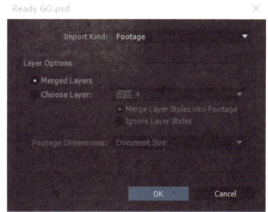

图 3-18

我尝试导入了一个文件名为"Ready GO"的 PSD 格式的素材,After Effects 自动弹出对话框,在 Import Kind 下拉菜单中有三种模式可供选择。

1. Footage。

Footage 的作用是把 PSD 格式文件作为一个素材导入,包含两种主要方式:一个是用 Merged Layers,将 PSD 文件中所有的图层合并为一张图片导入素材;另一个是用 Choose Layer,即可以单独选择 PSD 文件所包含的某一个图层作为素材导入。

2．Composition 与 Composition - Retain Layer Sizes。

选择 Composition 的界面如图 3-19 所示。

Composition 与 Composition - Retain Layer Sizes 这两个选项的作用都是把图层以合成的形式导入，如图 3-20 所示。

图 3-19

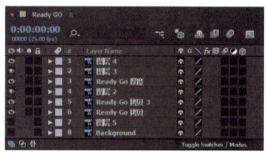

图 3-20

<3> 素材丢失怎么处理

在你打开其他人的工程文件时，如果改变了素材存储在计算机上的位置，或者修改了它们的名字，那么会让已经被导入的素材失去链接，如图 3-21 所示。

图 3-21

当 After Effects 找不到素材在计算机中的源文件时，就会出现图 3-21 中红框标识的彩色图标。此时，我们要重新链接素材，可以在该素材上单击鼠标右键打开快捷菜单，如图 3-22 所示。

在图 3-22 所示的菜单中选择 Replace Footage → File。另外，也可以选择 Reload Footage。一般来说，如果你有多个丢失链接的素材且这些素材的源文件都在一个文件夹中，那么只需要重新链接其中一个素材，则其他素材都会被自动关联。

图 3-22

<4> 如果素材帧速率与合成不一致应该怎么做

通常在遇到素材帧速率与合成不一致的问题时，可以使用 Project 面板中的解释素材功能解决。要明白这个功能，我们可以做一个测试。在 Project 面板中单击需要解释的素材，例如"森林雪景"，将其拖动到合成标签上形成一个新的合成，如图 3-23 所示。

这个做法在新建合成的部分讲过，其最大的好处就是系统会直接读取这个素材的时间长度、帧速率等参数作为新合成的参数设置。此时，我们选择新建的合成，然后到菜单栏中选择 Composition → Composition Settings，打开的对话框如图 3-24 所示。

图 3-23

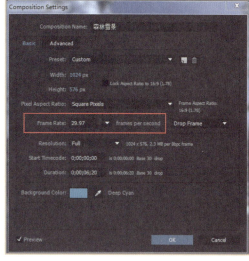
图 3-24

我们可以看到"森林雪景"这个视频素材的帧速率是 29.97 帧每秒，但是我们新建的合成是 25 帧每秒，两者并不匹配怎么办？我们可以解释素材，把这个素材的帧速率重新调整一下。解释素材的方法就是单击选中素材并把它拖动到 Project 面板左下方的解释素材按钮上，如图 3-25 所示。

以图 3-25 所示的方式操作完成以后，会弹出解释素材的对话框，如图 3-26 所示。

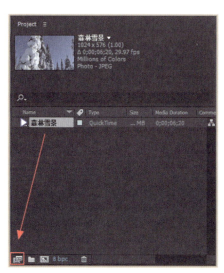
图 3-25

图 3-26

在图 3-26 中用红框标识的部分，Use frame rate from file 表示使用视频原来的帧速率。所以我们修改时要选择 Conform to frame rate...frame per second，即修改视频帧速率。假设你的合成工程文件是 25 帧每秒，那么就把 29.97 帧每秒修改成 25 帧每秒就可以了。视频会被重新解释为 25 帧每秒的视频。当我们重新解释素材为 25 帧每秒以后，再拖动文件直接形成一个合成工程文件，重新检查合成设置的时候会发现这个工程文件的帧速率是 25 帧每秒，如图 3-27 所示。

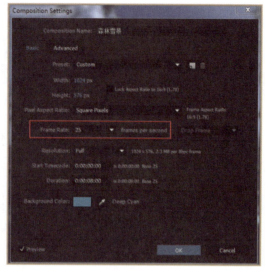

图 3-27

3.2.3 如何开始使用素材

<1> 如何把素材放入合成中

在我们掌握了新建合成和导入素材的基本方法以后，那么如何使用素材呢？

在使用素材之前我们要找到需要使用该素材的合成，在 Project 面板上选中该合成并双击，然后将素材拖动到该合成的时间轴面板上。所有要使用的素材，都需要放到时间轴面板上，然后进行属性修改或者添加效果等操作，如图 3-28 所示。

图 3-28

以图 3-28 为例，我们在 Project 面板上选中名为"Comp 1"的合成，然后双击合成，就可以在时间轴面板上找到"Comp 1"合成。然后将需要的素材，比如"森林雪景"拖动进时间轴面板之中。要注意的是，每一个合成都是独立的，如果你在不同的合成中使用同样的素材，则需要重新把素材拖入新的合成下的时间轴面板上。假设你有多个合成，分别双击合成，就会在时间轴面板上形成一排合成文件标签，如图 3-29 所示。

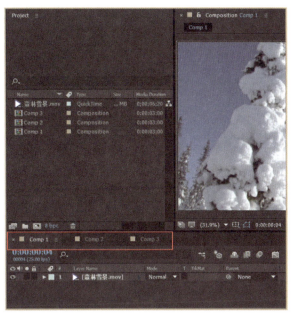

图 3-29

图 3-29 所示有三个合成，分别是 Comp 1、Comp 2 和 Comp 3，你可以在不同的合成中切换。

<2> 如何预览素材

当你把素材拖动到合成文件的时间轴面板上时，就可以预览素材的播放效果了，如图 3-30 所示。

按空格键可以在合成预览窗口中预览当前被选择的合成画面，预览面板上的播放控制按钮也可以用上了，如图 3-31 所示。

图 3-30　　　　　　　　　　　　　　　　　　　　　　　图 3-31

<3> 如何选中素材中的一段

这个方法涉及一个图层的入点与出点的问题。After Effects 是以图层概念为基础设计的软件，当你把素材拖动到时间轴面板上时，就会形成一个一个图层，而每个图层都会显示一个长方形色块，我们把它们称为"图层条"。图层条的长度说明它在哪些时间段上会被启用与显示，如图 3-32 所示。

图 3-32 展示的情况是，该素材在第 2 ～ 3 秒的时候会被启用与显示，其他时候不会被启用

与显示。当明白图层条的意思以后，我们就可以学习如何使用它设定素材在时间轨道上的起始位置与显示范围了。

1. 素材在时间轨道上的移动问题。

现在，我们通过调整时间轨道上的图层条来实现对素材中部分区域的选用。例如，你的合成工程时长设置为 3 秒，但是你的素材却有 5 秒甚至更长，所需要播放的部分在第 3 至 4 秒处。把素材首先拖动到时间轴面板上，然后到时间轨道上选择需要的范围，如图 3-33 所示。

图 3-32

图 3-33

图 3-33 所示的素材图层条"森林雪景"约有 6 秒长，而合成"Comp 1"总长度只有 3 秒。也就是说，在默认情况下，素材中第 3 秒以后的部分看不到了。在图层条上按下标左键不放并往前拖动，这样就可以看到第 3 秒以后的视频了。但是，因为当前合成长度的限制，当你把素材往前拖动的时候，虽然后面的素材可以被看到，但前面的素材却看不到了，这是因为该合成只能显示 3 秒的画面。

2. 如何使用素材中某一段画面呢？

假设，素材"森林雪景"中第 2 秒前的部分和第 3 秒后的部分不需要在合成中使用，那么应该怎么做呢？很简单，拖动视频素材前后端是可以把素材"删掉"一部分的，当然并不是真的删除了，而是"隐藏"了，当你需要的时候还能还原，如图 3-34 所示。

当你把鼠标指针放在素材的图层条两端时，就会出现可拖动的双箭头标记，然后拖动它就可以调整素材的播放范围。实体的部分是保留的素材片段，虚的部分表示被隐藏，不可见。

<4> 如何将时间轨道上的素材无缝衔接

一个合成文件里有很多素材，每个素材需要首尾连接，应该怎么做呢？使用拖动的方式会比较麻烦，需要放大到帧级别去操作。假设有两段视频，后者要紧紧地靠近前者的末端，那么最初级的办法就是拖动素材的时候按住 Shift 键。此时，两个素材就会自动前后吸附，如图 3-35 所示。

图 3-34

图 3-35

如图 3-35 所示，进行测试的两个素材图层条首尾衔接，红框所示之处就是它们的衔接位置。前面的素材内容结束，后面的素材立马衔接上。

3.2.4　如何为一个素材添加效果

首先在菜单栏中单击 Effect 菜单项，在打开的下拉菜单中选择 Effect Controls 选项，打开图 3-36 所示的 Effect Controls 面板窗口，我们可以在空白区域单击鼠标右键并在弹出的快捷菜单中选择 Effect 选项，为素材添加滤镜与插件。注意，需要先在合成文件的时间轴面板上单击选择某一素材，让该素材处于被选中状态，如图 3-37 所示。

图 3-36　　　　　　　　　　　　　　　图 3-37

在图 3-37 中，合成"Comp 1"下的视频素材"森林雪景"已经处于被选中状态。此时，在 Effect Controls 中添加 Effect，即对视频素材"森林雪景"起作用。

首先，我们可以尝试为视频素材"森林雪景"添加一个 Curves 效果，在 Effect Controls 面板空白处单击鼠标右键，在弹出的快捷菜单中依次选择 Color Correction → Curves，打开图 3-38 所示的窗口。

此时，可以调整一下 Curves 滤镜中的参数，看看合成预览窗口中的素材会发生什么变化。如果我们想删除添加的效果，可以直接选择该效果然后按 Delete 键，也可以暂时关闭滤镜插件。单击图 3-38 中红色框标识的 fx 图标，它的作用就是开启与关闭该特效。一个素材可以添加多个效果，可以根据你的需要单独关闭与启用某一效果。

此外，如果在你使用插件的过程中，看到如图 3-39 所示的报错信息，不必担心，你只需按一下键盘上的 CapsLock 键就可以恢复正常了，这种情况是比较多见的。

图 3-38　　　　　　　　　　　　　　　图 3-39

3.2.5　合成预览窗口与图层预览窗口

本来这个问题应该在后面讲，但是我收到的一个反馈是，很多人在一开始学习时会有一个误操作，即习惯性地双击鼠标。比如在时间轴面板上双击某个图层，然后就会从合成面板进入图层预览窗口，此时会只显示你在时间轴面板上双击的那个图层画面，而不是整个合成的预览窗口。因此会出现疑问："为什么我的东西不见了？"或者"为什么我显示的不一样？"。这些问题看似很小，但是我已经听到很多人反馈了，所以很有必要说明一下，如图3-40所示。

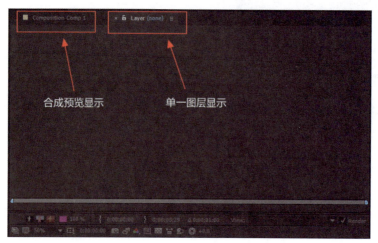

图 3-40

注意图3-40中用红框标识的标签，你要注意区分合成面板上到底显示的是合成预览还是某个图层的预览。如果不是你需要的窗口，那么单击不同的标签就可以来回切换了。

3.3 如何输出工程

完成了上一节的练习以后，我们可以考虑把练习的文件导出。

所有的合成，最后都是需要输出作为最后的结果的。

<1> 如何选择导出的范围

如果合成很长，可以只选择其中一段输出。比如，有一个总长为3秒的合成，而我们只需要其中第1秒到第2秒的内容，那么怎么选择输出范围呢？方法就是在时间轨道上设置合成导出的入点与出点，如图3-41所示。

图 3-41

图3-41中红框所标记的范围就是输出范围的开头与结尾。在时间轨道上拖动红框标记的蓝色边缘部分，就可以修改输出的范围了。最方便的方法是使用快捷键，把时间轨道指针拖动到某一个位置，如果它是你导出范围的开始位置，按B键设置输出视频的入点，也就是开始位置；如果它是你视频结束位置，那么按N键则表示设置输出视频的出点，也就是结束位置。

<2> 如何进入导出界面并设置参数

在设定好范围以后，有两种方式进入输出设置面板。第一种如图3-42所示，在菜单栏依次单击 File → Export → Add to Render Queue。

第3章 基本的工作流程

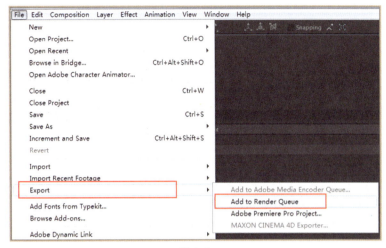

图 3-42

另一种导出方式是按下 Ctrl+M 组合键进入 Render Queue 进行视频渲染设置，如图 3-43 所示。

最为常用的设置是 Output Module 与 Output To。

通过 Output Module 可以自定义输出模式。展开的 Output Module 下拉菜单如图 3-44 所示。

图 3-43

图 3-44 所示的各种导出模块里，红框标记的 Lossless，表示我们需要选择一个模块。而我们通常选择的是 Custom。单击蓝色的 Lossless 也可以进入自定义界面，如图 3-45 所示。

图 3-45 所示的是输出设置中最常用的界面，接下来的重点就是掌握这个自定义界面的使用方法。

<3> 如何设置自定义输出参数

首先设置视频的封装格式类型，单击 Format Options，会看到各种不同的输出格式可供选择，如图 3-46 所示。

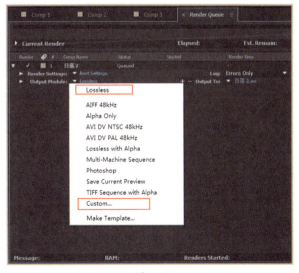

图 3-44

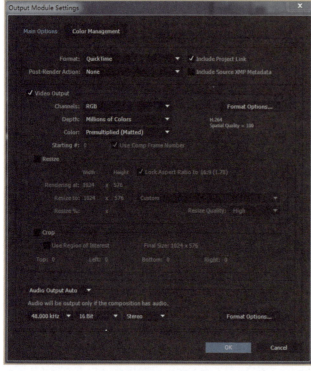

图 3-45

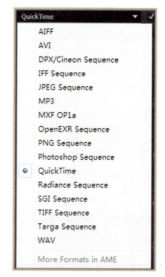

图 3-46

图 3-46 所示的格式大家应该都比较熟悉了。我们主要使用的是 QuickTime 格式，这也是为什么之前的章节说一定要安装 QuickTime 播放器，现在就使用到了。

在选择了 QuickTime 以后，就要设置它的编码模式，如图 3-47 所示。

图 3-47

其中，最常用的是 Channels 这个选项，可以选择 RGB，即输出不带有透明通道；选择 Alpha，只输出透明通道，不带有颜色；选择 RGB+Alpha，输出既有颜色也保留透明通道。这些通道模式的选择取决于图 3-47 中用红框标记的 Format Options 中对视频编码的选择，有些编码模式是没有透明通道的。单击 Format Options 可以查看具体信息，如图 3-48 所示。

其中需要关注 Basic Video Settings，Quality 数值越大，视频的清晰度与质量越高，通常来说我们会调整到最高值。单击此选项展开下拉菜单可以看到图 3-49 所示的选项。

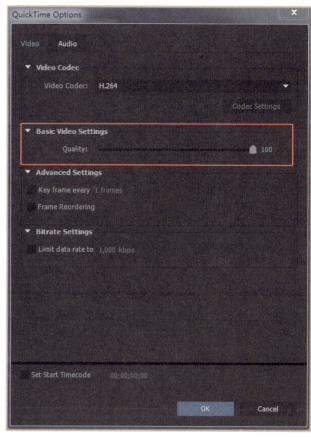 

图 3-48　　　　　　　　　　　　　　　　图 3-49

虽然我们可以在图 3-49 中看到如此之多的格式类型，但是最为常用的是 H.264 与 PNG。这两种格式类型的特点也很明显：当导出的视频不需要透明通道的时候，选择 H.264，文件会又小又清晰，利于网络传输；当导出的视频需要有透明通道的时候，选择 PNG，文件会很方便地在其他的合成中叠加使用，只不过导出的文件比较大。

当你选择了 PNG 格式以后，因为文件具有透明通道，所以在 Channels 中就可以选择 RGB+Alpha 模式了，如图 3-50 所示。

图 3-50

按照图 3-50 所示的设置导出的视频具有透明通道，而如果以 H.264 编码格式导出则不能选择 RGB+Alpha 模式，因为 H.264 格式是没有 Alpha 透明通道的。

现在我们把带有透明区域的素材分别以 PNG 和 H.264 格式各导出一个视频，然后放在合成中进行对比，如图 3-51 所示。

图 3-51

从图 3-51 中可以看到，当同时打开透明开关时，一个可以显示出透明部分的网格背景，一个则不能，依然保持黑色的背景。在没有单击开关图标之前，两个视频的背景其实都是黑色的，而单击以后才能看到两者的区别。

带透明通道的素材作用很大，比如我们可以在这些透明的部分放一些其他素材，如图 3-52 所示。

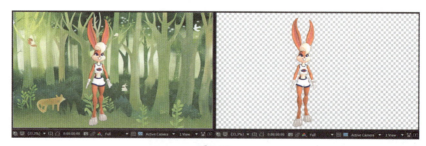

图 3-52

在图 3-52 中，右边具有透明通道的素材画面，放入一张卡通背景图后，就合成了一个新画面（如图 3-52 左图所示）。

<4> 如何保存自定义设置

每次都重新进行一遍设置确实比较麻烦，我们可以自己制作一些输出模块并保存。

在图 3-53 所示的界面中单击 Make Template，会弹出如图 3-54 所示的窗口，在这里就可以创建你的常用输出模块了。

图 3-53

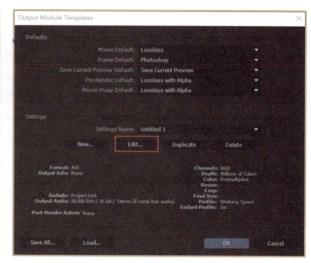

图 3-54

在 Settings Name 中，输入对模块的命名。单击图 3-54 中红框处的 Edit，就会弹出我们熟悉的 Output Module Templates 中的自定义界面，设置完毕以后保存即可。

<5> 如何设置输出的画面大小

我们在新建合成的时候就已经设置了分辨率，一般来说就不用重复设置了，但是如果有需要，可以在图 3-55 所示的地方重新设置一下。

图 3-55

勾选 Resize，就可以重新进行设置了。

Lock Aspect Ratio to：锁定画面宽高的比例。

Resize to：这个选项可以修改输出视频的大小。

Resize Quality：重新修改渲染输出的视频质量。

<6> 如何设置输出位置

当上面这些需要设置的参数设置完毕以后，单击 Output to 之后的蓝色文字，在弹出的对话框中选择保存位置，并且为视频命名，如图 3-56 所示。

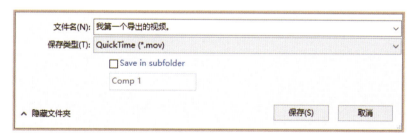

图 3-56

在图 3-56 所示的对话框中，在"文件名"文本框中写上你要保存的视频名字，然后单击"保存"按钮即可。最后在输出面板上单击 Render 开始渲染并导出视频，如图 3-57 所示。

图 3-57

因为 After Effects 是一个一个视频导出的，在视频渲染导出的过程中，可以看到一条蓝色的进度条显示当前的完成进度。如果你需要批量一次性导出，那么需要安装 Adobe Media Encoder。在你导出多个视频时，可以选择 Queue in AME，在 Adobe Media Encoder 中进行队列导出，这种方式可以一次性导出多个视频。

<7> 如何设置音频

在解决了核心的视频设置以后，我们来了解一下音频的设置，如图3-58所示。

图 3-58

在图3-58所示的界面中，主要是对音频质量进行设置，数值越高质量越好。我们要知道设置的差别，例如Mono代表单声道，Stereo代表立体声，也就是多声道。单击Format Options可以对音频的格式进行设置，通常保持默认设置Stereo即可。

第 4 章
菜单栏、工具栏、功能面板

4.1 菜单栏

菜单栏位于工作界面的最上方,如图 4-1 所示。

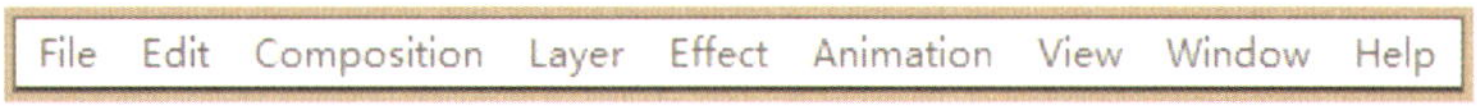

File　Edit　Composition　Layer　Effect　Animation　View　Window　Help

图 4-1

菜单栏的主要功能如下。

File:主要功能是处理文件储存、新建工程、合成、素材导入导出等。
Edit:以一些常规的操作为主,例如撤销、恢复、复制、软件设置等。
Composition:针对合成文件的设置。
Layer:以时间轴面板上的图层设置为主。
Effect:对素材使用的特效集合。
Animation:对关键帧与镜头跟踪处理。
View:在预览窗口中设置部分可见,部分不可见,调整合成界面视图等。
Window:对一些窗口与工作界面进行设置。
Help:提供帮助文档。

<1>File 中的常用功能

单击 File 打开下拉菜单,如图 4-2 所示。
在图 4-2 中虽然有很多选项,但是在最常用的是红框标识出来的选项。
New:新建工程,而不是新建合成文件。
Open Project:选择打开工程。
Open Recent:选择最近打开的工程。
Save:保存工程。快捷键为 Ctrl+S 组合键。
Save As:另存工程。
Import:导入素材。
Import Recent Footage:导入最近导入过的素材。
Export:导出文件,主要以导出视频为主。
Find:在当前的功能面板中提供搜索功能。

Project Settings：在必要的时候进行项目设置，不同于合成设置。

<2>Edit 中的常用功能

单击 Edit 打开下拉菜单，如图 4-3 所示。

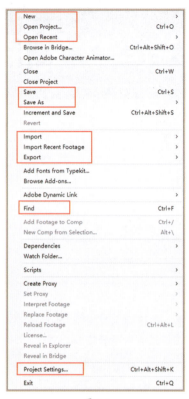

图 4-2

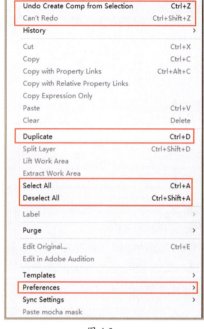

图 4-3

图 4-3 中的红框标记出了初学者的常用功能。

Undo Create Comp from Selection：快捷键为 Ctrl+Z 组合键，在我们实际使用中很多参数和设置不会一次调到位，而是需要不停尝试，因此这个快捷键会很常用。

Can't Redo：当你使用撤销以后，取消该撤销操作时使用。

Duplicate：通常在时间轴面板上复制各种图层，快捷键为 Ctrl+D 组合键。

假设我们要复制时间轴面板上的一个图层，如图 4-4 所示。

在图 4-4 中有一个固态层 Cyan Solid 1，单击该固态层然后按下 Ctrl+D 组合键进行复制，如图 4-5 所示。

图 4-4

图 4-5

我们可以在图 4-5 中看到固态层 Cyan Solid 1 被复制出了一个与旧固态层一模一样的新固态层。不过，有一个问题需要注意一下。例如，复制了一次合成图层 Comp 2，如图 4-6 所示。

此时进入任意一个 Comp 2 合成之中并修改里面的内容，你会发现另外一个 Comp 2 合成也做出了同样的修改。这是为什么呢？因为修改复制的合成改动的是源合成本身，所以修改其中任意一个合成中的内容，其他被复制的合成图层也会一并被修改。

图 4-6

Select All：选择全部。

Deselect All：取消所有选择。

Preferences：针对 After Effects 软件进行参数设置。

图 4-7 是 Preferences 中的 General 的设置。特别要注意的是"Allow Scripts to Write Files and Access Network"，即允许脚本写入文件和连接网络。我们需要勾选此选项，才能保证以后安装的脚本插件可以正常使用。

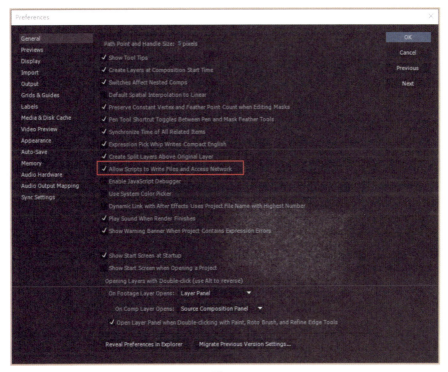

图 4-7

图 4-8 中的 Fast Previews 的作用是解决渲染卡顿的问题。其中 Adaptive Resolution Limit 表示自适应分辨率限制，它可以在交互式的操作中加快显示速度。预览对内存和 CPU 计算的要求很高，如果你的配置不够的话，那么可以把该选项的值降低。

图 4-8

在 GPU Information 中使用 GPU 加速，以及设置 Texture 所占内存，也可以提高预览速度，如图 4-9 所示。

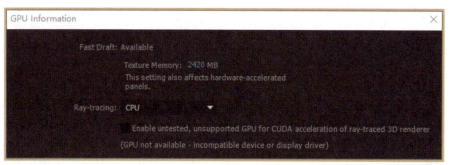

图 4-9

图 4-9 中的 Texture Memory 表示纹理缓存中的数据可以被重复利用，当一次访问需要的数据已经存在于纹理缓存中时，就可以避免对显存的再次读取。当你的电脑内存比较小的时候，降低这个数值即可。

自从 After Effects 支持显卡加速以后，很多 After Effects 模拟出的三维效果和渲染都支持 GPU 加速了。在 Ray-tracing 中可以选择使用 GPU 渲染加速。通常 NVIDIA 的显卡比较常用，也就是我们常说的 N 卡。勾选下方的 Enable untested，然后再到 Ray-tracing 中开启 GPU 渲染。如果这个选项是灰色的，则表示你的显卡不支持在 After Effects 中使用该功能。

图 4-10 中 Maximum Disk Cache Size，可以设置磁盘缓存的大小。在 Media&Disk Cache 中可以对缓存文件的存放位置进行设置。

在 Memory 中可以对 Adobe 系列软件的内存分配进行设置，如图 4-11 所示。

图 4-11 红框中"RAM reserved for other applications"的意思是给除 Adobe 以外的软件留多少内存，剩余的都会自动安排给 Adobe 软件使用。

在 Audio Hardware 中可以设置音频输出的选项，如图 4-12 所示。

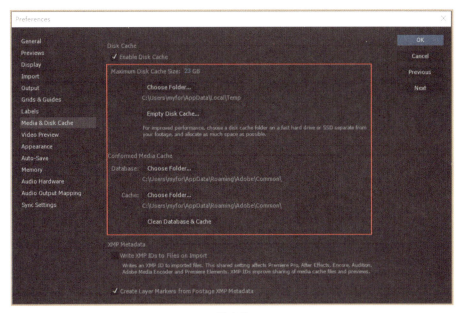

图 4-10

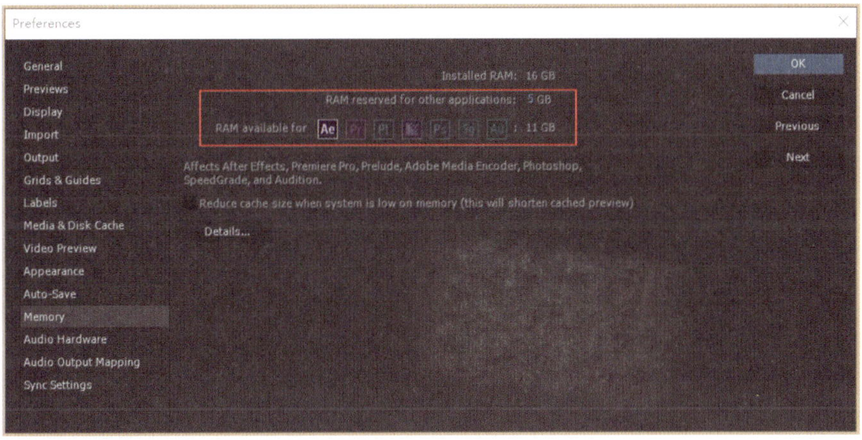

图 4-11

图 4-12

图 4-12 中红框标记的 Default Output 是指，当 After Effects 没有声音或者输出音频的设备

出现异常时，可以在这里设置。

<3>Composition 中的常用功能

图 4-13 展示的是主要以新建合成与设置合成等功能为主的选项。

New Composition：新建一个合成文件，快捷键是 Ctrl+N 组合键。

Composition Settings：当你在项目面板上选择一个合成，要重新修改它的合成设置时，就使用这个选项。

Crop Comp to Region of Interest：这个功能是配合合成面板中其他功能设置的，通过选定一个区域，以该区域重新设置合成大小。

Add to Adobe Media Encoder Queue：把合成加入 Adobe Media Encoder 进行渲染导出，Adobe Media Encoder 是一个需要独立安装的软件。

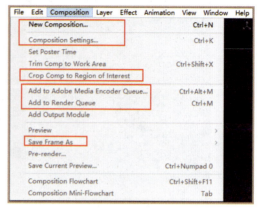

图 4-13

Add to Render Queue：将合成加入渲染队列中并导出，快捷键为 Ctrl+M 组合键。

Save Frame As：当需要导出合成文件中某一帧的图像时，就使用这个功能。

<4>Layer 中的常用功能

Layer 中的选项极多，但是初学者常用的不是很多，很多功能一般是在其他功能面板上调用的，它的下拉菜单如图 4-14 所示。

New：新建一个图层。

Layer Settings：对固态层进行设置。

Open Layer Source：打开图层源文件，比如当用 AI 格式文件或者 PSD 格式文件作为素材时，需要进入图层源文件进行修改，则可以使用该选项。

Time：在该选项中可以进行关键帧冻结、时间伸缩等相关操作。

Transform：对图层属性变化进行设置，但是从菜单栏中进入该选项后，使用其中的 Flip Horizontal 与 Flip Vertical 功能较多。

Blend Mode：图层之间的混合模式，以在时间轴面板上的操作居多。

<5>Layer Styles 中的常用功能

图 4-15 中红框标出的是 Layer Styles 中最为常用的功能，如 Drop Shadow、Inner Shadow、Stroke 等。

除了阴影设置，其他大部分设置都可以通过对图层添加 Effect 获得。

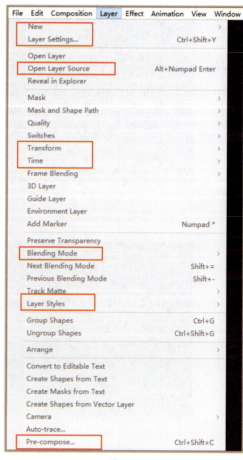

图 4-14

<6>Pre - compose 中的常用功能

Pre - compose：在时间轴面板上选择一个或若干图层后，按下 Ctrl+Shift+C 组合键会弹出预合成选项对话框，如图 4-16 所示。

图 4-15

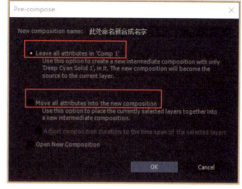

图 4-16

图 4-16 是预合成时的主要选项面板。假设你的时间轴面板上的图层很多，你想把其中几个图层做成一个合成，那么可以使用 Pre - compose。

Leave all attributes in：该选项只能在一个图层进行预合成时使用，图层的效果和属性都会应用到预合成上。

这个选项有什么作用呢？比如说，我们把一张图片的透明度调整为 50%，如图 4-17 所示。

图 4-17

在合成预览窗口中我们可以看到图层 Rabbit 变成了半透明状态，如图 4-18 所示。

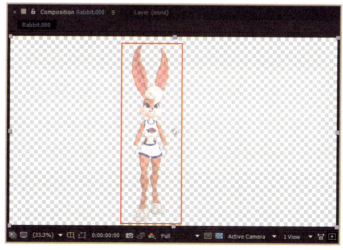

图 4-18

在时间轴面板上选择图层 Rabbit，然后按下 Ctrl+Shift+C 组合键进行预合成，选择 Leave

all attributes in 选项，单击确定按钮。这时在合成预览窗口中，图像透明度会保持图中 4-18 的样子。但是在时间轴面板上却会发生变化，如图 4-19 所示。

图 4-19

在图 4-19 中，时间轴面板上出现了一个新的合成，并且该合成的透明度为 50%。我们双击该合成能看到被放入合成中的原图层 Rabbit 的透明度属性值，如图 4-20 所示。

图 4-20

此时，我们在图 4-20 中可以看到原图层 Rabbit 的透明度为 100%。而我们之前设置的 50% 透明度的效果被移植到了新形成的预合成上。

此时，你可以理解"Leave all attributes in"的功能了：该选项只能在选择一个图层进行预合成的时候使用，图层中的效果和属性参数会被放到新的预合成上。

当多个图层被选中的时候，预合成只能选择 Move all attributes into the new composition 选项。

如何使用这个功能呢？假设，时间轴面板上有 2 个图层，并且都任意调整了各自的属性，这里还是各自降低透明度。如图 4-21 所示。

图 4-21

然后按住 Ctrl 键依次单击时间轴面板上的两个图层进行加选，再按下 Ctrl+Shift+C 组合键进行预合成，选择 Move all attributes into the new composition 选项，你会发现新建的预合成透明度没有被影响，而是保留它的默认设置 100%，图 4-22 所示。

图 4-22

双击进入预合成中看看被放入预合成图片的属性，可以看到原来的两个图层的透明度仍为 50% 和 70%，如图 4-23 所示。

图 4-23

<7>Effect 中的常用功能

图 4-24 展示的就是主要的特效选择界面，在这里集成了很多效果与滤镜，已安装的第三方插件也会被归类到这个菜单里去。关于使用与掌握它们的方式，我们要以解决具体问题为思路来学习。比如，要给图像调色，那么都有哪些效果呢？我们可以使用 Color Correction。以"森林雪景"视频为例，给它添加一个调整颜色曲线的效果。首先，在时间轴面板上选择需要添加特效的图层，然后单击鼠标右键在弹出的快捷菜单中选择 Effect → Color Correction—Curves。此时，我们就可以在 Effect Controls 中看到 Curves 效果已经被添加到素材"森林雪景"中了，如图 4-25 所示。

图 4-24

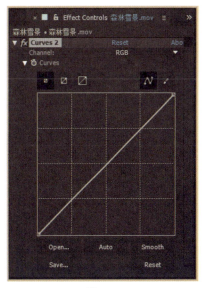

图 4-25

此时，调整 Curves 参数，就会看到预览窗口中的画面发生了变化。你也可以在时间轴面板上单击选择某一个图层，然后在 Effect Controls 中的空白区域单击鼠标右键在弹出的快捷菜单中选择 Effect，为图层添加特效，如图 4-26 所示。

<8>Animation 中的常用功能

Animation 中的主要功能如图 4-27 所示。

Keyframe Assistant：对设置的关键帧进行缓入、缓出设置。

Animate Text：设置文字图层的动画效果，可以在时间轴面板上直接修改。

Track Camera：对视频进行摄像机反求计算。

图 4-26   图 4-27

Track in mocha AE：在 Mocha 中进行跟踪，作为一种低成本的有效跟踪解决方案，具有多种功能，产生立体跟踪能力。

Track Motion：跟踪画面运动效果的功能，可以用于稳固拍摄画面，有时候用于跟踪一些简单画面，可以进行简单的屏幕替换。

Track Mask：当你对素材使用遮罩以后，这个功能能够计算遮罩内的图像，并且让遮罩随着图像变形。

<9>View 中的常用功能

在 View 中的主要功能有调整在预览窗口中哪些元素显示或隐藏，或者对视窗进行放大或缩小，如图 4-28 所示。

在 View 中，我们最先学会的是新建 Viewer。比如，一个合成在默认情况下有一个预览窗口也就是使用了一个 Viewer 来观察合成结果，即从默认角度去观看合成，如图 4-29 所示。

有很多复杂的工程在制作时，需要使用多个 Viewer 观察合成。比如，在一个合成中的时间轴面板上单击

图 4-28

鼠标右键在弹出的快捷菜单中选择 New → Viewer，如图 4-30 所示。

图 4-29

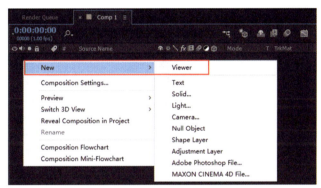

图 4-30

通过以上方法新建一个 Viewer，并且在两个查看器中调整摄像机观察素材的角度，如图 4-31 所示。

图 4-31

另外，需要注意的是以 Show 开头的选项。如果合成预览窗口中的某些元素比如控制层、网格线等不显示，那么就要考虑在菜单中是否勾选了 Show。它的中文对照表如图 4-32 所示。

<10>Window 与 Help 中的常用功能

Window 中的主要功能，如图 4-33 所示。Workspace 主要用来调整工作区域。其他主要功能用于调出不同的功能面板。

图 4-32

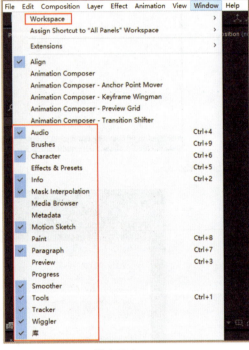

图 4-33

Help 中提供了 After Effects 的帮助文档及版本信息。

4.2 工具栏

工具栏中的主要工具，如图 4-34 所示。

图 4-34

根据图 4-34 我们按从左到右的顺序讲解。

1．选择工具：快捷键是 V 键，选择素材，然后进行操作等。建议在使用其他工具以后，记得切换回选择工具。

2．抓图工具：在预览窗口中按下快捷键 H 键，移动视图。

3．放大工具：放大视图工具，一般在合成预览窗口中滚动鼠标滚轮进行放大、缩小。

4．旋转工具：在时间轴面板上选中素材进行旋转。

5．摄像机视角工具：快捷键是 C 键，在时间轴面板上新建摄像机，选中摄像机后，再选择此工具在合成预览窗口中对摄像机进行操控观察。按住鼠标左键是旋转摄像机镜头，按住鼠标右键是拉近与拉远摄像机镜头，注意这些操作主要针对的是三维图层。

6．移动锚点中心：任何图层都有一个锚点中心，当旋转、缩放图层时是以该中心为原点的。这是一个常用功能，尤其在 MG 动画制作过程中常会用到。

7．形状工具：新建一些预设的形状，单击不同图标可以进行不同预设形状的切换。

8．钢笔工具：用来绘制遮罩与各种复杂的图形。

9．文本工具：用来添加文字。

10．画笔工具：在预览窗口上绘画的工具。

11．图章工具：复制需要的图像并应用到其他地方以生成相同的内容。

12．橡皮擦工具：可以用来擦除图像。

13．Roto 动态蒙版工具：常用于抠像，在之后讲解 Roto 动态蒙版时会有详细介绍。

14．图钉工具：在绑定卡通角色与图像变形等操作中使用。

此外，在 After Effects 中有三套重要的坐标体系，如图 4-35 所示。

图 4-35

在我们学习到摄像机与三维图层相关知识之前，默认选择第一个：本地坐标体系。随着学习的深入，会详细讲到三个坐标的具体使用方式，那时候你再根据需要进行选择。

4.3 功能面板

4.3.1 项目面板中的常用功能

在之前的章节中我们已经使用过很多次项目面板了，这里主要再讲几个小的功能点，如图 4-36 所示。

在图 4-36 的红框处单击 Name 可以以名称进行排序，红框上方的放大镜可以帮助你搜索素材。在空白区域单击鼠标右键在弹出的快捷菜单中选择新建工程、新建文件夹、导入各种素材等。在项目面板中选择素材以后可以看到相关素材参数，如图 4-37 所示。

图 4-36

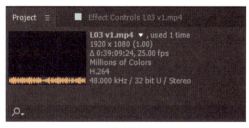

图 4-37

你还可以根据需要增加显示的信息。在项目面板的下拉菜单中找到 Columns，其中包括更多可显示的信息，如图 4-38 所示。

此外项目面板最下方还有一排功能图标，如图 4-39 所示，依此是解释素材→新建文件夹

→新建合成→颜色深度设置→删除。

图 4-38　　　　　　　　　图 4-39

4.3.2　时间轴面板中的常用功能

时间轴面板中的功能是这一节讲解的重中之重，也是以后频繁用到的功能，需要熟练掌握。

<1> 时间显示与合成名字

时间轴面板可以显示时间轨道上指针所指的具体时间与合成的帧数，如图 4-40 所示。

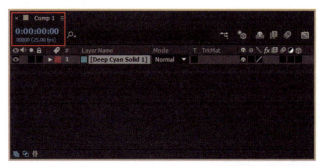

图 4-40

图 4-40 是时间轴面板最主要的部分，其中红框标识的区域分别显示的是合成名字、当前时间指针所指的时间，以及该合成的帧速率（fps）。但有些时候，在使用一些模板或者其他工程文件时，你会发现时间显示的方式不太一样，这是因为该合成中的时间是以帧数来显示的。比如，正常情况下，时间轨道上的时间显示如图 4-41 所示。

如果你在图 4-40 中标识的红框处，按住 Ctrl 键的同时单击时间，则可以修改时间的显示方式，如图 4-42 所示。

图 4-41　　　　　　　　　图 4-42

这时候我们对比一下图 4-40 与图 4-42 中的时间显示，会发现其中一个以分钟的方式显示，另外一个则是以帧数的方式显示，同时时间轨道上的时间显示方式也会改变，如图 4-43 所示。

图 4-43

以后当你遇到一些工程，打开后发现时间显示不习惯的时候，就知道应该如何切换了。

<2> 时间轴面板上排的功能区域

在时间轴面板右上方有一小排功能区域，如图 4-44 所示。

图 4-44

我们以从左到右的顺序依次讲解。

1．合成微型流程图：这个功能可以快速查看合成与图层之间的嵌套关系。快捷键为 Tab 键。
2．草图：开启以后会忽略灯光、景深、阴影等效果进行展示，方便快速预览合成画面。
3．隐藏：其作用是快速隐藏被标记的图层。

我们新建了几个图层，单击图 4-45 中红框标识的图标，然后会发现这些图层被隐藏了，如图 4-46 所示。

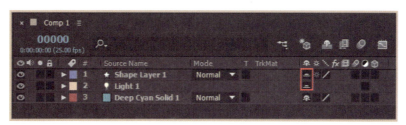

图 4-45

图 4-46

当你的合成文件中所包含的图层特别多并且有些图层不需要显示时，就可以使用这个功能。但是要注意的是隐藏图层并不会影响图层在合成预览窗口中的查看与最终的渲染输出。在修改模板时，也要检查一下隐藏开关，有时会发现那些应该存在却找不到的图层实际上是被隐藏了。

4．帧融合：启用帧融合可以让视频的过渡流畅柔和。通常只有视频或者序列素材等非静帧类素材，才需要开启这个功能。如图 4-47 中红框所示为帧融合开启标识。

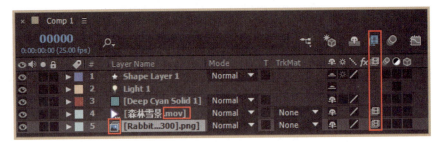

图 4-47

5．运动模糊：很多合成中的素材都可以使用运动模糊效果，当它们进行位移、变化、发射粒子等运动变化时可以开启这个功能。运动模糊功能的目的在于增强快速移动场景的真实感，这一技术并不是在两帧之间插入更多的位移信息，而是将当前帧同前一帧混合在一起所获得的一种效果。

6．图表编辑器：在调节关键帧之间的变化关系时，图表编辑器会起到很大作用，如图 4-48 所示。

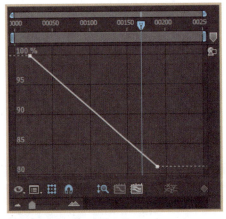

图 4-48

<3> 时间轴面板上各图层前的常用功能

在时间轴面板中各图层之前有一些常用功能，如图 4-49 红框中所示。

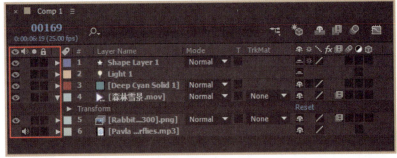

图 4-49

我们以从左到右的顺序依次讲解。

1．显示：单击眼睛图标决定图层是否在合成预览窗口中显示，并且决定了导出视频时是否显示。

2．音频：单击喇叭图标，控制音频播放。

3．独立显示：开启独立显示的图层会在合成预览窗口中显示，没有开启独立显示的图层不会在合成预览窗口中显示，并且不会参与最终的视频渲染导出。要注意的是，独立显示起作用的前提是，该图层前的显示功能是开启的。该功能帮助你在合成预览窗口上单独处理一个或者少数几个图层时免受其他图层的干扰，或者只选择合成中的部分图层进行渲染导出，是一个极为常用的功能。

4．锁定：开启该功能以后相应图层会被锁定，可以防止误操作。

5．三角标记：开启该功能以后可以设置相应图层中的各种属性。

另外一组工具是在合成时经常要使用的功能，如图 4-50 红框中所示。

图 4-50

经常有人会问："为什么视频教程中的时间面板上的某些图标，我的软件没有？"

正如现在，可能很多人的时间轴面板与图 4-50 红框标记的内容不同。这是因为这些功能是可以选择调出的。具体方法为在图 4-51 红色框标记的空白区域单击鼠标右键，在弹出的快捷菜单中选择 Columns，勾选图 4-51 中的常用功能即可。如果你们找不到时间轴面板上某个功能时，可以在这里找找。

现在，回看图 4-50 红框中标示出的功能，我们从左到右依次讲解。

1．标签：各个图层的颜色标签，一般保持默认设置即可。

2．数字序号：各个图层的序列号。

图 4-51

3. Layer Name：如果单击 Layer Name，则会切换成以 Source Name 显示，如图 4-52 所示。再单击一下就会切换回来。

4. Mode：其下方对应选项中有大量图层叠加模式选项，对这些叠加方式我们会在图层模式的有关章节中具体讲解。

图 4-52

5. T：保护透明度区域，其本质上是一个快速、简单的蒙版功能。通过一个含有透明区域的图层将它上方的图层进行部分选区隐藏，上层的图像只在下层图像不透明区域里显示。在你学会图层叠加模式以后，这个功能就很好理解了。

6. TrkMat：轨道蒙版，主要在两个图层之间进行轨道蒙版叠加。

7. 隐藏：有两种图标，其中一种是开启隐藏开关以后隐藏图层。

8. 删格化：这个功能的主要作用在于，如果图层是 AI 格式的文件，那么使用这个功能以后，图像质量会提高，渲染也会变得更快。当你对 AI 格式的文件进行一些变形或者其他操作后，关闭这个功能可以保持文件的高分辨率与平滑度。在非必要情况下，保持默认设置即可。

9. 抗锯齿：主要以锯齿形反斜杠和光滑正斜杠两种图标显示，如图 4-53 所示。

图 4-53

第一种锯齿形反斜杠表示这个图层在合成预览窗口中以草图形式预览，渲染速度更快。第二种光滑正斜杠表示此图层采用了抗锯齿与子像素技术，画质更高。你可以通过这个功能在两个效果之间切换。在配置高的电脑上开启高清晰画质设置；当硬件配置不够时，又可以把部分图层开启草图形式预览。尤其在你使用 AI 与 PSD 格式的文件时,这两种模式的对比就更明显了。

10. *fx*：滤镜启用开关，当给图层添加了效果时，则会激活这个显功能。

图 4-54 红框中的 *fx* 表示该图层中有效果正在起作用。无论给图层增加了多少效果，单击 *fx* 可以开启与关闭当前图层中的所有效果。如果要单独开启或关闭某一个效果，则要到 Effect Controls 面板中选择相应滤镜与插件，然后进行单独开启或关闭。

图 4-54

11. 帧融合：对该图层开启帧融合。

12．运动模糊：对该图层开启运动模糊效果。

13．调节图层：启用后把该图层作为调节图层，使这个图层变得不可见，但是该图层上的滤镜效果会影响到该图层位置下的所有图层。在图层类型中有专门的调节层，所以这个功能不会特别常用。

14．三维：开启以后，图层以三维坐标定位位置。一般图层在默认情况下是二维的，只有两个位移位置，分别是 X 轴方向和 Y 轴方向，如图 4-55 所示。

图 4-55

图 4-56 中红色箭头显示的是一个二维图层可以移动的方向，在合成预览窗口中，它就只有上下、左右两种移动方式。但是当我们打开三维开关以后，就有了 Z 轴，即具有纵深移动的能力。

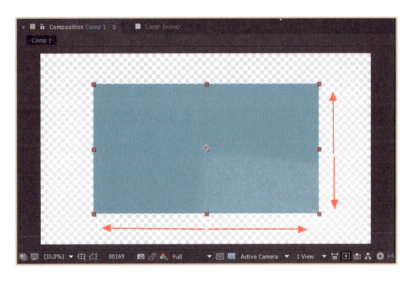

图 4-56

图 4-57 中红框所标识的部分是固态层 Deep Cyan Solid 2 打开了三维开关时的位置属性参数。此时 Position 有 X 轴、Y 轴、Z 轴三个数值。为了方便观察，我在时间轴面板上新建一个摄像机，如图 4-58 所示。

图 4-57

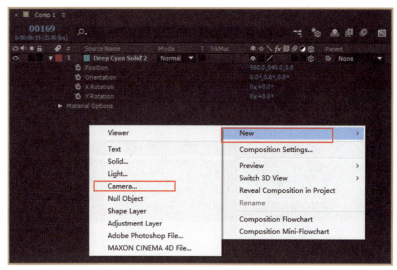

图 4-58

在时间轴面板的任意空白区域单击鼠标右键，在弹出的菜单中选择 New → Camera，即新建一个摄像机。然后选中该摄像机，按下快捷键 C 键，在合成预览窗口上拖动旋转。效果如图 4-59 所示。

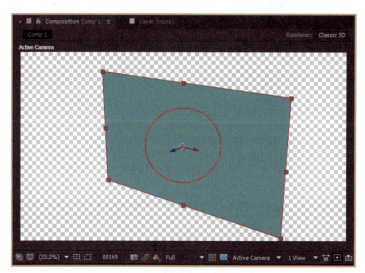

图 4-59

在你使用摄像机旋转观察的时候，可以看到图层的三维坐标轴的变化。要注意的是，在实际对三维坐标的使用中，不仅位置坐标是三维的，而且旋转也是以三维坐标的形式来旋转的。

15．Parent：绑定父子级关系。假设 A 图层是 B 图层的父级，那么 A 做旋转、位移、缩放时，B 图层也会旋转、位移、缩放同样的参数。

<4> 时间轴面板底部的快捷功能区域

图 4-60 中红框所示的三个图标的作用是对时间轴面板上一些功能的展开与收起。你从左到右依次单击一下就会明白其作用，非常简单。

图 4-60

<5> 时间线面板上的主要功能

首先看一下整个时间线面板，拖动图 4-61 红框所示的区域条的两端，可以放大、缩小时间标尺的区域。

图 4-61

现在整个合成的时间是 10 秒，当你需要精确调整某个时间区域时，可以先调整图 4-62 中红色方框所示的区域条的长短。

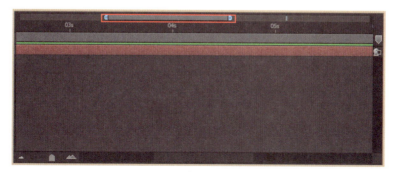

图 4-62

改变区域条的位置后，可以看到下方的时间标尺放大了。

每个图层在时间线面板上都有一个图层条。图 4-63 红框标记的就是某一个素材在时间线面板上存在的时间长度与位置。

图 4-63

当我们的时间线指针不在该素材范围内时,则合成预览窗口中就不再出现这个素材的任何显示与效果。要伸长和缩短它的长度,即红框部分所标记的素材长度,可以用鼠标拖动素材条的两端调整它的长度,或者选中整个素材条进行移动。

如何调整输出范围呢?拖动图 4-64 中红框标记的两端。前者为入点,导出开始;后者为出点,导出结束。

设置输入、输出范围的快捷键,把时间指针拖动到你需要的位置,按下 B 键设置输入点,按下 N 键设置输出点。

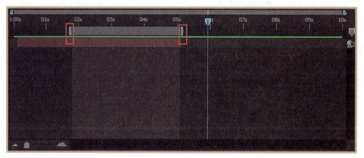

图 4-64

预渲染进度会如何显示呢?在预览时按住空格键,或者小键盘中的 0 键。图 4-65 红框部分表示该部分没有预渲染好,绿色表示完成了预渲染可以流畅播放。

图 4-65

预渲染速度很大程度受到 CPU 计算能力与内存大小的影响,在少数情况下受到显卡影响。素材越大,工程越复杂,预渲染就越慢,此时你可以考虑降低显示清晰度,或者以草图显示。显示清晰度在合成界面调整。

4.3.3 合成面板中的常用功能

<1> 合成面板设置

合成面板中的预览窗口是合成效果预览显示的区域,可以显示、处理素材文件。

图 4-66 中合成面板的背景是绿色的。这是因为在新建工程时，对背景色进行了设置，背景色可以是任何颜色。

图 4-66

合成面板右上方显示的是合成的名字，例如"Composition Comp 1"，表示此时合成面板的预览窗口中显示的是该合成的内容。合成名字后的下拉菜单中包含了该合成与预览窗口中的常用设置命令，如图 4-67 所示。

其中比较重要的是 View Options，其选项如图 4-68 所示。

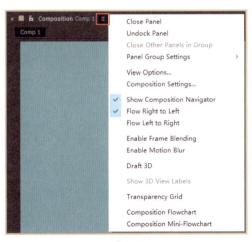 

图 4-67　　　　　　　　　　　　　图 4-68

View Options 的作用是在预览窗口中显示某些元素，当你发现预览窗口中缺少某个元素时，可以在这里寻找。中文对照版如图 4-69 所示。

<2> 合成面板的功能栏

合成面板的功能图标在面板的下方，如图 4-70 所示。

图 4-69　　　　　　　　　　　　　　图 4-70

我们从左到右依次讲解。

1．始终预览该查看器。

当一个合成具有多个查看器时，你可以把其中一个设置为始终预览该查看器。

2．主查看器。

当一个合成具有多个查看器时，设置其中一个查看器为主查看器。

3．放大率：解决合成预览窗口中的大小适配问题。

单击图 4-71 中的红框处会弹出菜单，不同的百分比表示放大与缩小的比例，或者可以在合成预览窗口中使用鼠标滚轮滚动，也是同样的效果。这里最重要的功能是 Fit，即无论预览窗口多大，合成画面都会被正好缩放到适配大小。要注意的是，在这里使用放大率，只是方便我们在合成预览窗口中观察操作素材，并不会影响最终的渲染结果，最终输出结果以合成文件所设置的分辨率为准。

4．素材与网格对齐。

在合成预览窗口中对齐一些素材位置时，能不能使用网格参考线呢？答案是可以使用。

在图 4-72 中有几种不同的网格参考线，我们大致了解一下它们的作用。

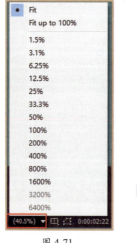
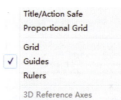

图 4-71　　　　　　　　图 4-72

Title/Action Safe：动作安全框分为内框和外框。

图 4-73 中的参考线与 TV 屏幕有关，内框是标题安全框，文本输入应该在这个范围以内，如果超过了这个范围，那么观众就只能看到显示不完整的文字。外框是操作安全区域，如果核

心画面超过了这个部分，那么外框区域的内容也不会显示在 TV 屏幕上。

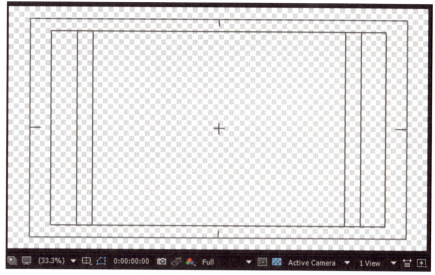

图 4-73

此外，还有 Proportional Grid、Grid、Guides、Rulers。你可以尝试勾选，看看它们的不同。

5．当前时间。

当前时间是指在时间线面板上时间指针所在的位置时间。可以单击该区域，弹出如图 4-74 所示的对话框。

图 4-74

此时，输入具体的时间，可以让时间指针跳转到时间线面板上指定的位置。

6．快照。

"快照"的意思就是把当前正在制作的画面，或者预览窗口中的画面拍摄成照片。在单击快照按钮以后，会听到"咔嚓"的声音，被拍摄的静态画面暂时被保存在内存中，方便随时调用。快捷键是 Shift+F5 组合键。如果需要保存多个快照，可以按顺序依次使用组合键 Shift+F6、Shift+F7、Shift+F8……

图 4-75

7．快照显示。

当我们使用了快照以后，保存的快照如何显示呢？在图 4-75 中左边是快照，右边是快照显示。当你使用过快照以后，快照显示才会被激活。此时，单击快照显示图标，就可以显示最后保存的快照了。如果要显示其他的快照呢？则要依次按下快捷键 F5、F6、F7、F8……

此外，因为快照是占用计算机内存的，所以在你不需要使用的时候记得及时进行清理。具体方法为从菜单栏中选择 Edit → Purge → Snapshot，如图 4-76 所示。中文对照表如图 4-77 所示。

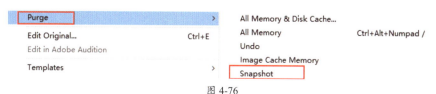

图 4-76

8．显示通道及色彩管理。

当我们单击通道与色彩图标以后，会弹出如图 4-78 所示的菜单。

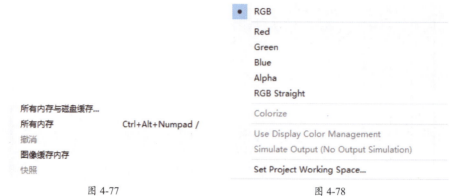

图 4-77　　　　　　　　　　　　　图 4-78

主要选项如下。

RGB：RGB 色彩模式的颜色演示，这是默认设置。

Red：显示图像红色通道部分。

Green：显示图像绿色通道部分。

Blue：显示图像蓝色通道部分。

Alpha：显示图像透明通道部分。在这个显示模式下可以观察到透明通道更加直观的效果，如图 4-79 所示。

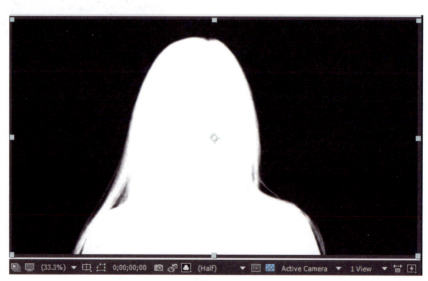

图 4-79

透明通道往往是以灰度来显示的，以图 4-79 为例，黑色表示透明，白色表示不透明，灰色表示半透明。我们可以用这个方式观察合成中图像的透明程度。

9．显示分辨率。

这个功能在预渲染时会经常使用，分辨率选项如图 4-80 所示。

Auto：计算机会根据硬件配置自动调整分辨率大小。

图 4-80

Full：完全显示合成设置的分辨率大小。

Half：显示效果是以完整分辨率图像的 1/4 像素效果显示的，即以列的一半和行的一半进行显示的。

Third：显示效果是以设置完整分辨率的 1/9 像素效果显示的。

Quarter：显示效果是以设置完整分辨率的 1/16 像素效果显示的。

Custom：自定义分辨率效果。

以上这些功能主要在预渲染卡顿时使用，以降低显示效果，提高交互操作速度，但是不会直接影响导出渲染的结果。导出视频渲染结果依然是以合成设置时的分辨率为准。

10．目标区域。

图 4-81 中红框标识的就是"目标区域"图标，单击它以后，我们可以在合成预览窗口中绘制出一个区域范围，该区域外的图像变得不可见。当计算机配置较低，或者我们只需要观察某一部分的预览效果时，这个功能很好用。单击"目标区域"图标后，在预览窗口中拖动鼠标可以绘制出一个区域。计算机就只会针对该区域计算与显示，极大地降低了工作量，再单击一次"目标区域"图标后就可以恢复默认数值了。

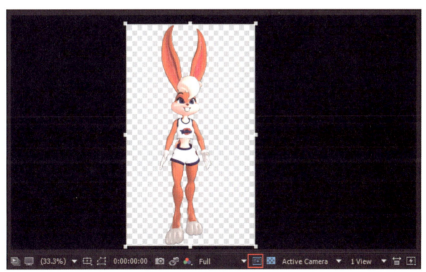

图 4-81

我们也可以在菜单栏中选择 Composition → Crop Comp to Region of Interest，将合成拷贝到目标区域，如图 4-82 所示。

合成界面的分辨率会与刚才使用目标区域功能所绘制的目标区域的分辨率一样。这个功能在什么时候使用呢？例如在使用粒子替换时，作为替换的合成不需要很大，并且需要调整一个合适的区域时，这个功能就会用到。

图 4-82

11．透明通道显示。

对于透明通道显示图标，在大部分情况下我都习惯把这个图标激活，以免把背景图与其他颜色的素材混在一起。它可以把预览窗口中透明的部分以黑白方格的形式显示。

12．视图菜单。

预览窗口其实是有多个视图角度的，但大部分情况下使用的是 Active Camera，也就是系统默认的摄像机。

图 4-83 所示为默认的视图镜头。如果你新建了摄像机，那么该摄像机也会在这个下拉菜单中显示。图 4-84 中的红框标记的摄像机，就是我们在时间轴面板上新建的名为"Camera 1"的摄像机图层。当你新建多个摄像机时也同样会显示它们的名字。

图 4-83

图 4-84

Front：从正前方观察预览窗口里的元素，这与 Active Camera 效果相似。

Left：从左侧观察预览窗口里的元素。

Top：从上往下观察预览窗口中的元素。

Back：观察预览窗口中元素背面的效果。

Right：从右侧观察预览窗口里的元素。

Bottom：从下往上观察预览窗口中的元素。

Custom View：自定义视图角度，例如选择 Custom View 1，按下摄像机位移快捷键 C 键，然后在预览窗口旋转，观察素材。

要注意的是，如果你的时间轴面板上全是二维素材，那么这些效果不会有什么作用。但是你把素材开启三维效果以后，就可以立马观察到这些变化。按下摄像机位移快捷键 C 键以后，按住鼠标左键是旋转摄像机，按住鼠标右键是拉近与拉远摄像机，滚动鼠标滚轮是平移摄像机。

13. 视图布局。

一般来说合成面板中的预览窗口只有一个视图，也就是默认看到的视图。我们也可以像三维软件一样使用三维视图，或者多个视图来观察整个预览窗口中的素材。

图 4-85 展示了窗口的多个排列方式。

1 View：单个视图，默认设置。

2 Views - Horizontal：双视图，水平排列。

2 Views - Vertical：双视图，垂直排列，大小一致。

4 Views：四视图。

4 Views - Left、4 Views- Right、4 Views-Top、4 Views-Bottom：四视图中最大的视图分别在左、右、上、下的位置。

而且任何一个视图的预览窗口都可以单独设置摄像机的角度。我们以 4 Views- Left 视图为例进行说明。

从图 4-86 中，我们看到有一个最大的视图，附带三个小视图。每一个视图都可以单独调节摄像机角度，首先选择视图窗口，然

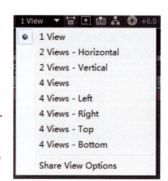
图 4-85

后再选择摄像机调整角度。此时你可以看到图片素材是以不同的角度展现出来的，注意，这个素材的三维图层要在启用状态。

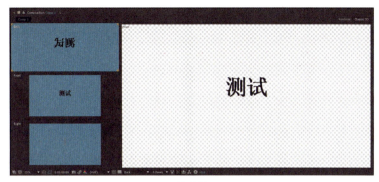

图 4-86

要注意区分一个问题，不同的视图窗口可以使用不同的摄像机，然后调整各自的角度。这一方法与新建一个查看器然后调整它的摄像机角度的方法不同。不能把两者搞混淆了。例如我们使用 2 Views - Horizontal 视图，然后每个视图使用不同的摄像机角度，如图 4-87 所示。

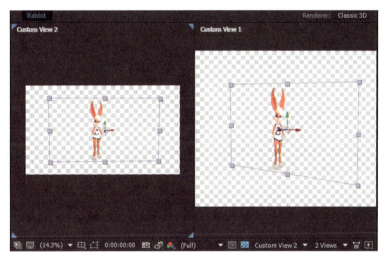

图 4-87

我们可以在图 4-87 中看到两个不同的预览窗口，它们分别是使用不同的摄像机调整不同的角度显示的画面（如果两个视图窗口来自同一个摄像机的话，那么它们显示的画面一致）。我们再对比一下当是默认的单一视图时，再新建添加一个查看器的效果，如图 4-88 所示。

注意一下图 4-88 中的红框部分，这意味着这是两个独立的查看器。例如，对合成与预览窗口的 View Options 进行修改时，你会发现它们也是互相独立的。如果有多个查看器，那么意味着在导出视频时，要告诉计算机到底是导出哪个查看器中的内容。

图 4-89 是同一个合成打开了两个查看器，每个查看器都使用了不同的摄像机，拍摄了不同角度的内容，各自是独立的。画面中兔子的角色面朝方向正好相反，因为两个摄像机一个是从正面拍摄的，一个是从背面拍摄的。当导出该合成时,计算机会导出哪个查看器中的内容呢？答案是它会自己选一个。如果恰好是你要的查看器中显示的内容，那也无妨。但是如果不是你想要的那个，那么就需要你在合成面板下方的功能中设置"始终预览该查看器"与"主查看器"了。告诉计算机导出视频时以哪个查看器的内容为输出画面。

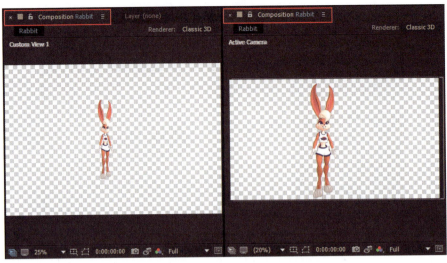

图 4-88

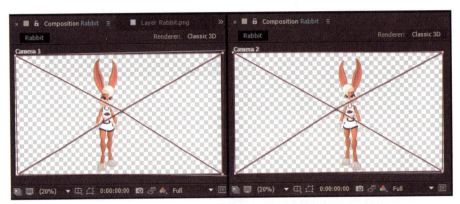

图 4-89

14．切换像素宽高比校正。

开启图 4-90 中红框标识的像素宽高比校正工具以后，可以改变像素的宽高比。不过这个功能仅仅是在操作某些图层时会起作用，对最后渲染导出的结果没有影响。

15．快速预览选项。

图 4-91 中的选项功能主要是设置预览素材的速度。

Off（Final Quality）：关闭快速预览，保持最高品质渲染，如果计算机的配置很高，那么可以勾选此选项。

图 4-90

Adaptive Resolution：系统根据计算机配置，自动调整分辨率。

Draft：以草图形式预览。

Fast Draft：快速进行草图渲染，可以加快渲染素材。

Wireframe：以简单的线框显示。

Fast Previews Preferences：设置快速预览偏好，例如降低数据、提高速度。

Renderer Options：设置渲染参数，保持默认合成大小。

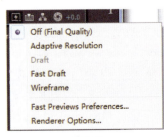

图 4-91

16．时间轴面板切换。

当 After Effects 的合成面板是浮动的且过大时，会对时间轴面板有遮挡，单击图 4-92 中红框标识的图标能够快速切换到时间轴面板。

17．合成流程图。

图 4-93 中红框标出的是流程图图标，单击该图标可以看到该合成图层的嵌套关系，使得整个合成结构一目了然。

18．重置曝光。

重置曝光的功能主要是使用 HDR 素材和曝光控制，该图标在图 4-94 中以红框标出。你可以在预览窗口中调整图像显示，该功能不会影响最后的渲染效果。

图 4-92　　　　　　　　图 4-93　　　　　　　　图 4-94

4.3.4 效果控制面板中的常用功能

Effect Controls 面板在默认情况下会紧紧挨着 Project 面板，当你在时间轴选择一个素材之后，就可以在 Effect Controls 面板的空白区域单击鼠标右键并在弹出的菜单中为该素材选择滤镜效果。

现在我们在图 4-95 中给某一个图层添加了两个效果。红框中的三角标记表示展开滤镜与插件中的选项，调节其中的参数选项。fx 是效果开关，单击它可以开启、关闭效果。这不同于时间轴面板上的 fx 可以让时间轴上的某个图层上的所有效果都开启或关闭，在 Effect Controls 面板上的 fx 可以让效果单独开启或关闭。当有多个效果时，一般是从上往下依次影响素材的，所以添加效果需要按照正确的顺序来添加。

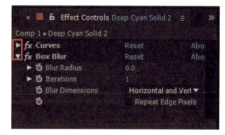

图 4-95

第 5 章
图层与关键帧

5.1 如何理解图层的概念

在使用 After Effects 时,直接操作的对象都是针对图层的,所有的变化包括合成、动画、特效都离不开图层。你要记住无论你在预览窗口中操作什么素材,它都位于时间轴面板上的某个图层中,可见充分掌握图层知识非常重要。

5.1.1 图层的特点

<1> 图层的显示顺序

首先我们看一张合成场景的画面。在图 5-1 中我们可以清楚地看到,一个卡通人物站在马路边上,背后有椅子、建筑等其他背景。我们可以注意到人是挡在椅子前面的,而椅子又是在护栏与背景画面之前的。

同时,时间轴面板上的图层顺序如图 5-2 所示,以红色箭头所标识的方向从上往下显示,图层越在上方,在预览窗口中的显示就越靠前。因此,人挡在椅子前,而椅子在整个背景前。

图 5-1

图 5-2

<2> 图层在时间轴面板上的位置问题

既然预览窗口中的图像是按照时间轴面板上的图层的顺序进行显示的,那么我们就要考虑如何移动时间轴面板上的图层了。我们在时间轴面板上新建了三个固态层,并显示为不同的颜

色，如图 5-3 所示。

当三个不同颜色的固态层的位置叠加在一起的时候，红色图层应该在绿色图层之上，绿色图层在蓝色图层之上，如图 5-4 所示。

图 5-3

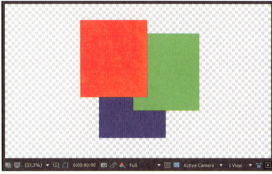

图 5-4

要修改时间轴面板上三个图层的位置，方法非常简单：在时间轴面板中选中图层并上下移动即可。

但是当时间轴面板上的图层达到数十层、数百层时，这种方式会很麻烦，你要不停地移动图层。我们可以通过一些快捷键来解决这个问题，在菜单栏中选择 Layer → Arrange 进行相关设置，如图 5-5 所示。

图 5-5

Bring Layer to Front：将图层至于顶层。Bring Layer Forward：将图层向上移动一层。Send Layer Backward：将图层向下移动一层。Send Layer to Back：将图层置于底层。牢记这些功能的快捷键，可以让操作更高效。

<3> 图层在时间轨道上的排序问题

三个图层在时间轨道上是按上下顺序排列的，如图 5-6 所示。

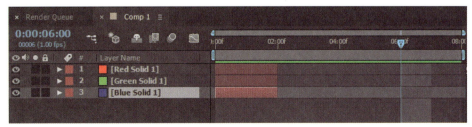

图 5-6

如果想让三个图层在时间轨道上首尾相连，则可以按住 Shift 键并逐步拖动每个图层。当图层较多时，我们可以在菜单栏中选择 Animation → Keyframe Assistant → Sequence Layers 完成，如图 5-7 所示。

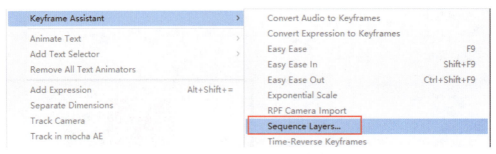

图 5-7

注意：在操作时至少在时间轴面板上选中两个或两个以上的图层。在时间轴面板上多选图层也很简单，直接按住鼠标左键框选或按住 Shift 键逐个单击图层即可。按住 Ctrl 键，再单击一下图层即可取消已经被选中的图层。在完成多个图层的加选以后，选择 Sequence Layers 会弹出对话框，如图 5-8 所示。勾选 Overlap 选项，就可以激活其余的功能菜单了。Duration 表示当对时间轨道上的图层依次排列时，它们之间重叠的部分有多少。从图 5-9 中可以看到三个图层直接以首尾相连的方式排列，因为 Duration 设置为 0，所以每个图层之间没有重叠的部分。

图 5-8

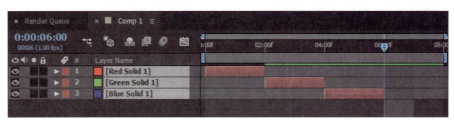

图 5-9

我们修改一下 Duration 的数值再看看，比如改为 1 秒。图 5-10 中每个图层之间重叠的时间变为 1 秒。通过这种方式可以让你快速排列图层在时间轨道上的位置，然后再根据需要进行手动调整。

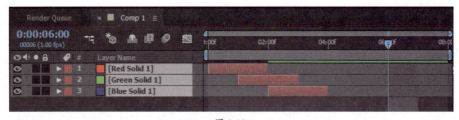

图 5-10

<4> 图层在时间轨道上排列的过渡问题

我们可以利用以上方式制作两个图层之间的淡入、淡出效果。单击图 5-8 中 Transition 的下拉菜单按钮，打开菜单如图 5-11 所示。

图 5-11

选择 Dissolve Front Layer，测试效果。当 Duration 设置为 1 秒时，选择 Dissolve Front Layer 后，我们看到三个图层都被自动添加了 Opacity 的变化属性，如图 5-12 所示。

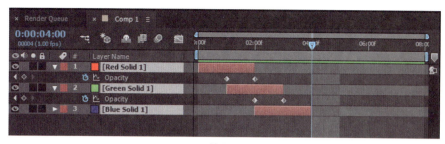

图 5-12

而选择 Cross Dissolve Front and Back Layers 的效果如图 5-13 所示。

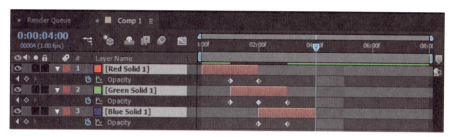

图 5-13

5.1.2 图层的类型

图层的类型主要分为素材图层、合成图层等。所谓素材图层就是包括可以拖进时间轴面板上的图片、音频、序列、视频等的图层。而合成图层则是使用合成文件构成的图层，一个合成图层也可以在其他合成图层中当作图层使用，如图 5-14 所示。

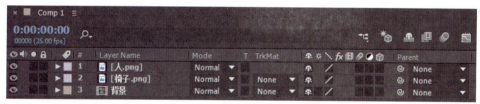

图 5-14

在图 5-14 中的"人 .png"与"椅子 .png"都是以单张图片作为素材的图层。而"背景"图层，从它的图标就可以看出来它是使用合成文件"背景"构成的图层，所以它是"合成图层"。此外，After Effects 还有其他图层类型。我们在时间轴面板的空白处单击鼠标右键，弹出的快捷菜单如图 5-15 所示，从中可以看到常用的功能图层类型。

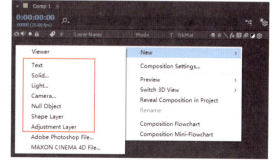

图 5-15

<1>Text

Text 是用来输入文字的文本图层。文本图层有许多用途，包括制作标题、字幕和文字动画效果。

在时间轴面板上新建文本图层时，该文本图层会自动生成 <empty text layer> 的字样，如图 5-16 所示新建的文本图层中还没有字符，是一个空的文本图层。此时，选中该图层后，再到预览窗口输入文字即可。

<2>Solid

Solid 为"固态层"或"纯色图层"。在图 5-17 的固态层设置中，可以设置固态层的颜色、分辨率大小等。固态层虽然只是一个单色图层，但是用途广泛，可以充当背景色，也可以用于 MG 动画中，在粒子特效、灯光特效等插件中也经常使用。要注意的是，已经创建的固态层可以通过选择菜单栏中的 Layer → Solid Settings 进行修改，如图 5-18 所示。

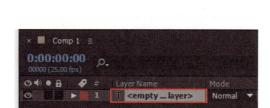

图 5-16　　　　　　　　　　图 5-17

<3>Light

图 5-19 展示的是新建灯光图层时设置的对话面板。主要有两个选项，Light Type 为选择各种不同的光源；Intensity 为设置灯光亮度。

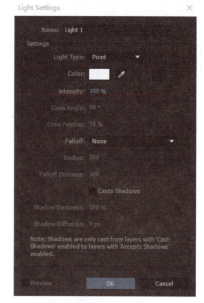

图 5-18　　　　　　　　　　图 5-19

<4>Camera

创建摄像机图层后，在预览窗口中看到的所有画面都是通过摄像机观察到的。在没有新建任何摄像机的情况下，系统会默认设置一个摄像机，所以你可以根据自己的需要再新建摄像机。最终导出视频时，也可以以不同的摄像机中的内容导出。图 5-20 展示的是合成面板中的活动摄像机。

当一个合成图层里有多个摄像机时，要注意的是在渲染导出合成图层时，系统会以你选择的摄像机中观察到的画面导出（被选择的摄像机前会有一个黑色圆点）。而我们在时间轴面板上新建的摄像机图层，本质上就是一个用来观察预览窗口中各种素材的摄像机。

在图 5-21 展示的下拉菜单中，我们可以看到 Preset 里包含了很多摄像机镜头类型，一般选择 50mm 焦距。

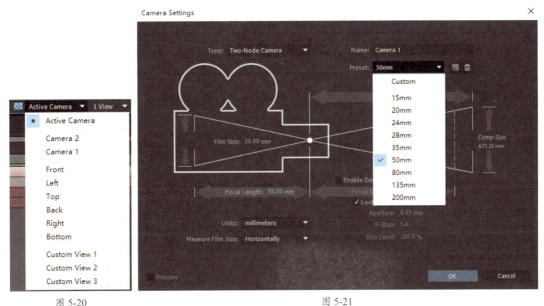

图 5-20　　　　　　　　　　　图 5-21

<5>Null object

当你新建一个 Null object 时，就意味着它是一个空白图层，仅带有图层的基本属性。通常，这些图层是套用在父子级关系中使用的，也被用来作为控制器使用。

<6>Shape Layer

通过形状工具或钢笔工具绘制出的各种形状，都会被归类到 Shape Layer 中。

<7>Adjustment Layer

Adjustment Layer 作为调整层是"空的"。它最大的作用是，在给调整层加上一个滤镜效果以后，该图层下面所有的图层都会被这个滤镜效果影响。可以说，它就像把你当前的画面蒙上了一个玻璃罩，然后加上滤镜，你透过这个玻璃罩来看其他的图层效果，所以调整层曾经被用在调色等模式下。

5.2　图层的基本属性

新建一个 Solid 图层，如图 5-22 所示。

图 5-22

Reset 的作用是重置属性。当你需要恢复全部默认属性时,可以使用该功能。而 Transform 下有五个基础属性。

<1>Scale、Rotation、Opacity

Transform 中一共有五个基础属性。我们先看看 Scale、Rotation、Opacity 这三个属性。以导入一张篮球图片作为测试样例,如图 5-23 所示。

图 5-23

测试样例在预览窗口上的效果如图 5-24 所示。

图 5-24

我们可以通过调整三个属性,观察图 5-24 中图像的变化。

Scale:对图层进行放大、缩小。

Rotation:旋转图层。

Opacity:调整图层透明度。

Scale 属性前有一个白色的"链接"标志,在开启状态下,缩放是按等比例缩放的;在关闭状态下虽然可以缩放但不是等比例缩放,即非等比例缩放。以默认的"100.0, 100.0 %"为例，前者是 X 轴缩放，后者是 Y 轴缩放。

我们做一个测试。首先关闭链接标志，单击图 5-25 红框中的链接标志，将它关闭时你可以单独调整某一个维度，如把 X 轴方向的比例缩小 50%，如图 5-26 所示。

图 5-25

图 5-26

图 5-27 中的篮球明显在 X 轴方向上被压缩了 50%。除直接在属性列表中修改参数外，还可以在预览窗口中直接拖动图片的边框进行等比例或非等比例的缩放。

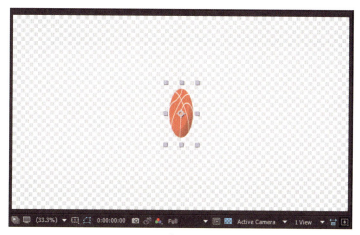

图 5-27

图 5-28 中红框表示的方块一共有八个，拖动这些方块可以在不关闭缩放链接标志的情况下，进行非等比例的缩放。如果需要等比例缩放，那么按住 Shift 键再拖动这些点即可。正确的操作步骤是：首先单击某个方块点不动，再按住 Shift 键开始拖动即可进行等比例缩放。

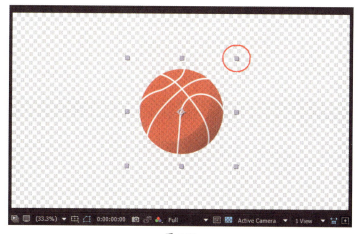

图 5-28

当图层是三维模式时，所有具备三维特征的属性都会有三个参数，分别表示 X 轴、Y 轴、Z 轴的变化，如图 5-29 所示。

图 5-29

我们以 Rotation 为例，在二维图层时它的属性如图 5-30 所示。

图 5-30

当 Rotation 属性数值是正数时，图层往顺时针方向旋转；当 Rotation 属性数值是负数时，图层往逆时针方向旋转。而在三维模式下设置旋转属性时，我们可以看到相对于二维的左右旋转更加复杂的效果。

Orientation：在这个参数后有三个属性，分别用于调整 X 轴、Y 轴、Z 轴上的转换。

也可以单独调整 X Rotation、Y Rotation、Z Rotation。此时，我们查看时间轴面板上的旋转坐标，如图 5-31 所示。可以用自定义摄像机换一个角度观察，让这三个箭头区分得更加明显。

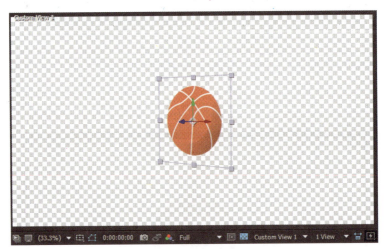

图 5-31

<2>Position、Anchor Point

如果我们在时间轴面板上修改 Position 属性，就会发现篮球的位置发生了改变。如果你开启了三维图层开关，那么 Position 会有三个坐标轴的位移参数。

如图 5-32 中红框部分所示，默认的三维位置参数是"960.0，540，0.0"，这三个数值分别表示 X 轴、Y 轴、Z 轴的位置。这些坐标在预览窗口中与其他的三维坐标的样式是一样的。

图 5-32

此外，还有一个小操作技巧，当你需要移动一个像素的位置时，只要在预览窗口中选择对象，再按下键盘上的方向键就可以从上、下、左、右不同方向移动 1 像素了。而按住 Shift 键的同时，再按下方向键则是每次移动 10 像素。这些操作在细微的画面调整中会派上用场。

Anchor Point 就是一个图层的中心，我们在使用位移、旋转、缩放的时候，都是以该锚定点为中心的。在默认情况下，大多数图层类型的锚定点位于图层的中心。以之前的篮球素材为例，它在预览窗口中的默认画面如图 5-33 所示。

图 5-33

图 5-33 中红框圈出的符号就是该图层的锚定点。如果此时使用 Rotation 属性，那么你会发现篮球图层是围绕着 Anchor Point 进行旋转的。同理，当你使用缩放功能时也是以该锚定点进行缩放的。你可以修改一下 Anchor Point 的位置，然后进行旋转，如图 5-34 所示。

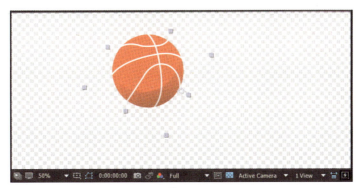

图 5-34

图 5-34 中我们修改了 Anchor Point 的参数，并进行了一定的旋转，可以看到图层是围绕新的锚定点位置旋转的。同样，Anchor Point 也可以开启三维坐标，你会发现它的坐标特质与 Position 一样，在开启三维图层开关以后，同样是以 X 轴、Y 轴、Z 轴三个方向旋转的，如图 5-35 所示。

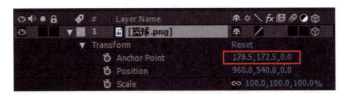

图 5-35

现在，我们回到图 5-34 中，你会觉得这个图像看起来更像是移动了篮球的位置，锚定点依然在整个屏幕的中心。也正是因为这个特点，当在时间轴面板上修改 Anchor Point 时，锚定点依然会在预览窗口的中心。因此初学者会误以为与移动图片位置功能是相同的。但实际上两者是有很大差别的。

当修改 Anchor Point 时，在预览窗口中看起来像是移动了 Position。但其实是锚定点与图层之间的相对位置改变了，本质上我们移动的还是 Anchor Point。我们做一个测试就知道区别了。图 5-36 的红框中的 Anchor Point 的参数是图 5-35 中默认的位置数值，此时锚定点在图片中心。

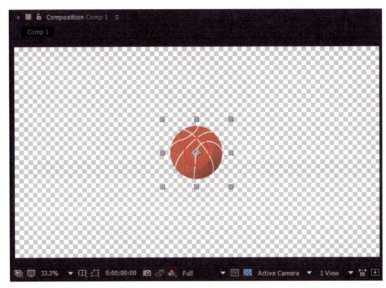

图 5-36

现在，注意保持 Position 不动，不做任何修改，只修改 Anchor Point。

图 5-37 展示了修改 Anchor Point 中 Y 轴参数的效果，其他参数保持不变。此时，你再旋转或缩放图层时会发现，图层围绕旋转时，缩放的中心点不同了。虽然单独调整 Anchor Point 的视觉效果非常像调整了 Position，但那是因为在预览窗口中显示的是图层与锚定点的相对位置。如果你单独修改 Position，而不修改 Anchor Point，那么旋转、缩放的中心点依然不会发生改变。

现在我们重置所有的参数，仅仅修改 Position，而 Anchor Point 保持默认数值不变。通过移动 Position 把图像移动到与图 5-37 一样的位置，至少看起来很像的位置，结果如图 5-38 所示。

现在可以做一个对比，仅仅调整 Anchor Point 与仅仅调整 Position，让图片素材移动到图 5-38 所示的目标位置。当旋转、缩放图层时，两者展现出来的结果是截然不同的。虽然在预览窗口中篮球的位置看起来一样，但是旋转与缩放的中心却不在同一个点上。

图 5-37

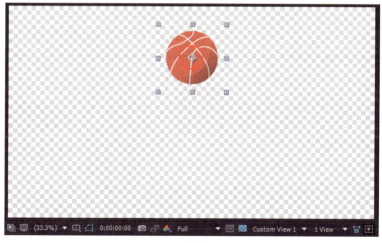

图 5-38

如果修改 Anchor Point 的同时又希望篮球仍然保持在预览窗口中的位置不变,那么需要在调整 Anchor Point 的同时修改 Position,这显然很麻烦。

因此,我们通常用一个更加简单的方法,在工具栏中找到 Pan Behind(Anchor Point)Tool,快捷键为 Y 键,如图 5-39 所示。

图 5-39

在时间轴面板上选择图层,然后选择图 5-39 中红框所示的移动锚点工具。首先选择需要修改锚定点的图层,然后再到工具栏上单击移动锚点工具,最后到预览窗口中单击移动锚定点。此时可以观察 Anchor Point 与 Position 在时间轴面板上的数据,你会发现它们是同时变化的。自动计算变化会让图层在预览窗口上看起来保持不动,让你更专心地修改"中心"位置。

在图 5-40 中,我们用移动锚点工具把篮球图层的锚定点移动到了任意位置,此时你会发现篮球在预览窗口中没有发生位置变化。

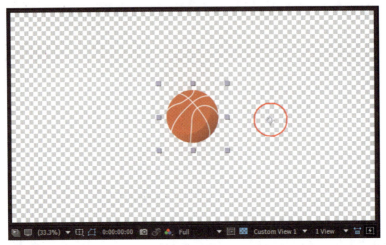

图 5-40

此外,有一个移动锚点中心的小技巧推荐你掌握。如果要重置锚定点的位置为默认数值时,则可以在工具栏上双击移动锚点工具,此时图片会移动到锚定点的位置,并且把锚定点的数值属性重置为默认值。我们以图 5-40 为例,双击移动锚点工具以后,结果如图 5-41 所示。

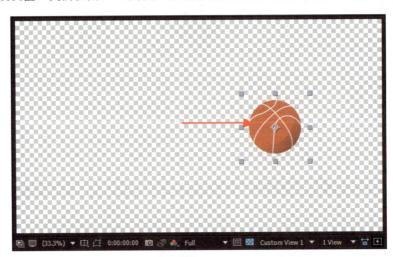

图 5-41

当你完成了锚定点重置以后,再修改 Position,把图层放置到需要的位置即可。

五个基础属性的快捷键如下。

Anchor Point(锚定点):A 键。　　　　Position(位置):P 键。

Rotation(旋转):R 键。　　　　　　　Scale(缩放):S 键。

Opacity(透明度):T 键。

当你在时间轴面板上选择图层并按下快捷键时,就可以方便地调出相应属性了。以位置属性为例,如图 5-42 所示。

我们从图 5-42 中可以看到图层下方只显示了一个 Position,这不但能够让你快速找到需要的属性参数,而且能够让你的界面变得整洁。

图 5-42

5.3 如何理解并使用关键帧

在本节中我们将学习关键帧并且配合图层的基本属性进行练习，这样可以让你不但掌握关键帧而且再一次熟悉图层属性。

5.3.1 什么是关键帧

"帧"就是动画中最小单位的单幅影像画面，相当于电影胶片上的每一格镜头。在动画软件的时间轴上，帧表现为一格或一个标记。在 After Effects 中，关键帧用于设置动画、效果、音频，以及许多其他属性的参数，这些参数通常随时间变化而变化。关键帧标记图层中的属性（如空间位置、不透明度或音量）在指定的时间点以指定数值存在。你可以把关键帧理解成一个标记的特定属性值。当你设置两个关键帧时，系统会自动计算两个关键帧之间属性值的变化。因此，使用关键帧创建随时间推移变化的动画时，通常要使用至少两个以上的关键帧。

5.3.2 如何使用关键帧

<1> 理解关键帧，从一个简单位移开始

新建合成并导入一个素材，我们依然以一张篮球图片为例。单击图 5-43 中红框所示的秒表图标，就可以在时间线上设置关键帧了。不过你应该首先把时间线移动到你需要设置的关键帧的位置。

图 5-43

例如，让篮球在第 2 秒的时候出现在屏幕左边，在第 4 秒的时候移动到屏幕右边，如图 5-44 所示。

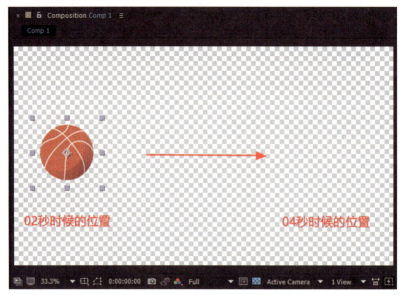

图 5-44

操作步骤如下。

1. 在时间线面板上，把时间指针移动到第 2 秒的位置，如图 5-45 所示。

图 5-45

2. 修改 Position，让篮球处于预览窗口的左侧，正如图 5-44 中篮球所在的位置。
3. 单击 Position 前的秒表图标，添加第一个关键帧，如图 5-46 所示。

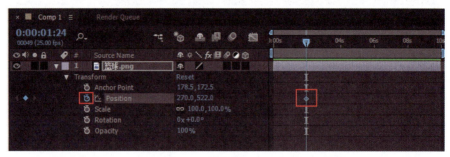

图 5-46

从图 5-46 中的红框标识中我们可以看到，时间线上第 2 秒的 Position 属性被添加了关键帧。这是什么意思呢？意思就是当移动到这个位置时，Position 显示的参数一定是你添加的关键帧的数值。同理，我们把时间指针移动到第 4 秒的位置，然后再调整篮球图片的 Position，让它移动到预览窗口的右侧。此时图 5-47 中出现了一个 Position 移动的线条，显示图层位移的路径。

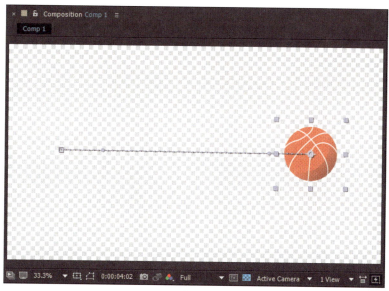

图 5-47

我们再看看时间轴面板。在图 5-48 中我们可以很清楚地看到第 2 个关键帧的位置在第 4 秒，并且位置属性的数值也发生了变化。此时按空格键播放的话，我们会发现篮球在第 2 秒的时候开始从屏幕的左侧向屏幕右侧移动，这个过程是 2 秒钟，在第 4 秒的时候达到了第 3 个关键帧的位置，篮球停在了屏幕的右侧。

图 5-48

<2> 添加更多的关键帧

单击秒表图标表示激活该属性的关键帧。虽然可以添加第 1 个关键帧，但是它不是一个关键帧添加工具。如果再单击一次秒表图标，则会删除全部的关键帧。因此，正确地添加更多的关键帧就要使用"添加与删除关键帧"。如图 5-49 所示的红框部分就是"添加与删除关键帧"。如果即不修改参数也不添加关键帧的话，那么单击"添加与删除关键帧"即可。

同样，时间指针移动到某个关键帧上，再单击"添加与删除关键帧"就可以删除该关键帧。此外，如果想要知道某图层的哪些属性被添加了关键帧，那么选择该图层然后按下 U 键即可。

图 5-49

要注意的是，激活关键帧的属性后，秒表图标呈现蓝色。未激活关键帧的属性，秒表图标则呈现灰色。

<3> 如何选择关键帧

在添加了多个关键帧以后，需要选择不同的关键帧进行调整。有以下几种在时间线面板上选择关键帧的方式。

1．在时间线上单击关键帧。

2．按住 Shift 键，单击多个关键帧进行加选。或者按住鼠标左键框选多个关键帧。

3．单击时间轴面板上某一单一属性，则这个属性的所有关键帧都会处于选中状态，如图 5-50 所示。

4．在时间轴面板上选择属性，然后单击"添加与删除关键帧"两边的三角标记，可以快速依次选择该属性在时间线上的关键帧，如图 5-51 所示。

图 5-50

图 5-51

5．在时间线上右击某一个关键帧后会弹出快捷菜单，可以进行关键帧选择的快捷操作，如图 5-52 所示。

图 5-52 红框中的选项与选择关键帧有关。Select Equal Keyframes：选择相同的关键帧。Select Previous Keyframes：选择前面的关键帧。Select Following Keyframes：选择下一个关键帧。

<4> 如何修改关键帧数值

修改关键帧数值的方法很简单。把时间线指针移动到需要修改的关键帧位置上，如图 5-53 所示。

图 5-52

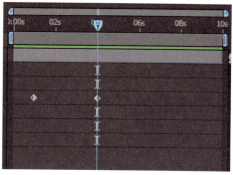
图 5-53

当时间线指针处于关键帧的位置时，再去时间轴面板上修改此属性，关键帧数值就会更新。不过，这个做法的缺点在于，时间线指针未必正好对准需要修改的关键帧。因此，还有一个更好的方法：在时间轨道上右击需要修改的关键帧，打开菜单。在图 5-54 中红框上方的数值就是该关键帧的属性数值。选择 Edit Value 然后再进行关键帧数值修改。或者选择 Go To Keyframe Time，到时间轴面板上修改关键帧数值。

<5> 关键帧的缓入、缓出

在时间线面板上右击一个关键帧，会弹出如图 5-55 所示的快捷菜单。

Easy Ease：缓动，自动调整进入和离开关键帧的速度。

Easy Ease In：缓入，自动调整进入关键帧的速度。

Easy Ease Out：缓出，自动调整离开关键帧的速度。

以 Position 为例，我们让篮球从预览窗口中的一端在 5 秒时间里移动到另外一端，然后再为两个关键帧设置缓入、缓出，物体会缓慢加速到达指定位置后再缓慢减速，如图 5-56 所示。

图 5-54

图 5-55

图 5-56

图 5-56 中的两个关键帧，第一个使用了 Easy Ease Out，第二个使用了 Easy Ease In。当预览动画的时候，你会发现篮球不再以平均速度从一个位置移动到另外一个位置，而是先缓慢加速，然后再缓慢停止。

你也可以想象一辆车是如何发动与停止的。在一辆车从一个出发点到一个目的地的过程中，肯定不是一踩油门车辆就匀速运行，然后到了目的地就立马停止的。必然是有一个加速过程的，一直加速到某个匀速阶段，快到达目的地时，它就会开始减慢速度，慢慢停下来。所谓缓出就像车辆要离开出发点，开始慢慢加速。而缓入就像车辆马上要到达目的地，开始放缓速度。

缓出、缓入的效果本质上就是一种关键帧插值。下面我们就会讲到关键帧插值。

<6> 关键帧插值

如何为一个关键帧修改插值呢？我们在时间线面板上选择一个或多个关键帧，然后右击关键帧，就能够修改它们的插值了。

我们可以在时间轴面板上选择一个或多个关键帧，再到菜单栏上选择 Animation → Keyframe Interpolation 进行修改，如图 5-57 所示。

图 5-58 中展示了两大关键帧插值。

Temporal Interpolation：时间插值。你可以对为动画创建时间属性的关键帧进行精确调整。该插值方式可以对进出关键帧的方式进行设置。

Spatial Interpolation：空间插值。当对一个图层应用了位置属性时，就可以对这些位置属性的关键帧进行调节。主要针对运动路径的关键帧插值。

图 5-57

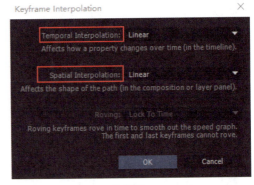
图 5-58

那么，什么是插值呢？

如果你告诉设置某个属性数值在第 0 秒是 0，第 10 秒是 100，那么如何从 0 变化到 100 呢？这就是关于插值的问题。当你为属性设置了关键帧以后，系统会自动在关键帧之间插入过渡值，这个值称为"插值"。由于插值在关键帧之间生成属性值，因此插值有时也称为"补间"。此外，时间插值是时间值的插值，空间插值是空间值的插值。

实际上，关键帧的缓入、缓出就是一种关键帧的时间插值。在时间线上，本来从一个属性值变化到另一个属性值的过程是匀速的，但当设置了缓入、缓出以后，我们就修改了两个关键帧之间的时间插值。两个属性关键帧之间的变化，虽然开始与结束的属性值是一定的，但是中间的变化可以是匀速的、时快时慢的或是缓冲加速的，等等。

我们先从简单的空间插值去理解这个问题，空间插值的几种方式如图 5-59 所示。

Linear 是指在关键帧之间创建统一的变化率。这种方法让动画看起来非常机械，关键帧属性的数值变化速度又是均匀的。After Effects 计算关键帧插值的方式是，尽可能在两个相邻的关键帧之间插入值，而不考虑其他关键帧的值。如果将 Linear 应用于图层属性的所有关键帧上，那么变化特点是，数值从第一个关键帧开始并以恒定的速度传递到下一个关键帧。在第二个关键帧处，数值变化速率将立即切换为它与第三个关键帧之间的平均变化速度。简单地说，Linear 就是默认的关键帧设置，它使得两个关键帧之间的数值变化是匀速的。

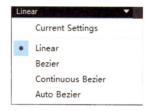

图 5-59

现在，我们又遇到了一个新的问题，什么是 Bezier 呢？

Bezier 是应用于二维图形应用程序的数学曲线。一般的矢量图形软件通过它来精确画出曲线，Bezier 由线段与节点组成。节点是可拖动的支点，线段像可伸缩的皮筋。我们在绘图工具上看到的钢笔工具就是来绘制这种矢量曲线的，如图 5-60 所示。

我们使用空间插值就很容易理解它们的作用了。首先给篮球图层加入三个 Position 关键帧，如图 5-61 所示。篮球图层随着时间依次移动到 A、B、C 三个点。在默认情况下路径是线性的，也就是说，Position 的关键帧使用的是 Linear。篮球会以直线形式从 A 点移动到 B 点，再从 B 点移动到 C 点，这在预览中就可以看到，非常直观的直线运动。

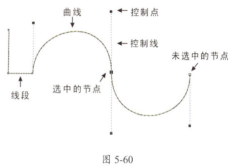

图 5-60

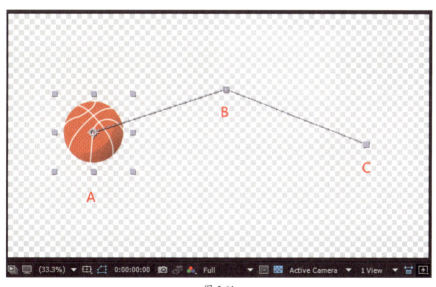

图 5-61

此时，在时间轴面板上右击三个关键帧，并使用 Spatial Interpolation 中的 Bezier，预览窗口如图 5-62 所示。此时你会看到篮球图层的移动路径变成了曲线，这就是 Bezier 的效果。

Bezier 节点上的小手柄是用来调整曲线弧度的，你可以尝试操作一下。此时也许你会问，为什么 A、C 两点的 Bezier 节点上的小手柄只有一个呢？因为 A、B、C 三个节点本质上就是三个位置关键帧。而一个 Bezier 节点有几个可以调整的小手柄，这取决于该关键帧两侧是否有其他关键帧。例如，在图 5-62 中，B 关键帧的边上有 A 与 C 两个关键帧。B 关键帧的两个 Bezier 节点的小手柄是用来分别对应调整 A 与 B 之间的插值关系，以及 B 与 C 之间的插值关系的。而 A、C 的两侧只有一个 B 关键帧，所以 A 关键帧与 C 关键帧的 Bezier 节点的小手柄只有一个。同理，如果某个关键帧的两侧没有其他关键帧，那么该关键帧也不会有可以用来调整曲线弧度的小手柄。此时，你可以任意调整手柄方向，随意调整一下手柄就形成了新的 Bezier，如图 5-63 中所示。

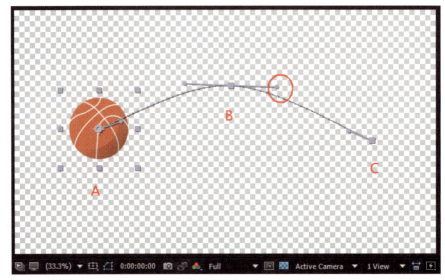

图 5-62

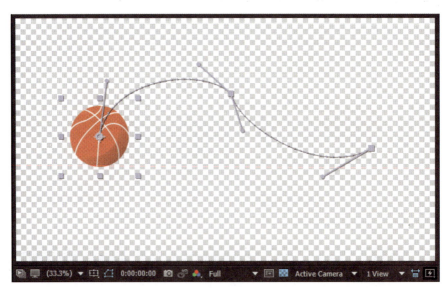

图 5-63

当进行播放的时候，你会发现图 5-63 中篮球仍然是在规定的时间里依次经过 A、B、C 三个点，只是它的路径不同了。它按照新的曲线进行移动。这并没有违反规则，它仍然在特定的时间抵达了特定的位置。至于它抵达的方式，则是用了不同的路径。

首先要知道 Linear 的路径变化简单，直来直往。而 Bezier 的路径变化更加丰富。接下来，再理解 Continuous Bezier 与 Auto Bezier 就很容易了，操作一下就会明白。

此外，在图 5-64 中四个空间插值的特点被很好地总结出来。

A：Linear（线性插值）

B：Auto Bezier（自动贝济埃曲线）

C：Continuous Bezier（连续贝济埃曲线）

D：Bezier（贝济埃曲线）

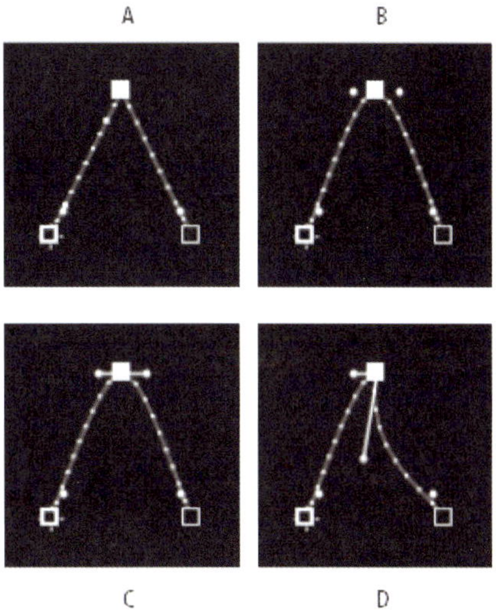

需要注意的是，不论哪种贝济埃曲线的插值方式，它们的本质都是一样的。当你了解了空间插值，那么就更容易理解时间插值了。

图 5-65 中几个插值方式的字面意思与空间插值一样，只不过多了一个"Hold"，即假设有两个关键帧，数值一直保持为第一个关键帧的数值不变。当时间线指针移动至下一个关键帧时，属性数值会突然发生变化。

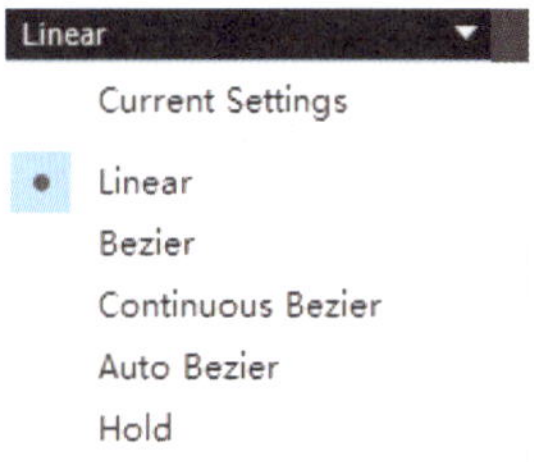

现在最重要的是，把刚才对空间插值的理解变通应用到对时间插值的理解上。比如，在属性中有两个关键帧，数值分别是 0 和 100。那么从 0 变化到 100 的过程中，选择 Linear 就是直接从 0 匀速增加到 100。

我们知道如果有关键帧存在，那么属性的数值是随着时间改变的。如果把从 0 到 100 的两个关键帧数值的差别理解成路程，那么两个关键帧之间的时间间隔就是时间差。路程除以时间就是属性数值变化的速度。

在使用 Linear 时，属性数值的变化过程是均匀的。例如，属性数值平均 1 秒增加 10 个数值，10 秒以后属性数值从 0 变化到 100。当贝济埃曲线的概念应用到时间插值以后，这个数值变化就变得更加丰富了，它甚至可以先加速变化再减速变化。例如，属性数值在第 1 秒增加 5 个数值，在第 2 秒增加 10 个数值，快到达下一个关键帧时，可能又开始降低变化速度，1 秒只增加 3 个数值，直到缓慢停止。时间插值就是关于关键帧之间属性数值变化的问题。

总之，时间插值主要是用来控制关键帧开始与结束之间属性数值变化的，可以让数值变化（有时候称"数值传递"）实现匀速变化、加速变化、时快时慢变化等。我们在修改关键帧的时间插值时，关键帧的图标也会发生相应的变化，比较常见的变化如图 5-66 所示。

图 5-64

图 5-65

图 5-66

你可能会奇怪为什么你的关键帧的图标跟示例中的不一样呢？这是因为关键帧的图标样式会受到周围关键帧的影响。我们以图 5-66 中的关键帧图标为例分析一下。

A：线性插值的关键帧图标有一半是深色的，说明深色的一侧没有其他关键帧，这个特点也适用于其他关键帧类型。

B：自动贝济埃曲线的关键帧图标。

C：贝济埃曲线的关键帧图标。

D：贝济埃曲线传出、线性传出的关键帧图标。该关键帧左侧传递出的数值是以贝济埃曲线传出的，所以该关键帧的左半边的形状就是贝济埃曲线关键帧的形状。同时，该关键帧右侧传递出的数值是以线性传出的，所以该关键帧的右半边的形状就是线性插值关键帧的形状。此时，两个形状就会组合成当前关键帧图标的样式。

E：线性传出、定格传出的关键帧图标。该关键帧左侧的关键帧的最后数值是以线性传出的，所以它接收的数据是线性插值。同时，关键帧右侧传出的数据是以定格类的时间插值传出的，而定格时间插值的关键帧的样式是方形的。因此，该图标是一个左侧线性插值加上右侧定格插值的图案组合。此外，因为该关键帧右侧没有新的关键帧，所以图标呈现深色。

当你再看到其他不同的关键帧图标时，也可以如此去分析它们。

5.3.3 图表编辑器

图表编辑器在控制关键帧上变得更加具体，尤其在制作 MG 动画时应用得很多。它可以让整个关键帧呈现出更流畅、自然、细腻的效果。例如，人物的走动、球的弹跳，通过图表编辑器修改以后，可以更加方便地模拟出真实物理运动的效果。

<1> 如何打开图表编辑器

首先我们做一个简单的测试，把篮球素材分别在第 2 秒、第 4 秒、第 6 秒各添加一个 Position 关键帧。预览窗口如图 5-67 所示。我们可以看到整个运动路径是线性的。

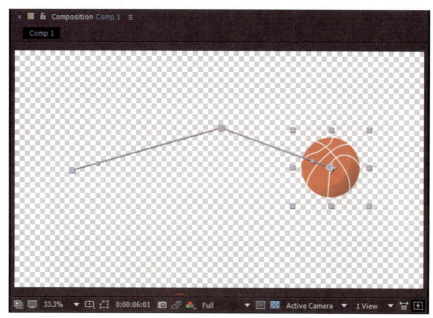

图 5-67

此时点开图表编辑器面板，如图 5-68 所示中红框部分就是图表编辑器对 Position 关键帧的图形显示效果。

在了解它的大致作用之前，首先了解一下基础操作。

1．使用抓手工具进行拖动，按下快捷键 H 键，可以垂直或水平移动图表。
2．滚动鼠标滚轮，可以垂直移动窗口。
3．按住 Shift 键的同时滚动鼠标滚轮，可以水平移动窗口。
4．按住 Alt 键的同时滚动鼠标滚轮，可以对窗口进行放大或缩小。

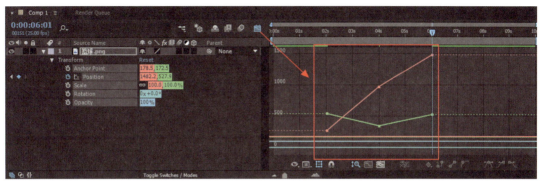

图 5-68

<2> 如何在图表编辑器中选择显示的属性类型

首先将图 5-69 中左下方的眼睛图标点开，里面有三个显示内容。

Show Selected Properties，表示在图表编辑器中显示被选择属性的运动属性。

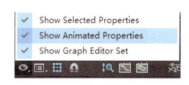

图 5-69

Show Animated Properties，表示在图表编辑器中显示关键帧所包含动画信息的曲线变化。

Show Graph Editor Set，表示在图表编辑器中显示属性变化的曲线和速度变化的曲线。

<3> 图表编辑器中有哪些曲线图表

图 5-70 中展示了不同的显示与编辑功能，其中重要的选项如下。

Auto-Select Graph Type：自动选择图表类型，表示系统会自动选择显示一种曲线类型。

Edit Value Graph：编辑数值图表，表示编辑关键帧属性数值变化曲线。

图 5-70

Edit Speed Graph：编辑速度图表，表示编辑速度变化曲线。这个速度图表非常重要。例如，当修改 Bezier 后，你会发现关键帧的图标样式也改变了，其本质是在调整时间插值。修改速度图表中的 Bezier 如图 5-71 所示。

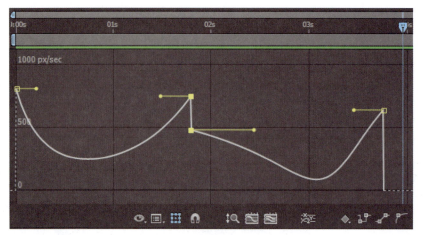

图 5-71

同时，时间轴面板上的关键帧图标也发生了变化。图 5-72 中的三个关键帧插值原本都是时间插值中的 Linear，经过速度图表中的修改以后，变成了 Bezier。

图 5-72

Show Reference Graph：显示参考表，表示在图表编辑器界面会同时显示属性变化曲线和速度变化曲线。

Show Audio Waveforms：显示音频波形，表示在图表编辑器界面会显示音频的波形图。

Show Layer In/Out Points：显示图层的入点与出点，表示在图表编辑器界面会显示当前关键帧所属图层的入点与出点。

Show Layer Markers：显示图层标记。

Show Graph Tool Tips：显示图标工具提示。

Show Expression Editor：显示表达式编辑器。

<4> 关键帧框选显示标记

当你在图表编辑器中框选了多个关键帧时，就会激活一个显示框。从图 5-73 中红框部分可以看到该图标已经被激活显示，这是因为你在图表编辑器中框选了多个关键帧，即灰色部分的选框范围。再单击该图标，则会关闭灰色部分的选框显示。这个选项主要针对对框选的关键帧，通过灰色高亮起到区别显示的作用。

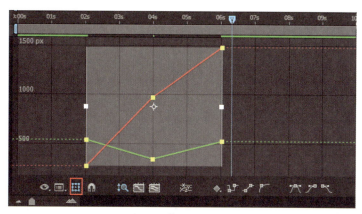

图 5-73

<5> 如何自动吸附关键帧

在我们移动关键帧的时候可能需要精确地将关键帧吸附到某一个位置，那么就可以开启自动吸附开关。图 5-74 中红框标记的就是自动吸附开关，激活该开关以后，再编辑移动关键帧，时间指针会自动吸附对齐。你可以打开该开关，然后任意拖动一个关键帧属性就会发现它的吸附效果，这个功能主要适用于需要对齐位置的情况。

图 5-74

<6> 调整图表编辑器视窗适配的三种快捷方式

除可以手动调整移动视窗外，还有三种自动适配的视窗方式。如图 5-75 所示从左到右依次是：自动缩放列表高度查看、根据所选的关键帧查看、整体调整图表查看。这三种方式本质上就是对图表编辑器窗口进行放大和缩小。

图 5-75

<7> 单独维度按钮

例如，我们在观察 Position 属性中的曲线时，可以把每个维度的属性单独用曲线表示。图 5-76 中红框标记的就是单独维度按钮，它的主要作用是在调整 Position 属性时激活该开关，可以单独显示调整位置属性的各个维度的动画曲线。

图 5-76

时间轴面板上的显示属性方式也会变成单独维度显示，如图 5-77 所示。

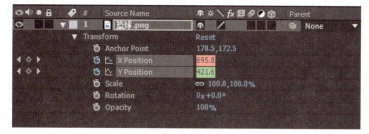

图 5-77

激活单独开关以后，在图表编辑器面板中的关键帧具有调整各维度数值的 Bezier，如图 5-78 所示。

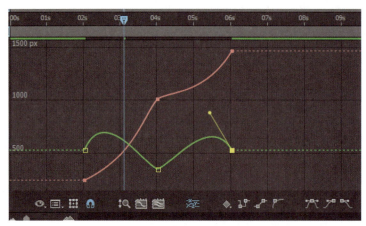

图 5-78

任意拖动曲线的小手柄以后，再观察预览窗口中图像路径的变化，如图 5-79 所示。

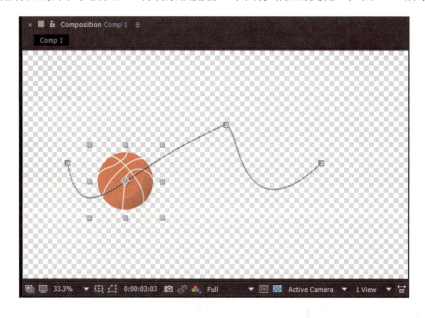

图 5-79

在图 5-79 中，三个关键帧的位置没有改变，但是调整了 Bezier 以后，空间关键帧插值方式却发生了改变。通过这种方式可以做出很多复杂的效果。你可以手动尝试一下，观察这种变化。

<8> 关键帧快捷属性菜单

快捷属性菜单与在时间线上对关键帧右击弹出的菜单一致，如图 5-80 所示。

<9> 关键帧插值快捷按钮组

图 5-81 中的六个按钮为关键帧插值快捷按钮。前三个按钮为一组，从左到右依次是：将选择的关键帧转换为定格插值、将选择的关键帧转换为线性插值、将选择的关键帧转换为贝济埃曲线插值。后三个按钮为一组，从左到右依此是：Easy Ease、Easy Ease In、Easy Ease Out。

图 5-80

图 5-81

<10> 图表编辑器使用案例

首先我们按照上节的方式，在时间轨道上把篮球素材分别在第 2 秒、第 4 秒、第 6 秒各添加一个 Position 关键帧。然后进入曲线编辑器，调整关键帧的曲线。在图片编辑器中单击开启单独维度开关。拖动图 5-82 中红框标识的曲线小手柄，观察预览窗口的变化，并且尝试使用关键帧插值，观察图表编辑器的变化。

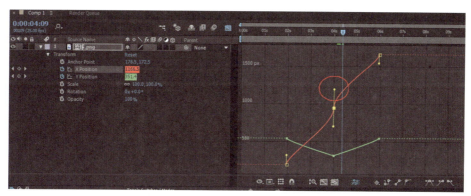

图 5-82

第一步，在时间轨道上选择关键帧。

第二步，进入图表编辑器。

第三步，选择需要显示的内容。

第四步，根据需要调整 Bezier 或其他插值方式。

我们可以在图 5-83 中看到，开启 Bezier 后运动路径是弧线形的。如果运动路径是弧线形的，则说明在图表编辑器中对关键帧插值是以 Bezier 进行运算的，这可以让动画变得平滑。

如果你的图表编辑器上没有 Bezier 调节手柄的话，则说明关键帧是以 Linear 插值的，进行匀速运动变化。图 5-84 的关键帧插值为 Linear 的，所以变化方式为直线。

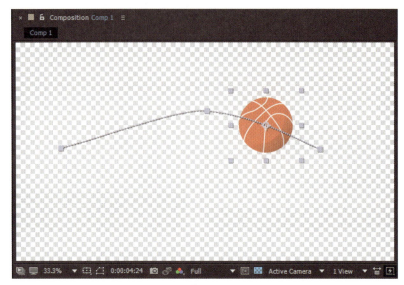

图 5-83

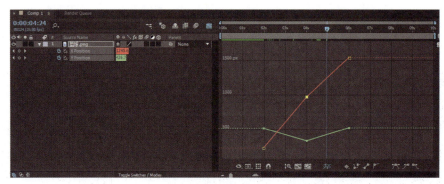

图 5-84

在图 5-85 中运动路径是直线的,并且转角没有弧度,这说明关键帧的插值都是 Linear 的。

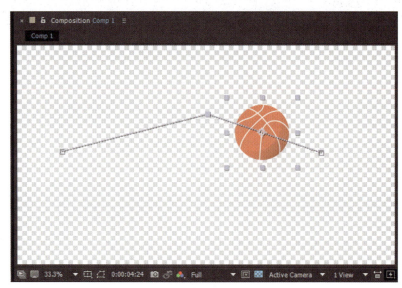

图 5-85

当需要对关键帧的时间插件进行 Bezier 编辑时，可以用之前掌握的插值方式进行修改。

在图 5-86 中对关键帧选择使用 Bezier 插值。此时，你再看图表编辑面板中，刚才所选的关键帧的变化路径都变成了曲线，并且具有 Bezier 特有的小手柄，如图 5-87 所示。

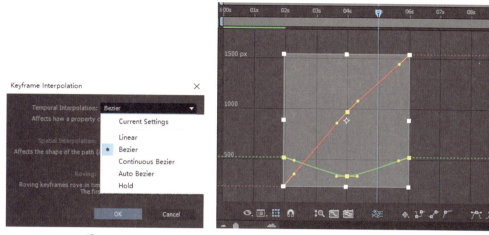

图 5-86　　　　　　　　　　　　　　　图 5-87

现在可以拖动手柄修改曲线，你会发现图层的运动速度不再是匀速的。通常，图表编辑器是用在人物动作、物体抛物、下坠模拟等真实的运动上的。一般来说，使用 Bezier 进行调整才符合自然运动的规律，让物体运动看起来更加流畅、自然。

5.4　图层叠加模式与图层样式

图层的混合模式控制是指每个图层是如何与它下面的图层混合或交互影响的。我们可以在图层之间加入叠加模式，让一个图层与它下面的图层发生颜色叠加关系，产生特殊的效果。

5.4.1　图层叠加模式及效果

我们在开始尝试做各种图层叠加前，准备了两张图片素材。图 5-88 中时间轴面板上有两个图层，1 号图层上有我们已经熟悉的兔子图案，2 号图层是一个纯色的固态层。

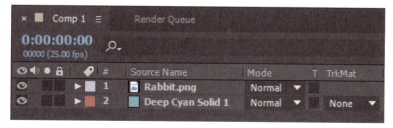

图 5-88

此时，我们在预览窗口中看到的效果是兔子图案在纯色的背景之前，如图 5-89 所示。保持这个默认效果即可。

图 5-89

<1> 图层叠加模式在哪里？它是如何起作用的

图 5-90 中红框标记的地方就是选择叠加模式的位置。当你打开下拉菜单以后，会看到很多叠加模式。这些叠加模式是如何作用的呢？很简单，当一个图层选择了某一个叠加模式以后，它的效果会被直接作用到它下面的第一个图层上，但是不会影响该图层以上的图层。通常，我们把使用图层叠加模式的图层称为"叠加层"，把该层的下一层，也就是受到叠加层影响的图层称为"底层"。

图 5-90

但是，当只有一个图层的时候，无论选择哪种叠加模式都不会发生变化，因为这是多图层之间的混合叠加方式。

<2> 图层叠加模式的各个功能

在图层叠加模式的下拉菜单中可以看到很多可供选择的模式，但是常用的只有几种，我们熟练掌握这几种即可。

1. Normal：默认的模式，各个图层都保持原来的效果，不会对彼此造成影响。

2. Dissolve：溶解模式，当该图层有羽化边缘或不透明度小于 100% 时才起作用。溶解模式是在当前图层与下一个图层之间随机选择像素替换的，图层越透明，效果就越明显。这样的效果看起来像是叠加层溶解在了底层之中，如图 5-91 所示。

3. Dancing Dissolve：动态抖动溶解模式，与溶解模式原理相似，但是在动态抖动溶解模式中会随时更新选择的像素，而溶解模式中的像素是固定不变的。此外，"溶解"和"动态抖动溶解"对三维图层不起作用。

图 5-91

4. Darken：变暗模式是通过比较叠加层与底层之间的颜色亮度信息进行计算的。通过比较，保留两个图层中比较暗的颜色，如图 5-92 所示。基于这个原理，如果你的叠加层是黑色的，那么使用变暗模式时，两个图层混合以后全都变成了黑色。

图 5-92

5. Multiply：这是一种减色混合模式，通过将底层颜色与混合色相乘，就像光线透过两张叠加在一起的幻灯片，呈现出一种较暗的效果。用通俗的话来说就是，亮的部分不变，暗的部分变得更暗。任何颜色与黑色相乘产生黑色，与白色相乘就保持不变。因此，叠加后的结果是颜色不会比原始颜色明亮。这也是一个极为常用的叠加模式，又被称为"相乘模式"，如图 5-93 所示。

6. Color Burn 与 Classic Color Burn：通过增加对比度来反映底层颜色，结果是叠加层颜色变暗。但是如果混合色为白色，则不产生变化。而 Classic Color Burn 是通过增加对比度使得颜色变暗的。

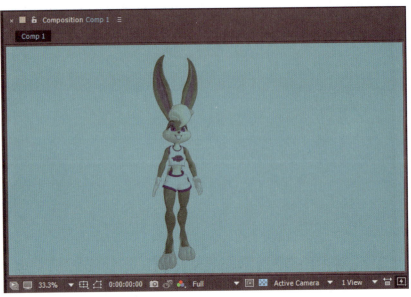

图 5-93

7. Linear Burn：该模式是通过比较底色和叠加颜色的信息进行混合的。效果类似 Multiply，通过降低亮度，让底色变暗以反映底层色彩，但是和白色混合没有效果。相对于 Multiply 的效果，这个模式的效果会更暗。

8. Dark Color：结果颜色是叠加层颜色和对应的底色中较深的颜色。Dark Color 类似 Darken，但是 Dark Color 不对各个颜色通道执行操作。效果如图 5-94 所示。

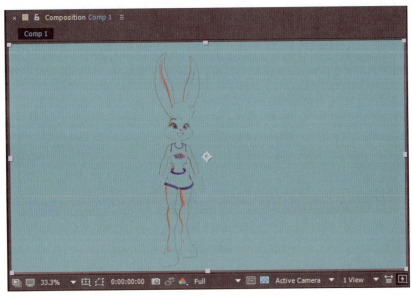

图 5-94

上面这一组的颜色叠加模式中，最为常用的就是默认的 Normal 与 Multiply。要优先掌握这两种模式。而 Darken、Multiply、Color Burn、Classic Color Burn、Linear Burn、Dark Color 都会让图像变得更暗。如果需要使图层叠加变得更暗，那么可以优先考虑这些模式。

9. Add：当使用光效或使用粒子时，变亮模式可以让效果变得更好。在使用火焰、烟花等应该有发光效果的图层时，也可以优先考虑这种图层叠加模式。因为该模式是叠加层与底层颜色通道值的和，所以会变得更亮。混合颜色绝不会比两个图层中混合部分的任何一个颜色更深，如图 5-95 所示。

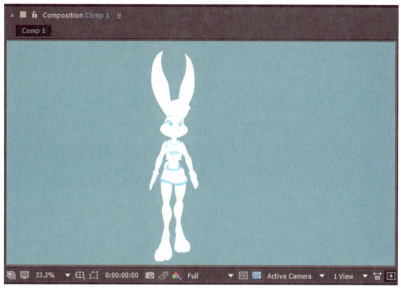

图 5-95

10．Lighten：该模式的效果与 Darken 的效果正好相反，叠加层会与底层图层比较，混合像素亮度，保留混合颜色中较亮部分，而较暗的像素则会被替换。

11．Screen：按照色彩混合原理中的"增色模式"进行混合。在该模式下，颜色会具有相加的效应。例如，当红色、绿色与蓝色都是最大值 255 的时候，以 Screen 模式混合就会得到 RGB 值为（255,255,255）的白色。而黑色意味着为 0。因此，黑色在该种模式下混合没有任何效果，而白色混合则得到 RGB 颜色中的最大值。通常，它的视觉效果像是在图层上又蒙上了一个图层。效果如图 5-96 所示。

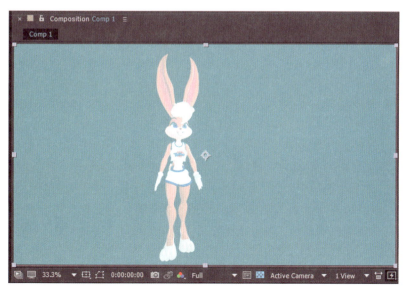

图 5-96

12. Color Dodge 与 Classic Color Dodge：Color Dodge 与 Color Burn 的效果刚好相反，该模式通过降低对比度让颜色变得更亮，并且加亮底层颜色来反映混合色彩，但与黑色混合时没有任何效果。Classic Color Dodge 与 Color Dodge 效果非常接近，也是通过减少对比度使得颜色更亮，并且反映叠加色。

13. Linear Dodge：效果类似 Color Dodge，不同的是它是通过增加亮度来使得底层颜色变亮的，从而获得混合色彩。与黑色混合则没有任何效果。

14. Lighter Color：与 Lighten 效果相似，最大的区别在于该模式对单独的色彩通道不起作用。

在以上这一组叠加模式中，最为常用的是 Add、Lighten 与 Screen。当你尝试通过叠加让画面变得更亮的时候，应优先考虑使用这三种模式。

15. Overlay：该效果中的像素是以 Multiply 混合还是以 Screen 混合，取决于底层颜色。它可以增强图像的颜色，并且保留底层颜色的高光与暗部。重叠模式对中间颜色的影响比较小，而对高光与暗部的影响比较大。

16. Soft Light：在该模式下的混合效果既可以让图像变得更亮，也可以让图像变得更暗，这取决于叠加层的颜色。如果叠加层的亮度高于 50% 灰度值，那么高出部分的底层会变亮，反之如果低于 50% 灰度值，则低于的部分的底层会变暗。

17. Hard Light：在该模式下的混合效果既可以让图像变得更亮，也可以变得更暗，这取决于叠加层的颜色。如果叠加层的亮度高于 50% 灰度值，那么该底层部分图像就会变得更亮；反之则低于 50% 灰度值，该底层部分会变得更暗。如果用纯黑色或者纯白色来进行混合，那么得到的也将是纯黑色或纯白色。

18. Linear Light：如果叠加色亮度高于 50% 灰度值，则用增加亮度的方法来使画面变亮；反之用降低亮度的方法来使画面变暗。

19. Vivid Light：该模式通过调整对比度来加深或减淡颜色。注意叠加层图像的颜色分布。如果叠加层颜色亮度高于 50% 灰度值，则图像将被降低对比度并且变亮；反之如果叠加层亮度低于 50% 灰度值，则图像会被提高对比度并且变暗。

20. Pin Light：该模式可以替换图像的颜色。如果叠加层亮度高于 50% 灰度值，那么叠加层颜色中较暗的像素将会被取代，而较亮的像素不发生变化。如果叠加层中的颜色亮度低于 50% 灰度值，那么叠加层颜色中较亮的像素会被取代，而较暗的像素则不发生变化。

21. Hard Mix：叠加层颜色会和底色进行混合，通常的结果是亮色更加亮，暗色更加暗，降低图层不透明度，能使混合结果变得柔和。混合的颜色由底层颜色与叠加层亮度决定，如图 5-97 所示。

在以上这一组的叠加模式中，Soft Light 与 Hard Light 这两种模式使用较为频繁，你可以优先熟悉这两种模式。这一组模式的主要特点是，通过叠加层改变颜色亮度来决定混合后的颜色哪部分更亮或更暗。

22. Difference：该模式根据叠加层与底层的亮度分布计算，然后对两个图层的颜色数值进行相减处理。当你用最大的白色值进行 Difference 运算时，会产生相反的效果，底层颜色被减去，得到补值。产生的效果就是"反色"，如图 5-98 所示。当你用黑色值进行 Difference 运算时，则不会发生任何变化，因为黑色亮度值最低，底层颜色减去最小颜色值为 0 时，结果与原来一样，如图 5-99 所示。

23. Exclusion：与 Difference 的效果相似，但是产生的对比度没有那么强烈。同样的原理，在与纯白色混合时会有相反的效果，与纯黑色混合时则不发生变化。

图 5-97

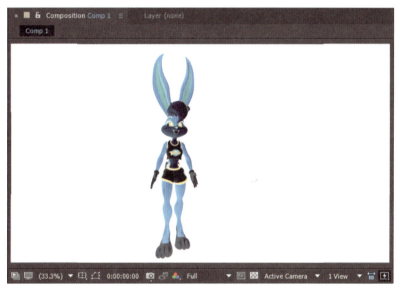

图 5-98

24．Subtract：与 Add 的效果相反，该模式是将叠加层与底层图像相对应的像素提取出来并让它们相减。

25．Divide：该模式的作用是查看每个通道的颜色信息，然后用底色分割混合的结果颜色。当底层颜色数值大于混合色数值时，混合出的颜色为白色。当底层颜色数值小于混合色数值时，则结果颜色比底色更暗。因此，这种模式叠加的结果是对比度非常强烈的。

26．Hue：在该模式下决定生成颜色的参数包括底层颜色的明度与饱和度，以及叠加层颜色的色调。混合时，混合颜色的色相值替换底层图像的色相值，而饱和度与亮度不发生改变。

27．Saturation：在该模式下底层颜色的明度与色调、叠加层颜色的饱和度一起影响生成颜色的参数。这种模式与饱和度为 0 的颜色混合（灰色）时，不产生任何变化。该模式只控制颜色的鲜艳程度，而不影响颜色色相。

图 5-99

28．Color：在该模式下，底层颜色的明度与叠加层的色调、饱和度一起影响产生颜色的参数，用混合颜色的色相值和饱和度去替换底层的色相值与饱和度。这种模式能够保留原叠加层图像的灰度细节，是很好的能够对黑白或不饱和的图像上色的模式。

29．Luminosity：在该模式下，底层颜色的色调与饱和度、叠加层颜色的明度一起影响产生颜色的参数。与 Color 正好相反，混合色只能影响图片的明暗度，不能对底层的颜色产生影响。它根据叠加层颜色的明度分布来与底层颜色混合。

在以上这一组的叠加模式中，Difference、Luminosity 使用得比较频繁，你可以优先熟悉这几个模式。

30．Stencil Alpha：该模式的叠加层的不透明部分作用在底层。选区：只保留底层中与叠加层不透明部分的重叠区域。颜色：保留底层颜色不变。透明度：取决于叠加层的透明度，该区域越透明，对应的底层区域就越透明。结果如图 5-100 所示。

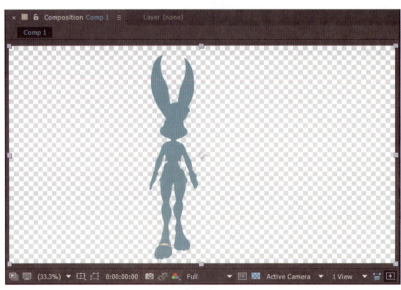

图 5-100

31. Stencil Luma：该模式通过计算叠加层中的不同亮度信息作用于底层。选区：只保留底层中与叠加层不透明部分的重叠区域。颜色：保留底层颜色。透明度：透明度随着叠加层亮度信息变化，亮度越低的部分越透明，亮度越高的部分越不透明。效果如图 5-101 所示。在 Stencil Alpha 基础上，底层透明度还要考虑叠加层亮度信息对底层透明度的影响。

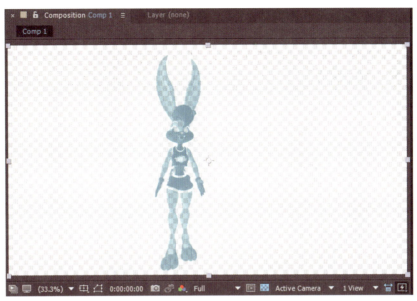

图 5-101

32. Silhouette Alpha：与 Stencil Alpha 的效果正好相反。选区：该模式的叠加层的透明部分作用在底层，去除底层中与叠加层不透明部分的重叠区域。颜色：保留底层颜色不变。底层透明度由叠加层的透明度决定。效果如图 5-102 所示。

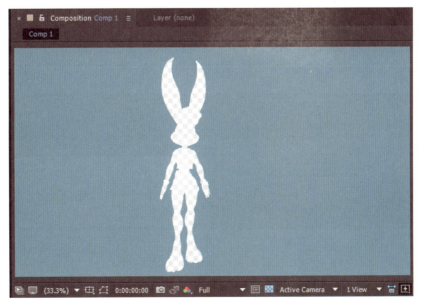

图 5-102

33. Silhouette Luma：与 Stencil Luma 的效果相反。该模式通过计算叠加层中的不同亮度信息作用于底层。选区：去除底层中与叠加层不透明部分的重叠区域。颜色：保留底层颜色。

透明度：透明度随着叠加层亮度信息变化，亮度越高越透明，亮度越低越不透明。效果如图5-103所示。

在这一组模式中，各个效果是互相关联的，理解好这些效果对于TrkMat的学习很有帮助，因为它们有很多相似的地方。对于以上叠加模式，死记硬背并不是一个好办法，这种叠加模式无非是考虑两个因素：一个是保留什么区域；另一个是叠加层的哪些信息影响底层透明度。只要理解了其中的Stencil Luma模式，其他的三个模式就能够很好理解了。

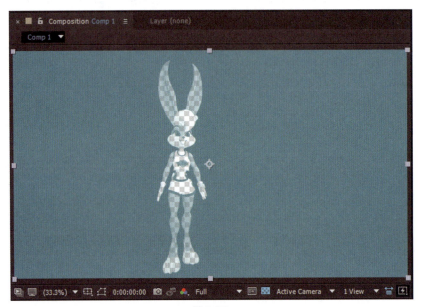

图 5-103

5.4.2 TrkMat 及效果

TrkMat严格地说并不全是图层叠加模式，但是也是上一个图层对另一个图层的作用，本质很相似，所以我们放在一起学习。

首先，我们在时间轴面板上看一下TrkMat的几种叠加方式，如图5-104所示。

图 5-104

要注意的是，在叠加模式里，上层的叠加层作用于底层，然后通过颜色、饱和度、亮度等不同信息计算产生新的混合色。而在TrkMat中则相反，是底层读取上层叠加层的数据然后自身产生变化，并且隐藏上层叠加层。通常来说，在制作蒙版遮罩效果变化、字体变化、亮光等时都需要用到这个模式。

1. No Track Matte：保持各个图层独立，相互不影响。

2. Alpha Matte：该模式以底层图层为源，然后读取底层上的叠加层作为 Alpha 通道选区，再通过"叠加层"中不透明与半透明的部分作为选区应用到底层上，效果如图 5-105 所示。

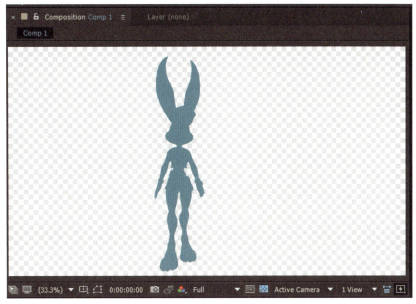

图 5-105

上一层的兔子的区域是不透明的，这个选区保留，其他的全部去除。同时，上一层叠加层也被隐藏了，它的时间轴面板如图 5-106 所示。

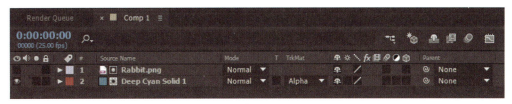

图 5-106

虽然这个轨道蒙版效果与叠加模式中 Stencil Alpha 的效果极为类似，但不同的是，一个是从叠加层作用于底层；另外一个是底层自身从叠加层中读取数据后作为选区，去除透明部分，保留不透明部分。我们可以理解为，叠加层中不透明的部分作为选区，然后在底层上把这部分不透明区域保留，透明区域去除。如果上层叠加层有半透明的部分，则选区保留，而底层透明程度则根据叠加层中这一部分的透明程度来决定。

3. Alpha Inverted Matte：该效果与 Alpha Matte 的效果相反，读取上层叠加层中不透明部分，保留透明部分作为选区。效果如图 5-107 所示。

该轨道蒙版效果与叠加模式中 Silhouette Alpha 的效果类似。我们可以理解为，叠加层中透明的部分作为选区，然后在底层上把叠加层中不透明区域去除，透明区域保留。上层叠加层如果有半透明的部分，则根据这部分透明程度，在底层同样的位置也做同样的透明度处理。

最后注意的是，Alpha Matte 与 Alpha Inverted Matte 的底层，均是读取上层叠加层图像信息中的透明程度，然后决定底层对应位置区域是保留、去除，还是做半透明处理。

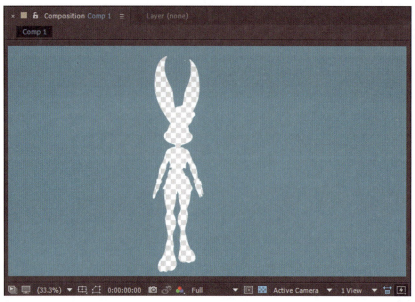

图 5-107

4．Luma Matte：与 Alpha Matte 读取上层叠加层的数据方式不同，它读取的是上层叠加层中的颜色亮度信息来确定底层对应区域是保留、去除，还是做半透明处理，如图 5-108 所示。

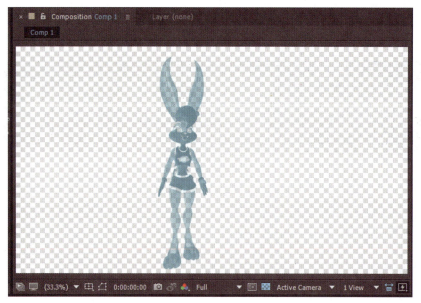

图 5-108

该轨道蒙版效果与叠加模式中 Stencil Luma 的效果类似。对于这一类型效果我们可以简单理解为，底层读取了上层叠加层中颜色不同的亮度信息，然后根据不同的亮度，在底层相应位置上部分保留或完全保留、去除，或者做半透明效果。这取决于上层叠加层颜色中的亮度，如果是白色，则会完全保留，因为白色亮度信息最高。如果是黑色，则会在底层对应区域上做全透明处理，因为黑色亮度信息最低。而其他的颜色都有各自的明亮程度，在对应区域上形成不同的透明度。底层保留的选区范围，取决于上层叠加层中对应的区域是否有颜色亮度信息，如果没有或是纯黑色，则做完全透明处理。

5. Luma Inverted Matte：该效果与 Luma Matte 的效果正好相反，如果是白色，则会完全去除，因为白色亮度信息最高。如果是黑色，则会在底层对应区域上做不透明处理，因为黑色亮度信息最低。效果如图 5-109 所示。

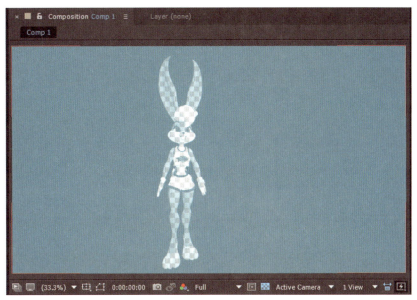

图 5-109

该轨道蒙版效果与叠加模式中 Silhouette Luma 的效果类似。底层保留的区域也与 Luma Matte 底层保留的区域正好相反，这取决于上层叠加层中对应的区域是否有颜色亮度信息，如果没有颜色或是纯黑色，则做完全不透明处理。有颜色的地方则做透明处理，透明程度由上层叠加层对应位置的颜色亮度决定。

Luma Matte 与 Luma Inverted Matte 的共同点在于：这两个轨道蒙版模式选区与透明处理都取决于上层叠加层对应区域中的颜色亮度信息，受上层叠加层的透明度与颜色亮度双重影响。而 Alpha Matte 与 Alpha Inverted Matte 的特点是只读取上层叠加层的透明区域，不受颜色亮度的影响。

只要理解了 Luma Matte 模式，其他三个叠加模式也就很好理解了。

5.4.3 如何使用图层样式

在时间面板上选择某个图层以后，在菜单栏 Layer → Layer Styles 中添加图层样式，如图 5-110 所示。它的中文对照如图 5-111 所示。

图 5-110　　　　　　　　　　　　图 5-111

看到对照就能够理解各叠加模式的功能了。其中，Drop Shadow 与 Inner Shadow 为常用叠加模式。

在给图层添加 Drop Shadow 后，我们可以在图 5-112 中看到图层边缘有了一些阴影轮廓。

图 5-112

此时，在时间轴面板上找到 Drop Shadow 相关设置。图 5-113 中红框部分就是 Drop Shadow 属性的修改选项。

对于这些设置效果，我们看中文对照表就会明白其功能，如图 5-114 所示。

图 5-113

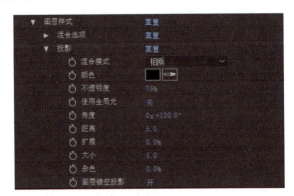

图 5-114

例如，对阴影进行大小、位置的修改，你可以尝试利用 Drop Shadow 中的参数调出如图 5-115 所示的效果。这些效果可以让图层具有立体感，并且与底层背景有效区分开。

图 5-115

5.5 灯光图层

5.5.1 如何使用灯光图层

在 After Effects 中可以通过创建灯光图层对三维图层进行照明，并且可以对灯光类型、灯光强度等属性进行设置。

<1> 如何创建灯光

创建灯光图层的方式很简单，在时间轴面板上的空白处单击鼠标右键，在弹出的快捷键中选择新建灯光。图 5-116 中红框标记的选项就是创建灯光的选项，或者使用 Ctrl+Shift+Alt+L 组合键新建灯光。

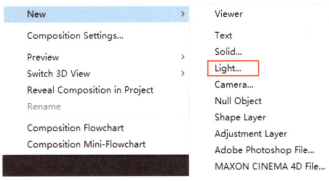

图 5-116

在新建灯光时，会弹出灯光预设对话框，如图 5-117 所示。

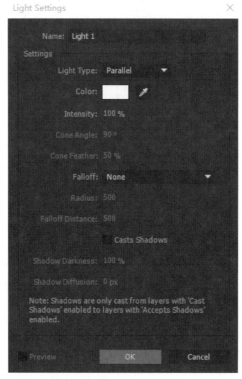

图 5-117

Name：输入灯光名称，建议输入英文名，因为很多插件如粒子插件可以调用灯光进行粒子发射，而中文名字容易出现报错。

Light Type 中包含多种不同的灯光类型，我们了解一下以下几种灯光类型的特点。

Parallel：平行光可以理解成太阳光，可以照亮整个场景并且不会有灯光强度衰减。平行光具有方向性，可以产生阴影。

Spot：比较常用的灯光类型，以圆锥形发射灯光，可以调整灯光发射的角度，这一类型的灯光有比较明显的边缘，同样可以产生阴影并具有方向性。

Point：点光源，从一个点往四周 360 度地发射光线，受对象光源距离的影响，光照程度不同，会产生不同程度的阴影。

Ambient：环境灯没有发射光线的源点，也没有方向性，所以不会产生阴影。通过它可以调整整个画面的亮度，通常和其他灯光配合使用。通俗地理解就是让图像置于特定的环境光下。例如，你在一个红色灯光的房间里，看任何颜色都会被红色所影响。

<2> 如何设置灯光颜色与强度

在选择完灯光类型以后，我们再对灯光颜色及强度进行设置。

Color：设置灯光的颜色。

Intensity：调整灯光强度数值。

当你选择灯光类型为 Spot 类型时，可以调整灯光角度与羽化值。

Cone Angle：调整 Spot 类型展开的角度，如图 5-118 所示为 60°的 Cone Angle。

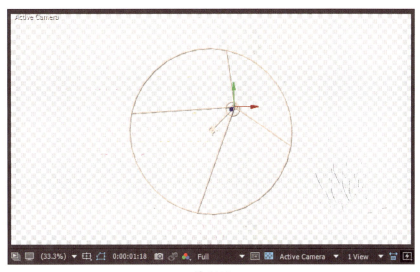

图 5-118

整个灯光散开角度范围比较大。如果我们把角度缩小到 45°，则整个灯光的光束会相对集中，如图 5-119 所示。

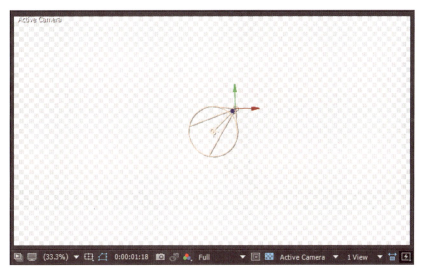

图 5-119

Cone Feather：在使用 Spot 类型时，调整光照的羽化程度。

在做这个选项测试时，暂时先把 Falloff Distance 调为 0，或者不开启 Falloff 功能。调整 Cone Feather 为 0%，此时可以看到 Spot 的光照过程是没有羽化渐变过程的，如图 5-120 所示。因此，我们可以看到被照射的图片有一个明显的边缘，这就是羽化程度为 0 时的效果。我们再将 Cone Feather 调整到 50%，效果如图 5-121 所示。

综上所述，Cone Feather 能够决定 Spot 光照在图像上的边缘是模糊自然的还是清晰分割的，可根据不同应用场景的需要进行选择。

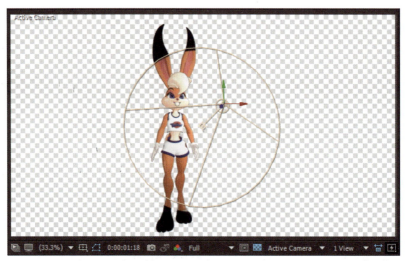

图 5-120

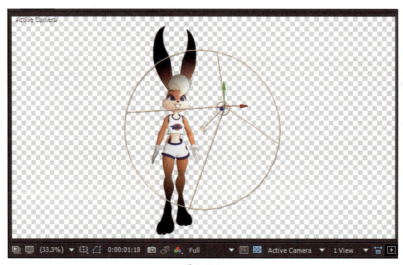

图 5-121

<3> 如何设置灯光衰减

灯光可以进行光线衰减模拟。例如，被灯光照射的物体离光源越远，受到的光照强度就越小。在 Falloff 设置中待选项如图 5-122 所示。

图 5-122

None：关闭灯光衰减，无论光源与被照射的素材远近如何，受到的光照强度不变。

Smooth：光线强度是平滑过渡的衰减过程。

Inverse Square Clamped：相比于 Smooth 的逐渐衰减过程，该选项是更加快速的灯光衰减方式，在同样的光照距离下，灯光衰减的程度更弱。

Radius：调节灯光照射半径的范围。

Falloff Distance：在开启灯光衰减功能以后，灯光衰减距离意味着从光源发射到衰减为零时的距离。那么光源与被照射的图层之间的距离，决定了灯光最终照射到图层上的光线强度。当衰减距离为 0 时，没有任何图层会被照亮，因为光源从刚开始发射就衰减为 0 了。所以灯光与需要照射的图层距离越远，就越需要调高灯光衰减距离，以确保光线在抵达图层时还有足够的亮度。

我们做一个测试。首先使用 Spot，为了不受 Cone Feather 的干扰，把这项数值设置为 0。单独观察 Falloff Distance 的效果，如图 5-123 所示。

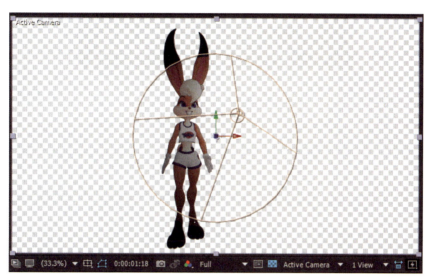

图 5-123

我们可以看到，被灯光照射的图层还是比较灰暗的，说明灯光衰减距离有点短，光线抵达图层时已经非常弱了。此时调高 Falloff Distance 的数值，其效果如图 5-124 所示。光线在抵达图层时，衰减得比较少，光线仍非常强烈。

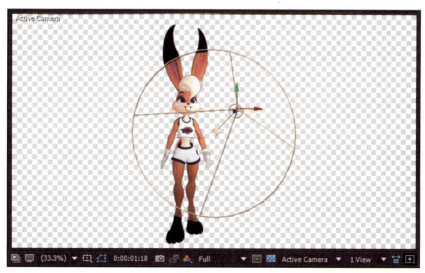

图 5-124

综上，当设置完灯光衰减后，多长的距离会让灯光强度为 0 呢？这个由 Falloff Distance 的数值决定。数值越大，灯光强度衰减的距离就越长。数值越小，灯光强度衰减的距离就越短。

<4> 如何设置灯光阴影

如果你需要灯光在照射图层以后产生阴影，那么就需要把 Casts Shadows 选项打开，开启阴影投射效果，如图 5-125 所示。

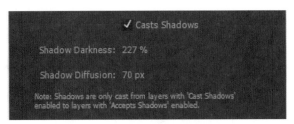

图 5-125

Shadow Darkness：调节灯光照射物体所投射阴影的浓度。

Shadow Diffusion：投射的阴影扩散虚化的程度。

到目前为止，我们对灯光图层的主要特点已经了解了，它的使用方法比较简单。不过，要让灯光效果起作用，或者达到更好的效果，往往还要配合其他受到光照的图层的属性设置。

5.5.2 灯光图层与其他图层的关系

灯光开启以后，受到灯光光照效果的图层必须是三维图层。因此如果你需要该图层受到光照效果影响，就要开启图层在时间轴面板上的三维图层开关。能够与灯光效果互动的三维图层会有一个 Material Options，如图 5-126 所示。

图 5-126

<1> 阴影投射设置

Material Options 属性组是该图层受到光照后的自身变化参数组。

Casts Shadows：单击对应的蓝色按键切换功能。

1. On：表示该图层开启阴影效果。如果光源也开启阴影效果，则图层会产生投影，如图 5-127 所示。

要注意的是，需要让被投射阴影的图层与被灯光照射的前景图层之间有一点距离，否则当两个图层位置完全重叠时，你可能就看不出阴影了。而且接收投影的背景也必须是三维图层，因为只有三维图层才能与灯光效果产生互动。

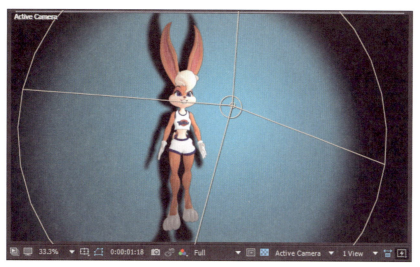

图 5-127

2．Only：开启该选项后，如果光源也开启阴影效果，则只会显示该图层的阴影，被光照产生投影的源素材图层不显示。图 5-128 显示的是在 Casts Shadows 中开启了 Only 的效果，被光照产生投影的源素材图层会被隐藏，只保留阴影效果。

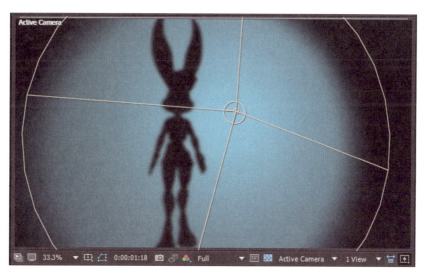

图 5-128

3．OFF：开启该选项以后，即使光源开启了阴影效果，也不会产生投影。

<2> 透光率

Light Transmission：通过素材影响投影的效果。这个效果与幻灯片原理类似，光照穿过底片（也就是素材）形成了投影。

图 5-129 显示的是 Light Transmission 数值为 100% 时原素材的投影效果。不过，为了更好、更清晰地观察该效果，我们在灯光设置中把 Shadow Diffusion 调为 0，让阴影不模糊，方便观察。在 Casts Shadows 中开启 Only 效果，观察投射阴影，可以看到相对清晰的 Light Transmission 效果。

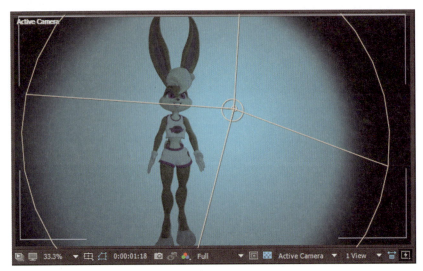

图 5-129

<3> 接收投影设置

灯光照射在图层上并且投射阴影，这个阴影会投射在什么位置上呢？一般来说，阴影会被投射在其他图层上，如图 5-130 所示"兔子"图层背后还有一个背景，阴影会投射在这个背景上。

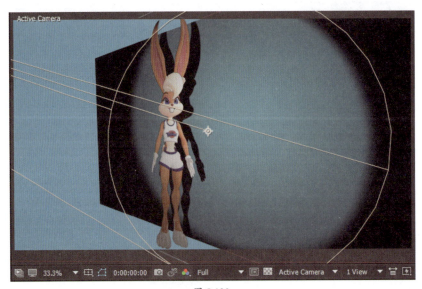

图 5-130

另外，要注意所有与光照互动的图层都必须是三维图层，也就是开启了三维开关的图层。在图 5-130 中我们新建了一个摄像机，然后旋转摄像机角度，从另外一个侧面查看它们之间的位置关系，这样会让我们比较清晰地理解它们实际的距离关系。

我们把接收到光照投影的层称为"接收投影层"。

图 5-131 中的 Accepts Shadows 打开以后，表示其他图层受到光照时的阴影如果投射在这个图层上将会被显示。

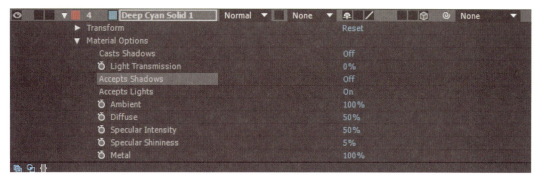

图 5-131

如果关闭这个选项，则"兔子"图层的阴影不再显示，如图 5-132 所示。

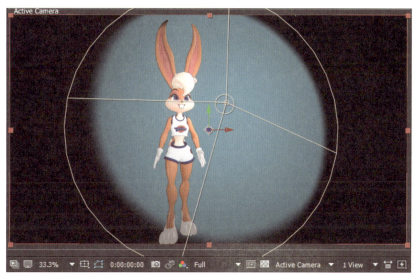

图 5-132

要注意的是，Casts Shadows 与 Accepts Lights 的区别。Casts Shadows 的意义在于，图层被光照以后是否产生投影。而 Accepts Lights 表示接收投影层是否显示投影。虽然看起来两个效果很像，但是有本质区别的。

Accepts Shadows 是针对接收投影层是否显示投影的设置，同样具有三种方式。

1．Only：接收投影层只显示接收的投影，而图层本身不显示，如图 5-133 所示，接收投影的固态层颜色不再显示，只显示它的黑色投影。

这个 Only 也要与 Casts Shadows 中的 Only 进行区分。一个是针对接受投影层显示，另一个是针对产生投影的图层显示。

2．On：开启图层，接收来自其他图层受到光照的投影。

3．Off：关闭图层，接收来自其他图层受到光照的投影。

收到光照产生投影层中 Casts Shadows 参数与接收投影层中 Accepts Shadows 参数的组合应用，就可以使得整个变化变得丰富。如果每个三维图层你都设置了产生投影与接收投影，那么最终画面会变得凌乱复杂。因此，产生投影与接收投影的各种效果开关应该酌情使用。通过这些设置，会让整个光照产生的结果符合你的预期。掌握产生投影层与接收投影层中的阴影的区别，会让你在使用灯光时能够逻辑清晰、条理分明。

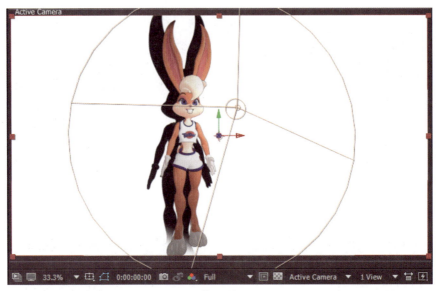

图 5-133

<4> 接收灯光设置

在实际使用中,并不是每个开启了三维开关的图层都需要接收光照。

图 5-134 中的 Accepts Lights:On 表示该三维图层接收光照,而 Off 表示该三维图层不接收光照,它会以默认亮度显示,而不受光的明暗影响。实际上,当你在制作工程时,很多三维图层并不需要被灯光照亮,这就极大地减少了工作量。

图 5-134

<5> 其他光照影响

在此之前讲解的主要内容是光照与投影的关系,掌握了这个核心知识以后,剩下的知识也就好理解了,这些设置如图 5-135 所示。

图 5-135

Ambient:图层受到环境光照的影响。环境光会影响所有图层,如同在一个有某种颜色灯光的房间中,你看到的房间里的所有东西都会带有这种颜色。调整 Ambient 属性可以让这个图层减少或增加环境光的影响。

Diffuse:该选项控制物体反射光的程度,其数值表示光照区域颜色被加亮的百分比。当你调高数值的时候,加亮的效果非常明显,其默认数值为 50%。

Specular Intensity:调节接收光照的图层高光部分的强度数值。对于高光的理解,你可以回忆一下金属物体在阳光的照射下会有高亮闪烁的部分,该部分就是高光。

Specular Shininess：在素材接收灯光照射时，调整该选项高光部分的反射强度。

Metal：调整素材接收光照时的金属效果，如果你的素材是类似金属的素材图片，那么调整这个选项金属效果会更为明显。

5.6 文本图层

5.6.1 如何输入与设置文字

在 After Effects 中，任何信息都会被归纳到某个图层当中，那么文字也具有它独有的图层，我们称之为"文本图层"。

<1> 如何新建文本图层

在时间轴面板中的任何空白处单击鼠标右键，在弹出的菜单中选择 New → Text 以创建一个文本图层，如图 5-136 所示。

同样，也有其他创建文字的输入方式。例如，在工具栏上单击"T"形符号以后，就可以直接在预览窗口输入文字并自动创建文本图层了。或者按下

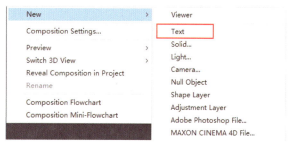

图 5-136

Ctrl+Alt+Shift+T 组合键创建文本图层。无论使用哪种方式，最终都需要你有一个文本图层，并在这个图层中输入文字。

如何修改已经输入的文字内容呢？只要在时间轴面板上双击文本图层，就可以在预览窗口中修改该文本图层中的内容了。

<2> Character 功能面板对文字的相关设置

我们在预览窗口中输入文字时，通常需要对文字进行设置。在 Window 中调出 Character 功能面板，如图 5-137 所示。

1. 如何显示正确的文字类型。

如何显示正确的文字类型是初学者经常会遇到的问题，在选择文字时会发现，很多文字类型并不是方便阅读的类型，如它会以英文或其他的符号来显示，如图 5-138 所示。

图 5-137

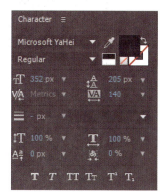

图 5-138

在系统安装的字体里，有很多中文字体在 After Effects 中是用英文显示的，这不利于查找字体。我们只需要取消一些勾选设置即可。

单击图 5-139 中 Character 对应的下拉菜单。取消勾选红框标记的选项 Show Font Names in English，就可以看到中文字体的显示了。

此外，Use Smart Quotes 的功能是 After Effects 会扫描文本并监测引号在哪里开始，以及在哪里结束，然后自动在文本两端应用左引号和右引号。这个选项根据需要设置即可。

2. 如何为 After Effects 安装字体。

After Effects 读取的是系统自带的字体，即只要系统中存在该字体，就可以读取。假设你有一个字体文件，将它复制到 C:\Windows\Fonts 路径下，再重启 After Effects，然后就可以找到它了。

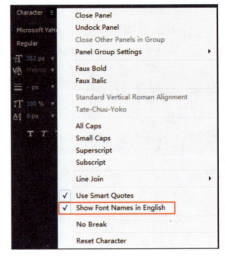

图 5-139

5.6.2 如何设置文字动画效果

仅仅是文本内容本身的变化无法满足我们全部的需求。我们还可以对文字变化使用 Animate。

单击图 5-140 中红框标识的三角符号，就会弹出很多设置文字动画的选项。这些选项不仅可以设置文字的动画参数，还可以对单独的字符设置动画效果。

例如，选择 Enable Per-character 3D 后，该文本图层会被设置为三维图层，并且为文本图层增加一个材质属性。该材质属性的特点与其他开启了三维图层中的材质属性特点一致。它可以设置文字的光照、高光强度、漫反射及阴影。

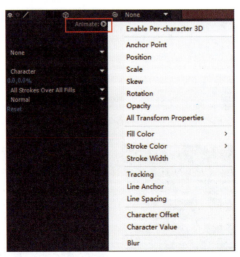

图 5-140

<1> 为文本中的一部分字符添加独立的基础变化属性

除文本图层具有自身的一套 Transform 属性组外，我们还可以对文本图层进行整体修改。我们也可以为文本图层中的一段字符单独添加属性组。这些属性的特点与一般图层共有的

Transform 属性组一致。在预览窗口中选择字符，如图 5-141 所示用鼠标在预览窗口中框选这些字符即可。

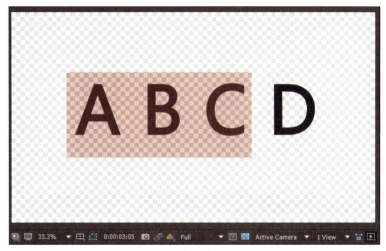

图 5-141

回到时间轴面板上，在文本图层的下拉菜单中为它单独添加属性。

Anchor Point：为文字增加锚定点中点定位属性。

Position：为文字增加位置变化属性。

Scale：为文字增加缩放变化属性。

Skew：为文字增加倾斜变化属性。

Rotation：为文字增加旋转变化属性。

Opacity：为文字增加透明度变化属性。

All Transform Properties：为文字增加以上全部属性。

这些属性全部应用以后，效果如图 5-142 所示。

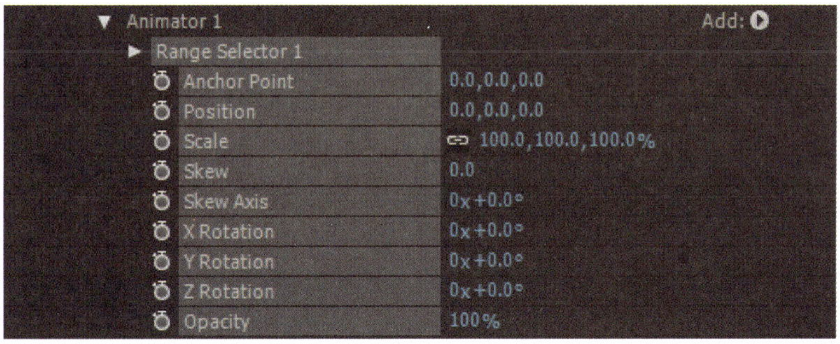

图 5-142

需要注意的是，Range Selector 1 包含了已选择的三个字符。此时，设置 Range Selector 1 下的属性时，如缩放、旋转、移动，你会发现这些效果仅仅作用在 Range Selector 1 所选择的字符范围里，如图 5-143 所示。

为什么只有 A、B、C 三个字符发生了变化呢？这是因为在添加 Animate 中的属性之前，只选择了 A、B、C 三个字符。然后在为这三个字符添加 Animate 中的属性时，系统自动生成了 Range Selector 1。该范围选择器只包含了这三个字符，所以它的属性变化也只会作用在这三个字符上。

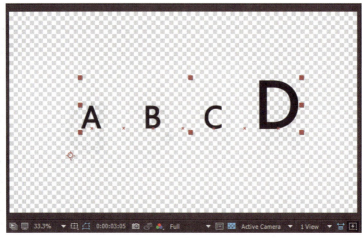

图 5-143

<2> 如何使用范围选择器

通过以上学习,我们已经知道如何为文本图层及一段字符添加动画变化了。现在我们要进一步学习更加复杂的功能——范围选择器。

为文本图层输入一串字符 A、B、C、D,如图 5-144 所示。

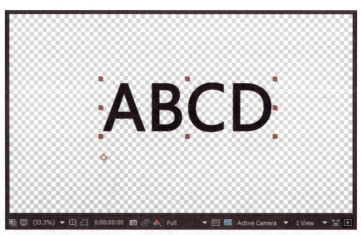

图 5-144

为所有字符添加一个属性动画,如选择 Scale,如图 5-145 所示。

为部分字符添加属性动画与为所有字符添加属性动画的本质是一样的,即一个是全选了所有字符添加属性,另一个是选择了部分字符添加属性。在为字符添加动画属性以后,它们都会被归纳到一个"范围选择器"之中。

图 5-145

我们注意到时间轴面板中的层级关系是:Animator 1 → Range Selector 1。至于为什么会有数字 1 在名称后面呢？这是因为 Animator 1 是为文本图层中的一部分或全部字符所创建的第一个动画器，它是隶属于文本图层下的一个新增动画器属性。而在这个动画器之下，第一个范围选择器就自然称为 Range Selector 1 了。

为 Animator 1 继续增加属性，如图 5-146 所示。

图 5-146

要注意的是，Animator 1 的所有动画效果都会影响该动画器下所有的范围选择器。例如，在图 5-145 中的 Range Selector 1 在预览窗口中的效果，就会受到 Animator 1 属性变化的影响。因为该范围选择器隶属于 Animator 1 下的一级。对于层级关系的理解会影响你对这些功能的使用。

接下来要思考，Range Selector 1 中包含了什么？

它包含了你在添加动画属性时，在预览窗口中选择的所有字符。如果你单击的是文本图层中的"ABCD"并添加了某个动画属性，那么自然是选择包含全部字符。因为，单击文本图层"ABCD"的意义就是全选文本图层的所有字符。如果你在预览窗口中自己框选了一些字符，那么 Range Selector 1 中包含的就是你刚才所选的字符。

假设在 Range Selector 1 中包含了整个文本图层中的字符 ABCD。我们点开 Range Selector 1 的下拉菜单看看它都有什么功能，如图 5-147 所示。

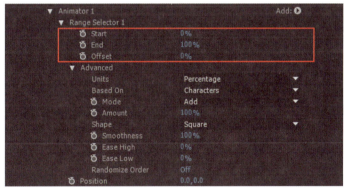

图 5-147

我们先介绍 Start、End、Offset 选项。

Start、End 是你选择 Range Selector 1 中所包含的字符的选择范围。通俗地理解就是，如果 Start 为 0%，End 为 100% 时，我们选择的范围就是全部字符。以此类推，当 Start 为 50%，End 为 100% 时，就是选择所有字符中后 50% 的字符。因为 Range Selector 1 中包含了"ABCD"四个字符，所以选择的是后两个字符"CD"。我们调整缩放一下，看看是不是只有字符"CD"受到影响，如图 5-148 所示。

我们可以看到只有"CD"两个字符受到了缩放的影响。在图 5-148 中有两个红色的选择符，第一个选择符是在整个字符中的 50% 的位置，意味着我们选择范围从全部字符的 50% 的位置开始。第二个选择符在所有字符的末尾，也就是从全部字符的 100% 的位置结束。

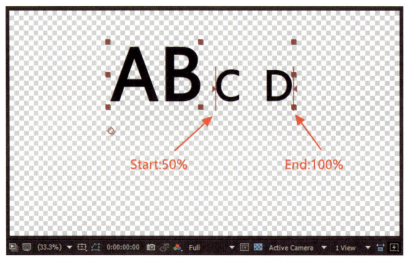

图 5-148

最后介绍的选项是 Offset。如图 5-149 所示，Start 设置为 0%，End 设置为 100%，这意味着选择了全部的字符。我们又把这些字符整体缩小了 50%，并把 Offset 设置为 25%。

图 5-149

在图 5-150 中，我们看到只有后面三个字符出现了缩放，并且第一个选择符在第二个字符前。虽然设置是 Start 为 0%，End 为 100%，即选择全部字符，但是因为 Offset 设置为 25%，所以让选择范围发生了偏移，从而改变了范围选择的结果。而 25% 的偏移正好移动了一个字符的位置，所以最后效果只作用在后面三个字符上。

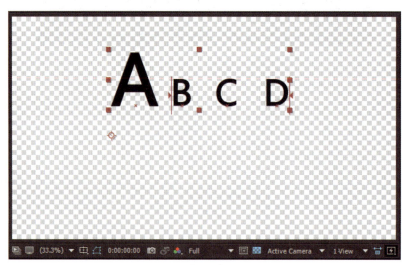

图 5-150

虽然我们知道了范围选择的基本作用，但是我们还需要掌握高级功能中的一些概念，才能完全应用自如。有一个问题就是，范围选择是依据什么计量单位选择的呢？这就需要在高级功能中去设置了。

如图 5-151 所示中的红框就是 Range Selector 1 选择数据的依据——Units 与 Based On。

Units 包含两个指标参数：Percentage 和 Index，如图 5-152 所示。Percentage 的作用是把所有的字符总数折算成百分比进行计算。比如，A、B、C、D 四个字符的总数如果是 100% 的话，那么第一个字符在 "0%~25%" 的范围，"25%~50%" 就是第二个字符的范围。因此，当 Start 为 26% 时，就属于第二个字符的范围了，即从第二个字符开始。Index 是以字符位置顺序进行计算的，如 A、B、C、D 四个字符依次对应 1、2、3、4。

而 Percentage 和 Index 所依据的单位并非只限定为字符，也可以以其他单位类型为依据。打开 Based On 中的下拉菜单，可以看到更多选项如图 5-153 所示。

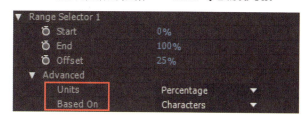

图 5-151

图 5-152

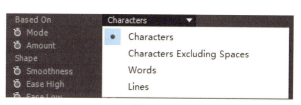

图 5-153

Characters：在修改范围的时候，范围选择器以字符为选择基准进行范围选择，空格也算作字符。

Characters Excluding Spaces：在修改范围的时候，范围选择器以字符进行范围选择，但是空格不算作字符。

Words：在修改范围的时候，范围选择器以单词为选择基准进行范围选择。

Lines：在修改范围的时候，范围选择器以每一行为选择基准进行范围选择。

假设我们在文本文档中输入 "Hello After Effect"。我们先理解一下默认的组合方式，即在 Units 的 Percentage 与 Based On 中的 Characters 组合选项。这个组合是什么意思呢？

它的意思是，在选择范围的时候，要依据字符来选择。它会计算 "Hello After Effect" 一共包含了 16 个字符，含空格。使用范围选择器选择范围时，就以每个字符在 16 个字符总数里所占的百分比来进行选择。

此时，我们将其修改成在 Units 的 Percentage 与 Based On 中的 Words 组合选项。然后再使用范围选择器选择范围，对它来说就是以单词作为选择基准的。我们如图 5-154 所示进行设置来测试一下。

图 5-154

通过如图 5-155 所示的结果来看，范围选择器选择了后两个单词。因为三个单词在总长度中每个占了约 33.3% 的范围。所以从 34% 开始，100% 结束，自然范围选择器选择了后两个单词。

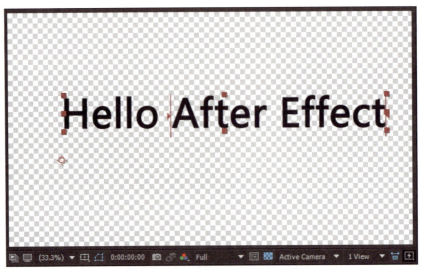

图 5-155

<3> 选择模式的问题

字符属性中包括 Mode、Amount 等设置，如图 5-156 所示。

图 5-156

Mode：设置字符的选择模式。

Amount：设置属性动画参数中对文字字符的影响程度。

<4> 动画变化中的形状应用问题

Shape：设置选择器边缘的过渡方式，控制如何在开始和结束范围内选择字符。其中包括 Square、Ramp Up、Ramp Down、Triangle、Round、Smooth 六种方式。

每个选项均通过使用所选形状在选定字符之间创建过渡进行修改。例如，在使用 Triangle 时，所应用的动画都有一定的形状。我们以 Scale 为例，在图 5-157 中，我们选择了全部的字符，然后调整了 Scale 属性。一般会统一缩放大小，但是因为我们修改了 Shape 中的选项，所以字符的变化依照我们设定的 Triangle 进行变形。

Smoothness：当 Shape 的类型为 Square 时，该选项才可以起作用，它影响一个字符过渡到另外一个字符的动画时间，即影响形状的平滑度。

Ease High 与 Ease Low：分别为高曲线平滑度、低曲线平滑度。例如，在设置文字缓入、缓出效果时，当数值为 100% 时，Ease High 的文字效果是从进入选择状态到退出选择状态的过程变化平缓。当数值为 –100% 时，Ease Low 的文字效果是从进入选择状态到退出选择状态的过程变化极快。

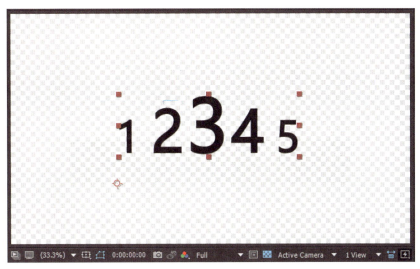

图 5-157

Randomize Order：On 表示开启随机排序设置，Off 表示关闭随机排序设置。

Randomize Seed：在 Randomize Order 选项中设置为 On 时，计算范围选择器的随机顺序。

<5> 摆动选择器的设置

除可以为 Animator 1 添加普通的 Range Selector 外，还可以从 Add → Selector → Wiggle 中开启 Wiggly Selector 1。

图 5-158 红框中的 Based on 是隶属于 Wiggly Selector 1 之下的，它的设置只影响 Wiggly Selector 1。

图 5-158

1．Wiggle Selector 参数设置。

注意"Wiggle"可以理解成物理的抖动，也可以理解成摆动，在某些情况下是扭动。总的来说，它的核心意思是一种范围的变化。

Mode：设置摇摆选择器与上层选择器之间的混合模式，效果接近于多重遮罩的混合模式。

Max Amount 与 Min Amount：设置选择器变化范围幅度的最大值与最小值。

Based On：选择文字摆动范围的基础模式，包括 Characters、Characters Excluding Spaces、Words、Lines 等。

Wiggles/Second：设置文字选择摇摆变化的频率、幅度。

Correlation：设置每个字符变化时的关联程度。当其数值为 100% 时，所有字符在同一时间内的摆动变化幅度一致；当其数值为 0% 时，所有字符的摆动变化各自独立互不影响。

Temporal Phase 与 Spatial Phase：设置字符摆动分别基于时间相位大小，以及基于空间相位的大小。

Lock Dimensions：设置不同维度的摆动幅度具有相同的数值。

Random Seed：设置随机变化数值。

2．Expression Selector 参数设置。

在 Animation 1 中，选择 Add → Selector → Expression 可以方便地在同一个文字动画属性组中添加使用多个 Expression Selector，如图 5-159 所示。

图 5-159

Based On：设置选择的依据，同样包括 Characters、Characters Excluding Spaces、Words、Lines。有一点要注意，对任何范围的选择，我们要首先确定是以什么为依据的。

Amount：设置动画属性与选择器的影响范围。

最后，Range Selector、Wiggly Selector、Expression Selector 这三个选择器本质上都是对文本中某些范围进行选择，只不过它们侧重目标与使用方式不同。理解好 Range Selector 最为重要。

5.7 三维图层与摄像机图层

5.7.1 三维图层的主要特点

一般来说，默认的图层效果是二维的，但是三维图层视图可以满足更加复杂的变化，也能搭建出更加丰富的场景。如图 5-160 所示为三维效果的场景。

图 5-160

我们可以利用三维图层制作出一些很有趣的场景，如图 5-161 所示。

图 5-161

掌握好三维图层与摄像机的应用，你也可以做出像这样的场景与效果。要理解好三维图层，首先要理解好坐标轴的概念，这些概念放在一起学习效果比较好。

<1> 新建一个摄像机来观察三维图层

在 After Effects 中"三维"的概念很好理解，就是长、宽、深。或者说，从你的预览窗口中看过去，除左右方向的 X 轴、上下方向的 Y 轴，还多了一个纵深方向的 Z 轴。要观察三维图层，首先需要新建一个摄像机图层，并且在时间轴面板上选中该摄像机，然后按快捷键 C 键，在预览窗口中拖动旋转三维图层以进行观察。

图 5-162 展示的是新建了一个摄像机后调整角度观察的画面。我们可以看到一个由红色的水平 X 轴、绿色的垂直 Y 轴和蓝色的深度 Z 轴组成的三维坐标系。

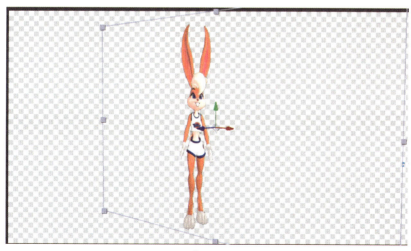

图 5-162

<2> 坐标轴的三种方式

在 After Effects 中有三套重要的坐标系，如图 5-163 所示。

我们在工具栏中可以很快地找到这三个坐标系，它们分别是"本地

图 5-163

轴模式""世界轴模式""视图轴模式"。现在我们需要弄清楚这三种坐标系的区别。

1．本地轴模式：该模式以图层本身的坐标轴为中心，它只关注自身的变化，即自身位移多少、自身旋转多少等。

2．世界轴模式：该模式的坐标轴以绝对的空间坐标位置来确定，拖动它的 X 轴就是在整个合成空间中绝对意义的 X 轴方向移动图层。同理，拖动 Y 轴与 Z 轴，就是在整个合成空间中的 Y 轴与 Z 轴方向进行移动。

虽然从视觉上看起来本地轴模式与世界轴模式极为相似，但是做一个测试你就会明白二者是有本质区别的。新建一个图层并且开启三维功能，把 Y 轴旋转调整为 45°，如图 5-164 所示。

图 5-164

观察预览窗口，如图 5-165 所示。

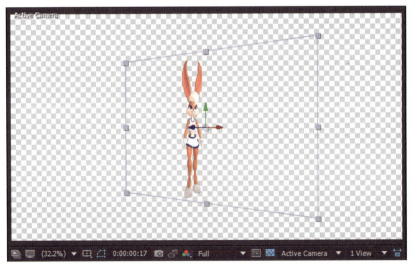

图 5-165

分别使用本地轴模式与世界轴模式移动，然后观察一下图层 Position 的数值变化。图 5-166 中位置坐标的数值分别是 960.0、540.0、36.6。

这里你操作的数值并不一定要与示例中的数值一致，记住默认数值即可。我们在本地轴模式下，拖动红色的 X 轴，预览窗口中的图层位置变化如图 5-167 所示。

图 5-166

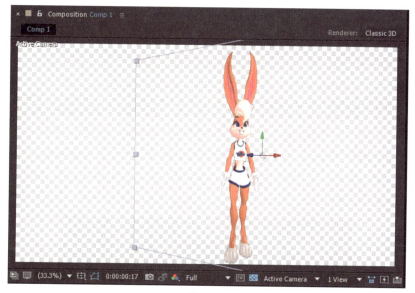

图 5-167

对比图 5-165 与图 5-167 的图层位置，整个图层以自身红色 X 轴方向进行移动。为什么要在一开始修改角度呢？因为在你重复这个过程时，会看到图层以自身 45°往外移动。此时，你会看到图层中 Position 的数值变化，如图 5-168 所示。

图 5-168

我们看到 Position 中，X 轴位置与 Z 轴位置都发生了变化。要注意的是，时间轴面板上的坐标轴数据是以世界轴坐标数据为准的。正是因为图层以自身 45°进行 X 轴移动，所以相对于世界轴坐标位置变化的不仅仅是 X 轴，Z 轴也同时发生了变化。因为，以 45°向外拖动图层时，影响了 Z 轴。

现在，我们后退一步，用世界轴坐标移动 X 轴进行观察，就会明白区别。如图 5-169 所示，我们可以看到 X 轴、Y 轴、Z 轴都是与世界轴坐标一致的，没有因为图层旋转角度而受到影响。

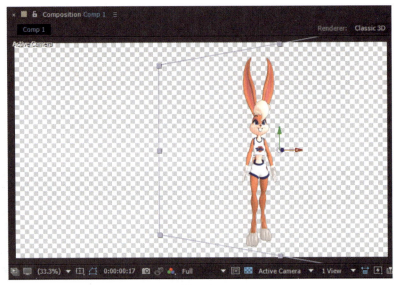

图 5-169

此时，你在时间轴面板上拖动 X 轴，如图 5-170 所示。我们用世界轴拖动 Position 方向上的 X 轴，只有 X 轴的位置属性发生了变化，Z 轴没有受到丝毫影响。现在，你可以知道本地轴模式与世界轴模式的区别了：一个以自身位置变化为标准，另一个以世界绝对位置变化为标准。

图 5-170

视图轴模式：该模式永远以视图为中心设置 X、Y、Z 三个坐标轴。如果你想更好地理解它，就要新建一个摄像机图层，并且使用这个摄像机在预览窗口任意旋转观察角度。你会发现，该坐标轴永远以你的视窗为中心。因此，当你用视图调整很多角度时，仅仅拖动 X 轴，就能让时间轴面板上的 X、Y、Z 三个位置属性都发生变化。

掌握了这三个视图方式，你也就理解了三维图层。至于三维图层的旋转、位移、中心点等，无非是比二维图层多一个轴向罢了。

5.7.2 摄像机设置属性

面对复杂的场景我们经常会设置多个摄像机进行观察。因为摄像机是一个图层，图层具有属性参数，所以我们可以设置很多变化，做出更多的动画效果。

新建摄像机图层的方式很简单，在时间轴面板空白处单击鼠标右键，在弹出的快捷菜单中选择 New → Camera。我们就可以创建一个新的摄像机图层了，并且会弹出初始摄像机设置对话框，如图 5-171 所示。

在本节我们会相对详细地讲解摄像机的功能。

Type：设置摄像机的类型。其中包括 Two-Node Camera 与 One-Node Camera。

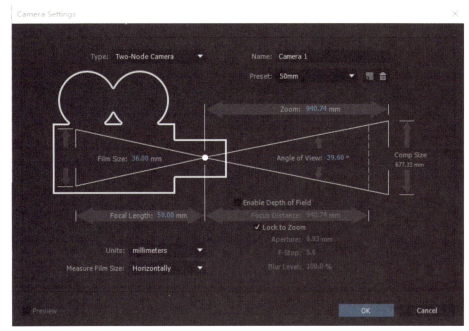

图 5-171

那么 Two-Node Camera 与 One-Node Camera 有什么区别呢？

在 One-Node Camera 中，我们只能通过该摄像机图层中的位置、旋转等属性参数调整摄像机对准的方向。在图 5-172 红框所示的视图方式中，选择 Custom View 1，通过旋转调整视图角度，可以方便观察摄像机与各个图层的关系。其实你也可以把 Custom View 1 理解成一个看不见的摄像机图层，然后通过它再去观察所有图层之间的关系。

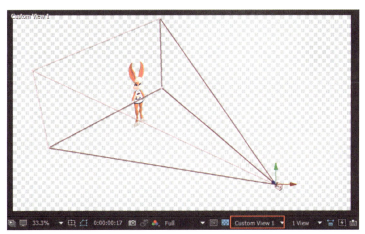

图 5-172

从图 5-173 中我们可以看到 One-Node Camera 只能通过调整 Position 与 Rotation 来对准目标物体。

Two-Node Camera 相比 One-Node Camera 多出了一个重要的目标区域。我们可以在图 5-174 的红框中看到一个点，这个点被称为"兴趣点"。拖动它可以在不改变时间轴面板中摄像机位置与旋转数值的情况下，对准各个角度。

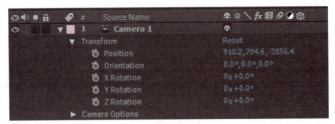

图 5-173

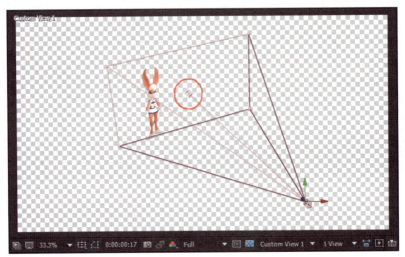

图 5-174

同时 Two-Node Camera 也会在时间轴面板属性中多出一个 Point of Interest 属性，如图 5-175 所示。

图 5-175

现在我们知道相对于 Two-Node Camera，One-Node Camera 的控制方式相对简单。所以在通常情况下，在摄像机类型中选择 Two-Node Camera 即可。

现在，我们看看其他几个选项。

Name：输入摄像机名字。

Preset：设置摄像机的镜头类型，例如 15mm 广角镜或 200mm 长镜头。也可以自定义镜头焦距。

什么是镜头焦距？

镜头焦距是指镜头光学后主点到焦点的距离，是镜头的重要性能指标。镜头焦距的长短决定着拍摄的成像大小、视场角大小、景深大小和画面的透视强弱。镜头的焦距是镜头的一个非常重要的指标。镜头焦距的长短决定了被摄物在成像介质（胶片或 CCD 等）上成像的大小，也就是相当于物和像的比例尺。当对同一距离的同一个目标拍摄时，镜头焦距长的所成的像大，镜头焦距短的所成的像小。根据用途的不同，照相机镜头的焦距相差非常大，有短到几毫米的，也有长达几米的。"图 5-176 就是镜头焦距的图解示意图。

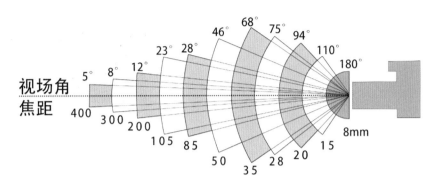

图 5-176

　　Zoom：虽然很多中文软件会翻译成"缩放"，但实际意思应为"变焦距"。我们所有的摄像机图层都是可以变焦距的镜头。当你调整该数值时，数值越大摄像机视野越小，但是可以放大远处的东西。反之数值越小，视野范围越大，但是不能清晰拍摄远处的东西。这个功能很像单反上微调焦距的功能，能够进行细微的焦距变化。

　　Focal Length：设置摄像机到图像之间最清晰的位置距离，焦距短产生广角效果，焦距长产生长焦效果。默认情况下 Focal Length 与 Zoom 是互相关联影响的。

　　Angle of View：在图像中捕获的场景的宽度。角度越大，视野越广；角度越小，视野越窄。

　　Film Size：设置影片的曝光尺寸，通常来说该选项与当前合成的大小有关。

　　Enable Depth of Field：控制是否使用景深效果。景深效果是指当焦点对准某一点时，其前后仍清晰的范围。它能决定是把背景模糊化来突出拍摄对象，还是拍出清晰的背景。

　　Focus Distance：设置摄像机到图像之间最清晰的距离位置。

　　Lock to Zoom：勾选此选项，开启"锁定到变焦"功能。它使"焦点距离"值与"变焦"值匹配。

　　Aperture：衡量镜头能变焦多少的数值。简单来说，以 50mm 镜头为标准，数值低于 50mm 时会被认为是一个广角镜头。超过 50mm 时会被认为是一个中长焦镜头。设置光圈的大小数值，光圈数会影响景深的效果。数值越大，景深之外的画面就越模糊。

　　什么是光圈呢？光圈是用来控制光线透过镜头的，光圈值的大小直接影响到进光量和景深，光圈值越小表示光圈越大。在相同的快门条件下，光圈越大画面就会越亮。在真实摄像机中，增大光圈表示进入更多光，这会影响曝光度。

　　F-Stop：表示焦距与光圈的比例。大多数摄像机使用 F-stop 测量光圈大小。

　　Blur Level：因为 After Effects 中的摄像机主要是进行效果模拟的，并不是完全真实的拍摄，所以该选项可以调整模糊区域的模糊程度，模拟真实的对焦模糊。

　　Unit：界面中参数显示数值的方式包括 pixel、inches、millimeters 等三个单位。

　　Measure Film Size：可以改变 Film Size 的基准方向，其中包括了 Horizontally、Vertically 和 Diagonally 三个选项设置。

　　现在你已经对摄像机的基础设置有了基本了解。一般在初学阶段我们使用 Two-Node

Camera 与默认的 50mm 镜头即可，景深根据需要开启。

5.7.3 如何控制摄像机

在我们设置完摄像机以后，调整摄像机角度可以通过在预览窗口拖动 Two-Node Camera 中的 Point of Interest 进行镜头对准，这是一个最便捷的方式。

除此之外使用工具栏摄像机的控制工具也是常用方式，如图 5-177 所示。在选中摄像机图层时按下快捷键 C 键就可以来回切换。

图 5-177

Unified Camera Tool：在预览窗口中使用鼠标左键对摄像机进行旋转，鼠标中键可以平移摄像机，鼠标右键可以拉近、拉远摄像机。

Orbit Camera Tool：以目标点为中心旋转摄像机。

Track XY Camera Tool：可以在水平或者垂直方向平移摄像机。

Track Z Camera Tool：可以在 Z 轴方向平移摄像机，并不会改变摄像机视角。

我们在初学阶段熟练掌握 Unified Camera Tool 即可，其他操作方式你可以通过对该模式的理解掌握。

5.7.4 三维图层的自动定向功能

有时，一个合成场景中有很多的三维图层组合，随着摄像机移动可能有些图层会跳出摄像机的范围，或者出现你不需要的角度，三维图层的自动定向功能能够帮你解决这个问题。它可以让三维图层在运动过程中保持运动的朝向，并且在运动的过程中始终朝向摄像机。

在时间轴面板中选择一个三维图层以后，进入菜单中的 Layer → Transform → Auto-Orient，如图 5-178 所示红框标记的是自动定向功能。

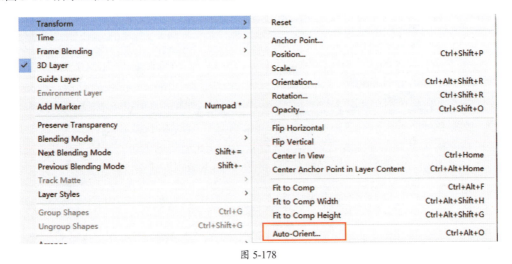

图 5-178

Auto-Orientation 下的选项，如图 5-179 所示。

Off：关闭自动朝向功能。

Orient Along Path：设置三维图层自动朝向运动路径。

Orient Towards Camera：三维图层将会自动朝向摄像机或者灯光目标点。

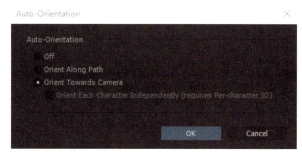

图 5-179

如何快速测试这些效果呢？

新建一个三维图层与一个摄像机。然后在预览窗口选择 Custom View 1，观察两者之间的关系。你可以任意调整图层与摄像机的位置。

使用 Orient Along Path 时，你会发现图层会自动调整旋转方向，让它的正面朝向图层自身的运动轨迹方向，并且随着运动轨迹的改变而不断改变朝向。而使用 Orient Towards Camera 时，无论摄像机怎么移动，图层正面一定朝向摄像机的坐标位置。

5.7.5　合成中既有三维图层又有二维图层，摄像机怎么读取画面

当时间轴面板上既有二维图层又有三维图层时，容易混淆摄像机对它们的影响作用。其实理清这个逻辑非常简单，首先考虑三维图层与摄像机的关系。如图 5-180 所示。

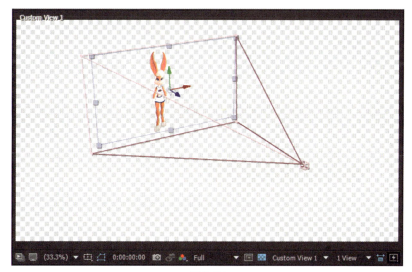

图 5-180

如果此时时间轴面板上有二维图层，那么不需要考虑它与摄像机的关系。你可以把二维图层理解成一个背景板，如图 5-181 所示。

图 5-181 中的兔子是图 5-180 中的摄像机观察到的画面，而此时的背景图层是一个二维固态层。它没有开启三维图层，所以一直会存在于背景中，无论你的摄像机怎么移动与调换角度都不会影响到它。所以很多的摄像机穿梭动画都是先解决摄像机与三维图层的关系，然后再添加一个炫酷的背景板即可。

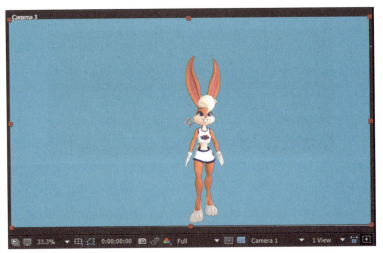

图 5-181

5.8 调整层、父子级关系与空层

5.8.1 如何使用调整层

在时间轴面板上单击鼠标右键，在弹出的快捷菜单中选择新建 Adjustment Layer，如图 5-182 所示。

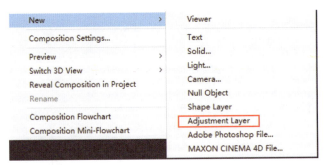

图 5-182

调整层的特点是对它使用滤镜效果，可以作用调整层以下的所有图层。例如，在时间轴面板上设置四个图层，如图 5-183 所示。

图 5-183

我们可以在图 5-184 的预览窗口中看到人、椅子、背景三个不同图层组合的风景效果。虽然 Adjustment Layer 在时间轴面板上位于人、椅子、背景三个图层的上方，但是并没有起到任何作用，因为我们没有为调整层增加滤镜效果。

图 5-184

此时我们为调整层增加一个 Tint 效果，如图 5-185 所示。这个效果可以把一个图层变成简单的两种颜色，默认是黑白效果。此时我们看到预览窗口中的图层效果如图 5-186 所示。

图 5-185

我们发现仅仅是通过对 Adjustment Layer 增加一个滤镜效果，调整层下所有的图层就都受到了影响。我们并没有对人、椅子、背景三个图层增加任何其他滤镜效果。因此，我们可以知道调整层最重要的作用就在于此。不过调整层并不能影响在它上方的图层，如果我们把"人"这个图层从时间轴面板上移动到调整层之上，那么如图 5-187 所示"人"这个图层不再受到调整层滤镜的影响，它保持着默认显示效果。

图 5-186

图 5-187

除此之外，调整层通常是与各种滤镜效果配合使用的，包括 Curves、Levels、Hue/Saturation 等滤镜效果。

5.8.2 父子级关系与空层

<1> 如何设置父子级关系

父子级关系是 After Effects 中极为重要的功能，尤其在动画绑定中起到了核心作用。一般来说，当两个图层是父子级关系时，父级图层发生缩放、位移、旋转等基础属性变化后，子级图层也会相应变化。

举例，找两个图层放在时间轴面板上。如图 5-188 所示，时间轴面板上分别是"红色箭头"与"蓝色箭头"。

图 5-188

此时在预览窗口中的图层效果如图 5-189 所示。

我们在预览窗口中看到红、蓝两个颜色的箭头。我们希望当蓝色箭头旋转、位移、缩放时，红色箭头也跟着做同样的旋转、位移、缩放。因此，要为它们之间绑定父子级关系。根据刚才的设想，红色箭头跟着蓝色箭头变化而变化，那么蓝色箭头为父级，红色箭头为子级。

图 5-190 展示的是父子级关系操作的位置，前面螺旋形图标是拖动父子级链接的快捷方式，单击红色箭头所对应的螺旋形图标，将其拖动到被设定为父级的图层上，如图 5-191 所示。

此时，红色箭头图层已设置为蓝色箭头图层的子级，如图 5-192 所示。

另外，也可以直接单击图 5-192 所示红框中的下拉菜单，为该图层选择父级。当设置完毕后，再试试旋转、位移、缩放父级图层会产生什么效果。不过要注意的是：设置了父子级以后，子级的锚点中心是以父级的锚点中心作为参照的，而不再使用自身原来的锚点中心。

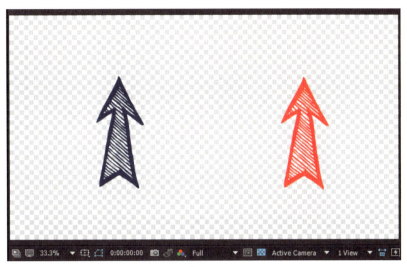

图 5-189

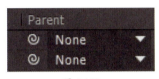

图 5-190

图 5-191

图 5-192

<2> 空层

创建空层，在时间轴面板空白处单击鼠标右键，在弹出的快捷菜单中选择 New → Null Object，如图 5-193 所示。

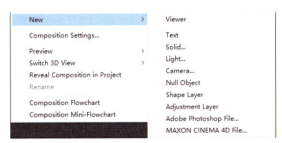

图 5-193

你的时间轴面板上会出现一个名为"Null 1"的空层，预览窗口上的显示如图 5-194 所示。

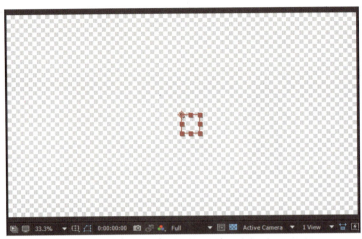

图 5-194

空层是用来做控制器的，尤其在 MG 动画中使用频繁，也有很多模板会使用空层作为开关设置。空层通常会配合其他图层尤其是在父子级关系中使用。我们可以把两个箭头图层的父级绑定在空层上，如图 5-195 所示。

图 5-195

空层的变化能够直接影响到两个子级图层。当移动、缩放、旋转空层"Null 1"时，两个子级图层都会受到影响。这个特点在 MG 动画章节中有更详细的介绍。

5.9 图层时间的问题

在 After Effects 中，我们可以对图层的时间进行调整操作。那么应该如何启动相关功能呢？我们在时间轴面板上选择了某个图层以后，再到菜单栏中选择 Layer → Time 开启相关功能，如图 5-196 所示。

图 5-196

<1> Enable Time Remapping

启用时间 Enable Time Remapping 的功能非常有趣，你可以把某段时间过程延长、压缩，或回放图层持续时间的某个部分。这种描述确实抽象了一点，我们做个测试就会明白。首先导入"森林雪景"视频素材，对它启用 Enable Time Remapping。此时我们看到在图 5-197 中，图层"森林雪景"被自动添加了 Time Remap 的效果，并且在图层条的首、尾位置，自动添加了两个关键帧。

图 5-197

第一个关键帧是在这段视频开始的位置,第二个关键帧是在这段视频结束的位置。这段视频的总时间长度是 6.20 秒。即视频的原始长度。

那么关键帧的作用是什么呢?在这两个关键帧中间的图层条的画面会被重新映射时间,它会播放关键帧所规定的原始视频中某个时间范围内的画面。比如,移动两个关键帧的位置,分别到 02 秒和 04 秒,如图 5-198 所示。

图 5-198

再播放预览视频时,你会发现时间线上 02 秒之前与 04 秒之后的画面不动了。而原本 6.20 秒长度的视频会被压缩在时间线上 02 秒到 04 秒的范围内并播放完毕。也就是说,图层条上播放的内容是 Time Remap 播放原始视频中的指定内容。

如果我们把图 5-197 中的第一个关键帧的数值设置成 1 秒,第二个关键帧的数值设置成 2 秒。那么在你播放预览的时候,会发现时间线上 02 秒之前与 04 秒之后的画面不动。在 02 秒之前显示的都是原视频第 1 秒的静止画面,而 04 秒以后则全都停留在原始视频素材第 2 秒的静止画面不动。而在时间线上 02 秒到 04 秒的范围内会播放原始视频中第 1 秒到第 2 秒的内容。

总结一下,Time Remap 的作用就是在关键帧对应的时间线上的范围里,播放关键帧所设置的原始视频时间范围的图像。

<2>Time-Reverse Layer

Time-Reverse Layer 的功能就是将整个素材进行倒放。

<3>Time Stretch

Time Stretch 的含义是时间伸缩,当为时间轴面板上的某个视频素材启用 Time Stretch 效果时,会弹出如图 5-199 所示的对话框。

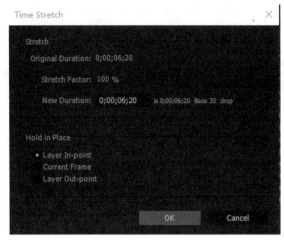

图 5-199

Original Duration：启用 Time Stretch 效果的视频素材的原始时间长度。

Stretch Factor：伸缩设置，默认数值是 100%，意思是原始视频不做伸缩。当你减少这个数值时，会发现新的时间长度会相应地发生变化。当你压缩视频时，原始视频的时间长度会被压缩，播放速度就会变快。当你拉伸视频时，原始视频的时间长度会被拉长，但是因为没有足够多的帧来填充被拉伸的时间长度部分，所以原始视频的帧会被平均分配在新的视频时间长度中，所以视频看起来会有点卡顿。

Hold in Place：当设置伸缩图层的时长时，图层出入点的位置。

Layer In-point：该选项将图层开始的时间定格在它的当前值，然后通过移动其出点来伸缩图层的时长。就像你有一个橡皮筋，你固定住了其中一个端点，然后伸缩另外一端。

Current Frame：该选项将图层开始的时间定格在当前时间指示器显示的时间，然后通过移动其出点伸缩图层两端的时长。就像你有一个橡皮筋，你固定住了橡皮筋中间的一个位置，然后伸缩它的两端。

Layer Out-point：该选项将图层结束的时间固定在当前值，然后通过移动入点伸缩图层的时长。该选项的功能与 Layer In-point 的功能相反，一个是先固定住图层的入点，一个是先固定住图层的出点。

<4>Freeze Frame

当我们为时间轴面板上的某个视频素材启用 Freeze Frame 以后，视频画面就会在当前时间线上时间指针所指的某一帧的画面处静止，整个图层会只显示该帧的内容。

第 6 章
抠像与遮罩

6.1 抠像

在 After Effects 中学习使用抠像,绝大部分人都是从 Keylight 开始的。

6.1.1 如何去掉不想要的颜色

After Effects 的抠像效果插件都被放在了菜单栏的 Effect → Keying 下,其中就包含 Keylight 抠像插件,如图 6-1 所示。

在添加 Keylight 效果之前,你需要导入一个用于抠像的素材,然后为它添加 Keylight 效果。我们在 Effect Control 上可以看到 Keylight 的主要参数,如图 6-2 所示。

使用 Keylight 抠像的基本思路:通过 Screen Colour 上的吸管按钮取色,也就是我们通常所说的"要扣掉的那个颜色"。然后用吸管单击预览窗口中需要抠像的颜色,得到一个初步的抠像效果。

<1> 去除不需要的颜色

首先,你可以在网络上找一些蓝绿幕视频素材,作为我们使用 Keylight 的练习素材。图 6-3 是一个人物在绿幕前的图像,很显然,我们要去除的就是人物背景的绿色部分,然后把人像提取出来。

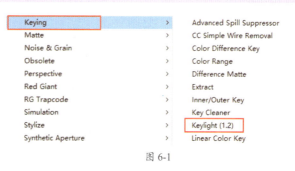

图 6-1

图 6-2

图 6-5

首先使用滴管取色工具，它的作用是吸取屏幕上需要抠像的颜色。选择图 6-4 中红框标记的 Screen Colour 的取色工具。然后吸取屏幕上你所需要扣取的颜色，此时，你就可以得到一个初步的抠像结果，绿色的背景被一键清除了，如图 6-5 所示。

图 6-4

图 6-5

6.1.2　对 Keylight 抠像效果进行观察

在修改调整初步抠像结果时，我们用从整体到细节、从大到小的方式去调整，而不是调整所有的参数。对于刚入门的朋友来说，死记硬背抠像数据几乎没有任何意义，如果你想弄明白，就动手调节那些参数看看图像会发生什么变化。同时，你可以一边调参数一边通过 Ctrl+Z 组合键撤销上一步不满意的操作，反复调试数值直到图像达到令人满意的效果。

要获得好的抠像效果，需要通过不同的方式去观察素材，单击 Keylight 中 View 的下拉菜单可以看到不同的视图，如图 6-6 所示。

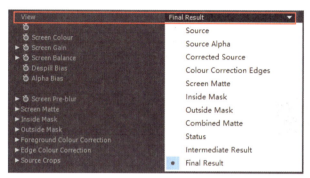

图 6-6

Source：没有经过处理的原始文件。

Source Alpha：查看原始素材中的透明部分。

Corrected Source：已校正源，显示经过键控处理的原始素材。

Colour Correction Edges：色彩边缘校正，显示抠像键控处理后的素材的边缘部分。

Screen Matte：屏幕蒙版，显示被键控抠像后的 Alpha 通道的结果。

在图 6-7 中我们可以看到素材抠像以后的 Alpha 通道，白色表示完全不透明，也就是保留区域。黑色部分表示完全透明，也就是抠除的像素部分。而且我们可以在黑色背景上看到一些灰色的部分，表示半透明，这也意味着这些区域我们没有抠除干净。

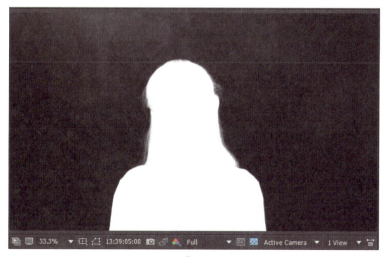

图 6-7

通过 Screen Matte 可以很好地检查抠像的 Alpha 通道效果，发现没有抠除干净的区域。

Inside Mask 与 Outside Mask：显示为素材添加的内侧遮罩与外侧遮罩。

Combined Matte：如果你对素材使用了内侧遮罩、外侧遮罩，那么 Combined Matte 除了显示 Screen Matte 的效果，还会加上内侧遮罩与外侧遮罩的 Alpha 通道。

Status：通常用来显示 Alpha 通道，如果前景部分有透明的地方，直接去看 Screen Matte 并不容易观察清楚蒙版效果。而使用 Status 就可以使蒙版效果清晰地显示出来，如图 6-8 所示。

初步取色抠像的结果并不理想。人物头像的毛发有很多的损失，而整个背景大部分都是灰色的，说明没有抠除干净，所以我们还需要进一步调整。

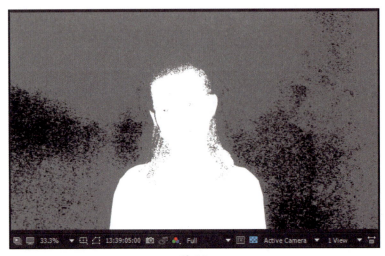

图 6-8

Intermediate Result：显示非预乘结果。通常这个显示方式可以看到没有处理干净的颜色。

什么是预乘与非预乘？预乘就是用一幅图像的 RGB 通道乘以它的 Alpha 通道，采用预乘结果可以让两个或者两个以上的图层进行 Alpha 混合时，节省许多运算资源，但是同时会损失一定的图像信息。预乘与非预乘是计算机在储存像素时两种不同的方式，很难说哪种方式更好。但是如果想要改变图像的透明度或者调整图像的色彩时，使用非预乘方式是有一定优势的。因为使用非预乘时，像素的 RGB 通道与 Alpha 通道是彼此独立的。但是预乘图像也有它的优势，为了对边缘进行锯齿处理，必须使用预乘来使边缘像素变暗。因此，抠像、渲染图像自然而然会使用预乘。而且预乘会让运算变得更快，节约系统资源。这些知识作为一个补充了解即可。

我们看下 Intermediate Result 显示的效果，如图 6-9 所示。相比图 6-5 所示的初步抠像所显示的最终结果，我们可以清楚地看到有些颜色没有抠干净。

图 6-9

建议调整抠像效果时，参考 Intermediate Result 视图，避免增强图像的颗粒度。

Final Result：抠像的最终结果，这一功能的缺点是会显著增强画面中的颗粒感。所以我们还需要去调整很多细节参数去改善这一结果。

6.1.3 修正抠像细节

现在，通过观察几种视图的效果。我们要处理掉还没有抠干净的地方，并且尽可能不损失图像细节。Keylight 抠像的工作原理就是生成一些蒙版与遮罩，通过这些蒙版与遮罩来保留或去除一些画面。现在，我们从 Keylight 中使用一些参数去调整这些蒙版，并解释它们的主要作用，然后观察画面的变化。

<1>Screen Gain 与 Screen Balance

Screen Gain：屏幕增益可以对取色结果进行一些增益或者缩减。它的数值越高，被抠除的颜色越多，反之同理。但是这个数值并不是固定的。我们要动手尝试把数值调节到一个令人满意的范围。

在 Intermediate Result 视图下，调大这个参数，效果如图 6-10 所示。

对比图 6-10 与图 6-9，会发现绿色的颜色溢出得到了很强的抑制，背景似乎变得更加干净了。如果把 Screen Gain 的数值调低，会发现背景色出现了大面积的绿色，这不是我们想要的效果。此时，图 6-10 中人物的毛发边缘因为我们抑制了更多的绿色，图像损失更为严重了。我们还需要调整其他参数修改一下效果。

Screen Balance：屏幕平衡是对主要颜色的饱和度与其他颜色的通道饱和度平均加权进行比较得出结果。这个数值通常是系统在取色后自动生成的，默认状态下一般不用调整它。你可以通过自己放大缩小这个数值来观察图像的变化，取得你想要的效果。

图 6-10

我们先看一下图 6-10 抠像结果中的 Status 视图，如图 6-11 所示。

在图 6-11 中，背景是黑色的，说明这些区域被抠除得非常干净。在图 6-12 中可以看到背景是一片灰色，说明背景都是半透明的，没有被扣除干净。现在我们虽然将背景抠除干净了，但是人物的毛发区域因为颜色溢出抑制，有了更多的损失。图 6-11 中的灰色区域的毛发都是半透明的，这不是我们想要的效果，我们需要保留这些内容大部分的区域。

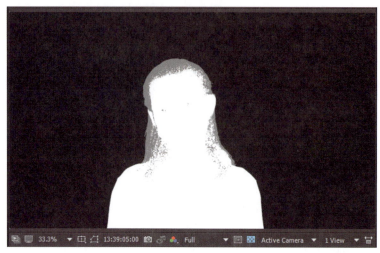

图 6-11

此时，我们降低 Screen Balance 的数值，如图 6-12 所示。

通过对比图 6-12 与图 6-11，我们发现人物大部分都变成了白色蒙版，这说明需要保留的区域不再是半透明的。最后结果如图 6-13 所示，结果比初次抠像的结果要好得多。通过调整这两个属性，我们保留了需要保留的区域,把需要抠像的区域去除得更加干净,初步达到了目的。

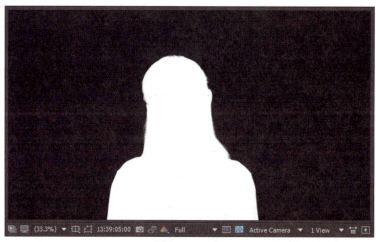

图 6-12

这两个参数虽然能够直接改善初步抠像的效果，但是可能并不是最好的选择。

为什么通过修改这两个参数调整抠像效果不是一个最好的选择呢？因为这种调整模式是在图像光线不足或者是需要保留的前景图像受到了需要抠除的背景图像干扰时做的一种补偿。虽然这些效果看起来很直接，也很好，但是等你导出视频的时候会发现图像的颗粒度非常明显，而且边缘细节损失比较多。

所以，如果其他修正方式达不到效果，可以用这种方法做一点轻微的调整。但最好的情况是保持 Screen Gain 与 Screen Balance 的默认数值不变，不做任何修改。我们可以使用一些副作用更小的修正方法。

图 6-13

<2> 使用 Screen Matte 属性组调整抠像效果

基于 Keylight 的抠像是生成一些蒙版与遮罩，如果我们通过 Screen Matte 来调整抠像，结果会更好，并且相比使用 Screen Gain 与 Screen Balance 会产生更小的副作用。Screen Matte 的属性组如图 6-14 所示。

在 Screen Matte 属性组参数下有很多选项，这些都是调节蒙版区域非常重要的参数，通过调整这些参数可以把前景（需要保留的）与背景（需要抠除的部分）更加清晰的分离，同样也可以在边缘的交

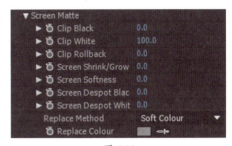

图 6-14

接处进行一些柔和的处理，让它变得不那么生硬。我们在保持 Screen Gain 与 Screen Balance 默认数值的情况下，通过 Screen Matte 调整抠像效果。首先，我们把这些功能分组来，某一组功能通常是为解决同一类问题的。

Clip Black 与 Clip White：这两个参数分别设置蒙版中黑色部分与白色部分像素的起点值，通过调节这两个数值，会发现蒙版的黑色部分、白色部分得到了比较明显的区分。通过这种方式，可以很好地处理那些在抠像中需要保留，却被抠成了半透明的情况。

换个简单的方式来理解，当背景（需要抠除的部分）没有被很有效地去除时，可以增大 Clip Black 的范围，这将会去除更多的背景部分，我们放大参数来看看效果，如图 6-15 所示。

对比图 6-15 与图 6-11 的初始抠像结果会发现，图 6-15 中的黑色透明区域更加干净，背景色区域不再存在灰色的半透明部分。

当我们需要对前景色的保留区域进行修正的时候，可以增大 Clip White 的范围，通过这种方式可以修改蒙版的范围，缩小 Clip white 参数的如图 6-16 所示。

对比图 6-16 与图 6-15，可以看前景色（白色保留区域）的范围更大，说明被保存的图像范围也更大了。虽然此时在 Intermediate Result 中还有一些轻微的绿色未被清除，不过已经不太影响最后的抠像结果，这些残余的颜色会在 Final Result 中，通过 Alpha 中的自动预乘得到很好的抑制。现在，我们看看 Final Result 的效果，如图 6-17 所示。

图 6-15

图 6-16

图6-17的最终效果比通过使用Screen Gain 与Screen Balance 来处理得到的最终结果（图6-13的效果）要更自然，也好得多，尤其在你导出视频以后，效果会更加明显。而且非常利于根据需要调整细节与边缘处。

Clip Black 与 Clip White 就像你要平衡的两个事物，单项数值过高或过低都不会得到最好的效果，你需要做的就是不断调整、修改，最后达到想要的结果。在得到一个初步的蒙版调整的结果以后，可以对蒙版进行进一步的优化。

Clip RollBack：剪贴回滚用于恢复因调节 Clip Black 与 Clip White 参数而损失的一些 Alpha 通道的细节。

Screen Shrink/Grow：屏幕收缩 / 扩展用来收缩和扩大蒙版的范围，在蒙版边缘产生模糊羽化效果，可以让蒙版的边缘不会过于分明。修改这个参数，并仔细观察前景蒙版边缘的变化。

Screen Softness：屏幕柔化针对蒙版进行一些模糊柔化处理，常用于配合 Inside Mask 效果使用，或者当图像噪点太明显的时候使用。当调高这个参数时，图像如图 6-18 所示。

图 6-17

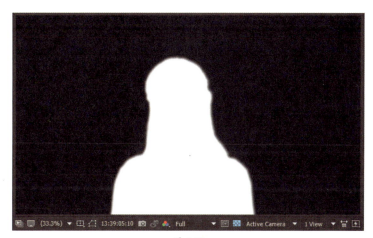

图 6-18

在图 6-18 中，我们可以看到整个蒙版的白色区域都变得更加模糊，在处理一些具有杂乱细节的图像时可以适当调高该参数，以避免杂乱的细节处对比过于分明，让抠像结果更加自然。

Screen Despot Black：屏幕独占黑色是一种让蒙版中黑点与周围像素加权运算的方式，当蒙版白色区域有少许黑点或者灰点（即透明和半透明区域）的时候，调节此参数可以去除那些黑点和灰点。换句话说，通常可以消除一些蒙版白色区域的黑点与灰点杂质，让蒙版的白色区域更趋于统一。

Screen Despot White：与 Screen Despot Black 效果正好相反，它是一种让蒙版中白点与周围像素加权运算的方式，当蒙版的黑色区域有少许白点或者灰点（即不透明和半透明区域）的时候，调节此参数可以去除那些白点和灰点。换句话说，通常可以消除一些蒙版黑色区域的白点与灰点杂质，让蒙版黑色区域更趋统一。

Screen Despot Black 与 Screen Despot White 功能互相配合使用，可以很好地处理蒙版中白色或黑色区域所掺杂的细微杂质，让整体区域更加统一。

Screen Pre-blur：可以处理原始素材有一些噪点的情况，通过该选项可以模糊掉太明显的噪点，获得比较好的抠像效果。

Replace Method：设置蒙版的边缘用什么方式来替换。当你调整蒙版相关参数时，如果产生了蒙版边缘扩大，产生了 Alpha 通道溢出。那么这些扩展出来的范围颜色是什么就依靠此参数来选择。在该参数下包括四个选项，如图 6-19 所示。

- None：不设置置换方法。
- Source：以原始素材的颜色作为置换方法。
- Hard Colour：对任何 Alpha 通道溢出的范围，直接使用 Replace Colour 属性所选择的颜色进行补救替换。
- Soft Colour：对任何 Alpha 通道溢出的范围，直接使用 Replace Colour 属性所选择的颜色进行补救替换，但是系统会根据前景（抠像保留区域）的颜色，自动计算得到一个自然过渡的颜色。

Replace Colour：置换颜色设置对产生 Alpha 通道溢出的范围进行补救的颜色。

图 6-19

6.1.4 抠像颜色校正

在处理完抠像效果以后，原始素材的颜色可能会受到影响，可以通过颜色校正相关选项解决这一个问题，如图 6-20 所示。

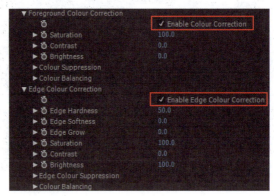

图 6-20

<1>Foreground Colour Correction 与 Edge Colour Correction

前景色校正就是调整我们抠像保留区域的颜色，而边缘色校正可以校正抠像边缘的颜色。要使用这两组功能，就需要分别激活图 6-20 中红框部分的 Enable Colour Correction 与 Enable Edge Colour Correction。

这些参数不是很复杂，我们做一个大概了解即可，如果你掌握了调色部分的知识，这些效果你可以应用得更好。这些参数包括：Saturation、Contrast、Brightness、Colour Suppression、Colour Balancing。而边缘色校正与前景色校正也具有同样的参数类型，此外，还可以用以下参数调整边缘的特点：Edge Hardness、Edge Softness、Edge Grow。

<2>Bias

首先了解一下 Bias 的概念，它又被称为偏离。它通过一定比例增加与减少三原色成分，从而对图像进行颜色校正。在 Keylight 中具有两个 Bias 选项，如图 6-21 所示。

Despill Bias 可以对图像消除溢出偏离，吸

图 6-21

取前景色边缘的颜色，可以在一定程度上改善抠像效果。Alpha Bias 可以使 Alpha 通道向某一类颜色偏移，可以在背景色与前景色接近程度较高时尝试使用。在大部分情况下，一般都保留默认设置，不需要单独调整。

6.1.5 遮罩与裁剪

在大部分情况下，我们可以对很多素材进行抠像，但是在一些特殊情况下，可能需要遮罩来帮助抠像，如图 6-22 所示。

图 6-22

图 6-22 能够很好地说明这一个典型情况：人物胸前的徽章有绿色区域，背景也是绿色。无论我们怎样取色与调整，人物胸前的徽章也会被一同抠去一部分，面对这个情况，需要使用 Inside Mask 与 Outside Mask 来解决问题，如图 6-23 所示。

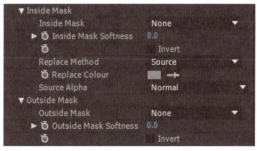

图 6-23

其实内侧遮罩与外侧遮罩的使用本质是相似的，所以我们以 Inside Mask 作为测试进行讲解。不过，如果你还没有掌握遮罩蒙版的相关知识，可以先跳过这部分，在完成了 6.2 的学习以后，你将会知道如何处理这种情况。

如果我们学习了遮罩蒙版的知识，我们就应该知道 Mask 可以提供一个遮罩选区。所以，我们先为原始图像添加一个 Mask 并且设置为 None，以仅仅保留遮罩选区的信息，而不对原始图像产生影响，结果如图 6-24 所示。

图 6-24

在图 6-24 中，Mask 1 没有对原始图像进行抠像，只是保留了遮罩选区信息。

此时，从 Keylight 中读取该遮罩的信息，如图 6-25 所示。

注意，在图 6-25 中，在 Inside Mask 中添加了 Mask 1，也就是说读取了 Mask 1 的数据信息。此时，再对图像背景进行抠像，人物胸前被 Mask 1 保护的区域将不会受到影响，如图 6-26 所示。

图 6-25

图 6-26

现在，我们可以在图 6-26 中看到抠像结果，人物胸前的徽章区域丝毫没有受到背景抠像的影响。这个技巧可以有效保护想在原始图像中保留的区域。

此外，Inside Mask 与 Outside Mask 中的诸多属性与 Keylight 的其他选项中同名属性参数的使用方法一致。现在，你知道了 Inside Mask 的使用方法，可以自己尝试一下 Outside Mask 的使用方式与特点。

最后，Keylight 可以直接为原始图像提供画面裁剪功能，如图 6-27 所示。

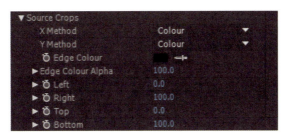

图 6-27

Source Crops：可以修正原始素材中的颜色与透明通道的边缘，也可以进行大面积的画面裁剪来为你提供需要的画面。不过，这些参数使用的频率不高，我们通常会使用遮罩或者其他功能就完成类似效果。

6.2 遮罩

6.2.1 如何绘制遮罩

Mask 被称为遮罩，可以将图形中部分区域的图像遮盖起来。可以在同一个图层中使用多个遮罩，创建出多样的效果。

我们首先导入任意一张图片，如图 6-28 所示。

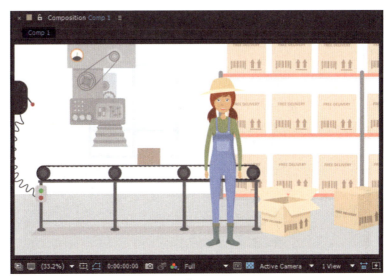

图 6-28

我们在图 6-28 中看到的是一个卡通角色在一个工厂中的样子，我们就以这张单层图片作为尝试，你们也可以使用任意素材。我们要为这个图层绘制遮罩：只保留头像区域，去除其他部分。

无论制作何种效果，首先要选择对象，我们应该在时间轴上左键单击选择这一图层，然后再到工具面板中选择绘制形状工具或者钢笔工具。首先选择 Ellipse Tool，当然其他工具也可以，然后再到预览窗口的人物头像处拖动鼠标绘制一个区域，效果如图 6-29 所示。

图 6-29

我们在图 6-29 中可以明显地看到，我们刚才绘制遮罩的区域被保留了下来，而其他区域则全部被去除。这就是遮罩最直接的使用方式。不过需要注意的是，你首先得在时间轴面板上选择一个需要绘制遮罩的图层。否则当你使用形状工具与钢笔工具绘制的时候，就会发现并没有任何遮罩，而是绘制成了形状图层，这是一个重要的区别。

如果你不需要使用这些图形工具绘制固定形状的遮罩，那么可以使用钢笔工具绘制复杂的图形遮罩，如何使用钢笔工具绘制图形的知识将在 MG 动画的相关章节进行详细讲解。

<1> 遮罩的属性

在完成了一个简单遮罩的绘制以后，我们在时间轴面板上看看图层中遮罩的属性，调出时间轴面板的快捷键为 M，调出后的效果如图 6-30 所示。

图 6-30

在学习遮罩的叠加模式之前，我们需要熟悉一下其他属性。

在图 6-30 中，我们看到"工厂动画"图层下多了一个新属性组 Masks，而这个属性组下面的 Mask 1 代表你绘制的第一个遮罩的名字，当你绘制更多的遮罩时，它的命名方式会以 Mask 1、Mask 2……的形式类推。

Mask Path：遮罩是有路径的，一个封闭的路径构成了遮罩的区域。有时候我们会为该属性添加关键帧让它产生变化，然后稳定地跟踪遮罩画面中的某些重要区域。

我们通过遮罩的路径可以调整遮罩的缩放位移，但是这些操作有一些入门者需要注意的细微区别，这些区别非常常见，在你不知道的时候会造成一些小困惑和麻烦。一共有三种控制遮罩的方式。

第一种，单独调整遮罩的路径，改变它的形状，这个功能在你修改遮罩形状时极为常用。首先，在时间轴面板上选择 Masks，而非 Mask 1 这类单独的遮罩，如图 6-31 所示。

图 6-31

图 6-31 中红框所标记的 Masks 才是你移动遮罩路径点的正确选项。选择对象，然后单击选择工具。此时，你可以按快住捷键 V 确定你使用的是选择工具还是钢笔工具，然后在预览窗口拖动路径的锚点，这样就可以修改遮罩的路径。你甚至可以利用钢笔工具添加新的路径锚点、删除路径锚点等，效果如图 6-32 所示。

图 6-32

图 6-32 中红框标识的路径锚点可以被任意拖动与修改。当路径锚点被选中时，它用实体方块显示。如果你对钢笔工具与锚点的相关知识还不清楚的话，可以跳转到 MG 动画的相关章节进行学习，第 5 章以后的所有知识都可以单独学习。

第二种，移动整个遮罩的位置，在时间轴面板上选择具体的遮罩，例如 Mask 1。使用选择工具单击预览窗口中遮罩上的任意锚点进行拖动，你会看到蒙版跟随你的鼠标光标进行移动。

第三种，移动或者缩放整个遮罩，方式与第一种一样，不过你需要在预览窗口双击某个路径锚点，如图 6-33 所示。

此时你可以看到 Mask 1 出现了一个白色方框，左键单击方框中间的区域可以移动整个遮罩。而拖动方框边缘线或者点，可以缩放、拉伸整个遮罩。当鼠标光标移动到方框外的边缘时还会出现旋转标记，方便你旋转整个遮罩。

以上三种基本的调整遮罩的方式极为常用，也需要你熟练掌握，你现在动手试试一定会熟练掌握。

单击 Mask Path 后的 Shape，可以通过输入参数修改遮罩形状，不过这种方式极为少用，没有直接拖动路径锚点来得直观、方便。

图 6-33

Mask Feather 可以让遮罩边缘模糊过渡，不会形成清晰的边缘，如图 6-34 所示。

图 6-34

图 6-34 中红框标记的地方就是遮罩的羽化参数，两个参数分别表示 X 轴与 Y 轴方向的羽化值。Pixels 表示羽化多少像素。白色的链接标志表示遮罩的 X 轴与 Y 轴锁定比例缩放，单击取消链接标志则可以非等比羽化蒙版。现在，我们可以任意提高 Mask Feather 的数值，效果如图 6-35 所示。

在图 6-35 中我们可以看到遮罩的边缘的羽化过渡效果，羽化过渡效果在做各种合成时极为常用。当几个不同的图层合在一起时，增加羽化效果可以让它们之间融合得比较自然，而不是各自都是棱角分明的边缘。

Mask Opacity：用来调整遮罩范围内图层的透明度。我们把 Mask 1 中的 Mask Opacity 调整为 50%，如图 6-36 所示。

图 6-35

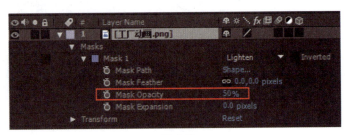

图 6-36

此时，我们再看预览窗口中 Mask 1 所覆盖位置的效果，效果如图 6-37 所示。

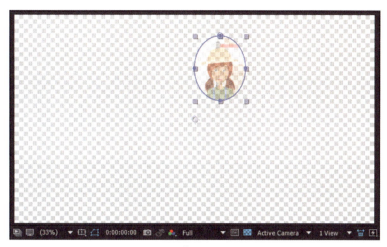

图 6-37

我们需要注意图层本身的透明度与遮罩所影响的透明度的关系。遮罩所影响的透明度都是以图层透明度为基础的：Mask Opacity 的百分比再乘以图层透明度，得到的才是预览窗口中的图像透明度。例如，如果图层只有 50% 的透明度，那么，即使 Mask Opacity 中的数值是 100%，也只能显示图层为 50% 透明度的效果。同样的原理，如果图层只有 50% 的透明度，而 Mask Opacity 为 50% 时，则会显示图层透明度为 25% 的效果，以此类推。

Mask Expansion：扩展或者收缩当前遮罩的范围。如果我们把该数值调低，效果如图 6-38 所示。

可以看到实际的遮罩所选择的范围会比原遮罩路径的范围要小。反之，扩大 Mask Expansion 参数则会让所选择的范围比原遮罩路径的范围要大。

以上这些就是遮罩的主要属性参数，理解好这些参数将方便我们学习遮罩的一个重要功能：遮罩的叠加模式。这些叠加模式将会决定遮罩如何作用在当前图层，并且如何与其他遮罩图层互相影响。

图 6-38

<2> 遮罩的叠加方式

首先，我们找到遮罩叠加方式类型的选项，并且展开下拉菜单，如图 6-39 所示。

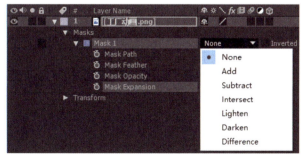

图 6-39

图 6-39 中的选项表示该遮罩是如何作用于当前图层，以及其与该图层下的其他遮罩是如何互相作用的。

None：遮罩蒙版不影响当前图层与其他图层。但是会保留遮罩的选区信息。为什么会有这样一个功能呢？在很多插件里，它可能需要读取图层中某个遮罩的选区信息进行使用，但是你又不需要使用遮罩来抠像。此时，你就需要将遮罩设定为 None，以保留遮罩选区的信息，让它可以提供给其他插件的参数使用，同时该遮罩又不会对图层产生抠像等影响。这很重要，也很常见，你需要在平时的使用中留心这种情况。

Add：保留当前遮罩的区域，将其与其他遮罩进行相加处理，这不会影响其他遮罩。比如我们再增加一个遮罩试试，效果如图 6-40 所示。

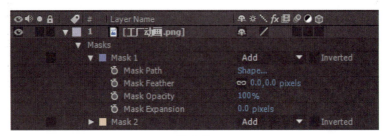

图 6-40

此时我们为工厂动画图层增加了另外一个遮罩，命名为 Mask 2，并都设置为 Add。此时预览窗口中的效果如图 6-41 所示。

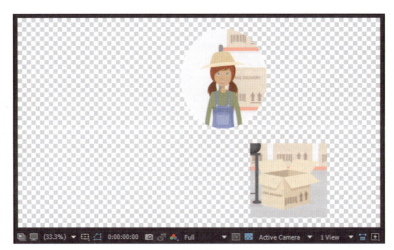

图 6-41

通过图 6-41 可以看到，两个遮罩可以同时存在，且各自保留遮罩范围内的内容。

Subtract：作用于当前图层，去除遮罩范围内的图像，保留遮罩外的图像。并且与当前其他所有遮罩进行相减，效果如图 6-42 所示。

我们暂时把图 6-40 中 Mask 2 设置为 None，以不影响 Mask 1 的效果测试。此时你可以看到图 6-42 中的 Mask 1 的范围已经被抠除，其他部分被保留。此时我们把 Mask 2 也设置成 Subtract，效果如图 6-43 所示。

通过图 6-43 我们可以很明白，Subtract 应用在图层的效果就是去除遮罩范围内的内容，保留该范围之外的内容。

Intersect：只显示当前遮罩与其他遮罩交集的结果，效果如图 6-44 所示。

图 6-42

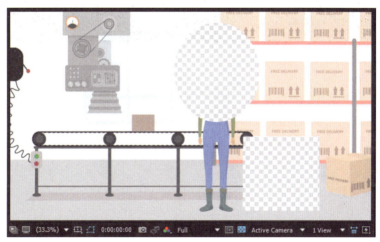

图 6-43

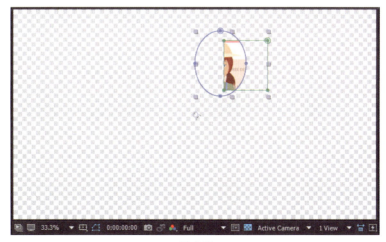

图 6-44

在图 6-44 中，如果你设置 Mask 1 与 Mask 2 为 Intersect 模式，那么你就可以看图 6-44 所示的效果，遮罩交集的部分才能被显示。

Lighten：假设有两个不同的遮罩，且它们的 Mask Opacity 属性不相同。当两个遮罩互相叠加时，互相叠加的范围里的透明度由 Mask Opacity 数值最高的遮罩所决定。

我们做个测试。

首先，在时间轴面板中设置两个遮罩的 Mask Opacity，如图 6-45 所示。注意图 6-45 中的红框标识，Mask 1 的不透明度为 50%，而 Mask 2 的不透明度为 100%，当两个遮罩互相重叠时，效果如图 6-46 所示。

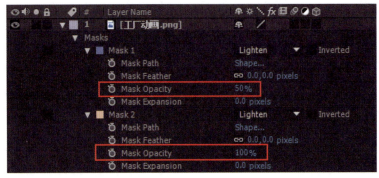

图 6-45

我们在图 6-46 中看到，两个遮罩叠加的部分是由 Mask Opacity 数值最高的遮罩中的透明度数值所决定的。同时要注意，Lighten 模式具有 Add 模式的特点，就是两个遮罩可以并存。

Darken：当两个遮罩叠加时，相叠加范围里的透明度由 Mask Opacity 数值最低的决定。我们保持刚才的设定不变，把 Mask 1 与 Mask 2 的叠加模式修改成 Darken，效果如图 6-47 所示。

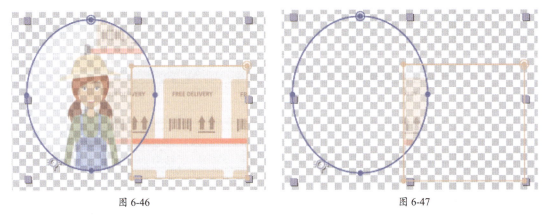

图 6-46　　　　　　　　　　　　　　图 6-47

我们在图 6-47 中看到，两个遮罩叠加的部分，是以 Mask Opacity 数值最低的遮罩的属性所决定的。同时，要注意 Darken 模式具有 Intersect 模式的特点，即只显示两个遮罩交集的部分。

Difference：该模式使用并集减去交集模式。通俗来说，就是在两个遮罩叠加的部分，是以 Mask Opacity 数值最低的遮罩的属性决定最终效果的，剩余部分以并集形式显示。

首先，考虑没有透明度的情况来理解这个模式，我们把 Mask 1 与 Mask 2 的叠加模式修改成 Difference，效果如图 6-48 所示。

我们在图 6-48 中可以直观地看到两个遮罩叠加的区域被去除，剩余部分被保留。当我们加入透明度参数时，例如我们把 Mask 1 的 Mask Opacity 设置为 50%，而把 Mask 2 的 Mask Opacity 设置 100% 时，使用 Difference 叠加的效果如图 6-49 所示。

图 6-48

图 6-49

我们在图 6-49 中可以看到，两个遮罩叠加部分的透明度是由 Mask Opacity 数值最低的遮罩蒙版决定的。

根据这些经验，我们在使用 Difference 时，首先考虑差值所去除的区域，然后再考虑透明度互相影响的结果。同理，Lighten 与 Darken 也可以如此分析，首先考虑遮罩的并集或交集范围，然后再考虑透明度的影响。不过，在没有透明度参数的影响下，Lighten 与 Darken 基本上等同于 Add 与 Intersect，所以不参考透明度效果的时候就不必多此一举了。

叠加模式后的 Inverted 选项的意思是：采取与当前叠加模式相反的效果。例如，当你使用 Add 时，本应该保留遮罩范围内的图像，但是勾选 Inverted 以后，该遮罩范围的内的图像则会被去除，范围以外的图像反而会被保留。

以上这些叠加模式中，你应当优先理解 Add 与 Intersect、Subtract、Difference 模式。这几个就是中学时学习的交集、并集、补集、差集等概念。理解好这四种模式，可以更快地理解掌握剩下的模式。

<3> 当以不同的叠加模式存在时会怎样

在上文中，我们都是用两个相同的叠加模式进行测试，如果使用不同的叠加模式，会出现什么情况呢？如果你动手尝试一下，会觉得略微混乱，无法顺利理解它们之间的作用关系。为了帮助你顺利理解，我们需要复习一下并集、交集、差集的概念。

在这么多叠加模式中，我们只有先掌握在不考虑透明度的情况下 Add 与 Intersect、Subtract、Difference 模式是如何互相作用的。当你理解这些规律知识以后，再加入其他模式与透明度参数去考虑，问题就变得极为容易。复杂问题不过是简单问题的集合与升级而已。为什么我们要理清楚这个问题，因为这是分析问题的一种思路。

先谈数学问题。在集合论中，设 A、B 是两个集合，由所有属于集合 A 且属于集合 B 的元素所组成的集合，叫作集合 A 与集合 B 的交集（Intersection），记作 A ∩ B。这个特点会被用在 Intersect 模式下。例如，集合 {1,2,3} 和 {2,3,4} 的交集是 {2,3}。即 {1,2,3} ∩ {2,3,4}={2,3}。

在集合论中，给定集合 A、集合 B，把他们所有的元素合并在一起组成的集合叫作集合 A 与集合 B 的并集，记作 A ∪ B，读作 A 并 B，例如，集合 A {1,2,3} 和 集合 B{2,3,4} 的并集为 {1,2,3,4}。这个就是 Add 模式的特点。

在集合论中，补集一般指绝对补集，即设 S 是一个集合，A 是 S 的一个子集，由 S 中所有不属于 A 的元素组成的集合，叫作子集 A 在 S 中的绝对补集。例如，子集 A{2,3,4} 在集合 S{1,2,3,5,6} 的补集为 {1,5,6}。这就是 Subtract 模式的特点。

在集合论中，记 A、B 是两个集合，则所有属于 A 且不属于 B 的元素构成的集合，叫作集合 A 减集合 B（或集合 A 与集合 B 之差）。例如集合 A {1,2,3} 与 集合 B{2,3,4} 的差集是 {1,4}，所以 Difference 模式显示的对象是所有未被重叠的区域。

上面这几种集合模式如果用一张图来表示，如图 6-50 所示。

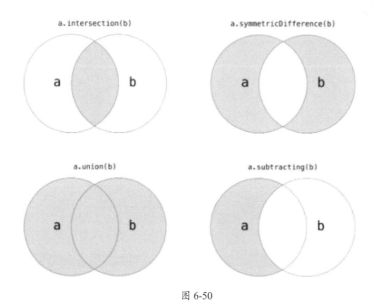

图 6-50

在图 6-50 中，左上、右上、左下、右下四种集合模式分别是交集、差集、并集、减集。

虽然这些集合是以数组为例，但其实遮罩的范围是一些数字，这些数值交给计算机去运算。我们只需要查看运算的结果，即遮罩所覆盖的范围。当你选择不同的叠加模式时，它们也是依此原理互相作用。需要注意的是，这里讲的是遮罩与其他遮罩的互相影响关系，而不是一个单一遮罩作用于图层的效果。

当一个图层中有多个遮罩，并且叠加模式各不相同时。有一个相对正确的理解思路，例如一个遮罩选择了某一种叠加模式，就好比你在图层上取了一个数值组。然后你使用该数值组与其他遮罩所取得的不同数值组进行交集、差集、并集、减集运算。为什么会想到用数值、数组去比喻这些问题？因为当你学习完表达式以后，你会发现这些问题说到底都是数值调用、数值运算问题，所以数值、数组的思维方式会帮助你分析、解决很多问题。

例如，如果对图层使用 Add 数值，那就是保留该遮罩范围内的图像，这非常好理解。如果图层是一个 {1,2,3,4,5,6,7,8,9} 的数值组，那我们画一个遮罩就好比取了一个 {1,2,3} 的数值组。此时我们再画一个新的遮罩，就像又取了一个 {5,6,7} 的数值组，这两个数值组没有相同的数值，这就意味着这两个遮罩没有叠加的部分。如果两个遮罩的模式都是 Add，我们就要明白两个集合是并集关系，所以两个遮罩范围的图像都可以显示。

即便如此，我们也要考虑遮罩的运算顺序。After Effects 中的图像是图层关系，它的运算特点是从上往下运算，这时候我们画三个遮罩进行测试更便于理解。

我们首先画三个遮罩，如图 6-51 所示。

我们在图 6-51 中画了三个遮罩，并且分别标出了 M1、M2、M3 来代表三个遮罩，且叠加模式设置为 None。我们此时可以这么理解，假设整个工厂动画图层是一个为 {1,2,3,4,5,6,7,8,9} 的数组集合。

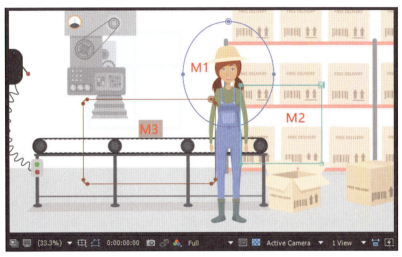

图 6-51

根据绘图的效果,假设:

Mask 1 遮罩取的数值组是 {1,2,3}。

Mask 2 遮罩取的数值组是 {3,4,5}。

Mask 3 遮罩取的数值组是 {2,6,7}。

时间轴面板中的顺序如图 6-51 所示。

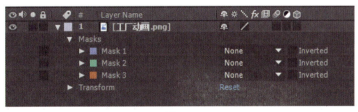

图 6-51

首先让 Mask 3 与 Mask 2 保持 None,不选择任何叠加模式。然后逐步测试前两个遮罩在不同叠加模式下相互作用的效果。

此时,我们先把 Mask 1 的叠加模式设置为 Add,此时效果如图 6-52 所示。

我们可以这样理解,Mask 1 在总集({1,2,3,4,5,6,7,8,9} 数组)中取了 {1,2,3} 三个数字的画面。

现在我们把 Mask 2 也选择为 Add,效果如图 6-53 所示。

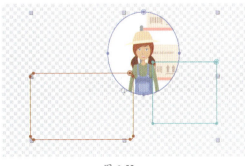
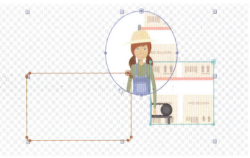

图 6-52　　　　　　　　　　　图 6-53

我们可以这样理解,Mask 1 与 Mask 2 的并集数组为 {1,2,3,4,5},于是我们看到了图 6-53

的画面。此时你应该理解了 Add 在与其他遮罩互相作用时,起的是并集的作用。

如果我们把 Mask 1 设置为 Add,而把 Mask 2 设置为 Subtract,此时会看到图 6-54 所示的结果。

我可以这样理解,Mask 1 首先在代表图层的数组 {1,2,3,4,5,6,7,8,9} 中提取了一个 {1,2,3} 的数组,然后计算机运行、显示完毕。此时,再计算第二个遮罩 Mask 2 中的数组 {3,4,5},这时候需要减去这些数组。于是依照从上往下

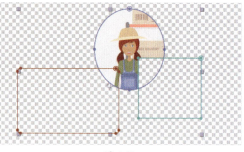

图 6-54

的运算顺序,预览窗口中本来有的 {1,2,3} 数值所显示的画面需要减去数组 {3,4,5} 的画面,得到 {1,2} 数组的画面,效果就是图 6-54 所示的结果。

此外,Mask 1 的选择范围内缺了一个角,这个角就是刚才被减去的数值——Mask 1 中的数值 3。当然,因为数组 {1,2,3} 没有 4 和 5,所以减去数组 {3,4,5} 时就不考虑 4 和 5 了,因为它们本来就不存在。最后,得到数组 {1,2} 所代表的画面。

现在,你应该对数组与运算的逻辑顺序有了一个初步的理解。我们现在倒过来试试,把 Mask 1 设置为 Subtract,而把 Mask 2 设置为 Add,效果如图 6-55 所示。

为什么都是一个 Subtract 和一个 Add,却会产生截然不同的结果?这是由于运算顺序不同,计算最终叠加结果是从第一个遮罩开始往下计算的。我们可以这么理解,首先,Mask 1 在图层数组 {1,2,3,4,5,6,7,8,9} 中去除 {1,2,3},然后,得到了一个数组 {4,5,6,7,8,9} 代表的画面。此时,计算机再运算 Mask 2,从代表图层的数组 {1,2,3,4,5,6,7,8,9} 中提取数组 {3,4,5} 所代表的画面。因为你设置的 Mask 2 是 Add,这个相加模式要做并集理解。所以结果就是数组 {4,5,6,7,8,9} 并数组 {3,4,5} 的结果,得到数组 {3,4,5,6,7,8,9} 代表的画面,最终计算的画面是 Mask 1 中的角又被补了一个数组 {3} 后代表的画面,而数组 {1,2} 所代表的画面依然被减去,不可见。

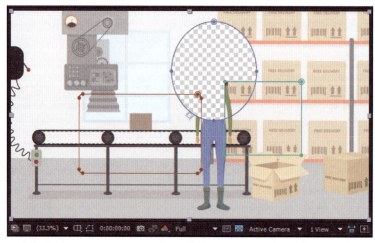

图 6-55

那么,当我们再增加一个图层进行 Intersect 运算呢?我们先将时间轴面板按图 6-56 所示进行设置。

图 6-56

根据图 6-56 的遮罩蒙版的叠加设置，我们可以看到预览窗口的效果如图 6-57 所示。

你可以尝试自己分析这个结果。

可以这样理解，Mask 1 首先在代表图层的数组 {1,2,3,4,5,6,7,8,9} 中提取了一个数组 {1,2,3}，然后计算机运行，显示完毕。此时，再计算第二个遮罩 Mask 2 中的数组 {3,4,5}，这时候需要减去这些数组。于是依照从上往下的运算顺序，预览窗口中本来就有的数组

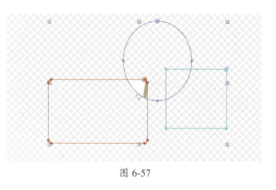

图 6-57

{1,2,3} 所代表的画面需要减去数组 {3,4,5} 所代表的画面，得到数组 {1,2} 所代表的画面。效果与之前的图 6-54 一样。此时，计算机再运算第三个遮罩蒙版 Mask 3，我们之前假设 Mask 3 取得的数组是 {2,6,7}，此时进行 Intersect 运算。跟什么交集呢？就是跟前两步的运算结果进行运算，显示数组 {1,2} 与数组 {2,6,7} 中的交集（数组 {2}）代表的的画面，结果如图 6-57 所示。所以只显示 Mask 1 中很小一块的范围。

现在你可以试试以图 6-58 的方式叠加，预测一下可能会产生什么效果。

图 6-58

6.2.2 如何进行遮罩跟踪

在我们为一个动画的某一帧绘制遮罩以后，到了下一帧，遮罩位置的画面会与上一帧的画面不匹配。面对这种情况我们可以使用遮罩跟踪。在时间轴面板上选择某一个具体遮罩以后，单击 Animation（动画）→ Track Mask（跟踪遮罩），我们就会得到一个功能面板，如图 6-59 所示。

图 6-59 就是 Track Mask 的功能面板，也被称为遮罩跟踪。它有什么作用呢？它可以记录遮罩路径锚点在图像中的位置，随着画面的播放，这些锚点会吸附在这些像素上并且产生变形。比如你为一个人物绘制了一个遮罩，它就会计算、跟踪人物的动态画面，确保让人物始终处于遮罩的范围内。

Analyze：解析中有四个按钮，分别是：向前解析跟踪遮罩一帧；向前解析跟踪遮罩；向后解析跟踪遮罩；向后解析跟踪遮罩一帧。

Method：该选项的下拉菜单中提供了遮罩的跟踪方法，如图 6-60 所示。

图 6-59　　　　　　　　　图 6-60

图 6-60 中提供了跟踪遮罩的几种方法，我们不但可以跟踪遮罩路径的位置变化，也可以跟踪遮罩的旋转与缩放变化，还可以实现人物面部检测与自动跟踪。这些功能都比较直观，我们做一个了解即可。相比之后的 Roto 跟踪，与摄像机反求中的跟踪方式，遮罩跟踪算是最为简单易懂的。但它的局限性比较大，只能处理一些边缘清晰、辨析度明显的画面。最后，Masks 选项的作用是在该选项中选择需要跟踪图层中发生数据变化的遮罩。

要注意的是，能够使用遮罩跟踪的图层，必须是具有动画效果的，换句话说就是包含动画图层，比如视频、序列等。固态图层与静止图片都不能使用该功能，因为对静止的画面我们并不需要使用跟踪功能。

6.3 如何使用Roto

Roto 又被称为动态蒙版，它的主要特点在于对视频文件的图像进行描绘，然后将路径蒙版中的内容经过分析分离出来。面对包含复杂背景的视频文件，采用这种方法会高效很多，所以 Roto 成了后期抠像中一个重要的方法，可以用来解决一些拍摄中的问题，如处理掉视频文件中不需要的内容，或者提取需要的视频内容。

为了练习与了解 Roto，需要准备一段视频素材或者一段序列帧素材。这段素材你可以去素材资源网站寻找，也可以自己拍摄，甚至可以在影片中找一段视频。当你找到这个素材以后，直接拖动素材到合成图标上，就可以新建一个与素材视频大小、关键帧都匹配的合成文件。当然，这是非强制性的，我们初学时的重点在于如何使用 Roto，而不是去制造一些新的麻烦。不过需要注意，使用这个方式时，根据你的需要，在合成设置中要把 Star Timecode 调整为 0，或者不进行设置。

我拍摄了一段视频素材，用于理解与学习 Roto，它在预览窗口的效果如图 6-61 所示。

图 6-61

我们的目的很直接，就把图 6-61 这段视频中女生的形象抠像出来。根据以往学到的知识来看，没有绿幕且不是静止画面，使用遮罩跟踪几乎是不可能，因为人物晃动变形比较大。这时，我们就需要使用菜单栏的 Roto 笔刷来解决这个问题。图 6-62 就是工具栏的 Roto 工具，包含 Roto Brush Tool 与 Refine Edge Tool，我们首先掌握第一个工具。

图 6-62

在我们导入素材以后，在时间轴面板双击该素材进入图层预览窗口界面，如图 6-63 所示。

图 6-63

注意第一个区别，Roto 工具需要进入图层预览窗口才能使用，我们在图 6-63 中用红框进行了提示。区别于我们之前提到的合成界面的预览窗口。图 6-63 就是图层预览窗口的面板，它的特点是针对一个图层进行调整。

<1> 如何选择使用 Roto 的抠像范围

与之前在时间线面板上的调整方式一样，拖动时间线上某个图层条的两端就可以去掉多余的部分。在图层预览窗口，我们可以拖动图 6-63 中红框标记的两段来确定我们的使用范围，假设我们只需要其中某 2 秒的时间范围，调整结果如图 6-64 所示。

图 6-64

现在我们需要把这两秒中的人物抠像出来，此时时间线面板上的图层条效果如图 6-65 所示。

图 6-65

在图 6-65 的时间线上可以看到系统自动处理了素材的位置。我们需要的 2 秒的视频被挪到了最前面，且自动去除了不需要的内容，这让我们可以很方便地进行后续操作。

<2> 如何使用 Roto 笔刷绘制我们需要的区域

进入图层预览窗口以后，在工具栏上选择 Roto Brush Tool，然后在需要保留图像的区域上使用鼠标左键拖动绘制一条直线，我的意思是告诉计算机，这些范围我都需要保留，如图 6-66 所示。

图 6-66

计算机会自动计算刚才绘制的范围，如图 6-67 所示。

计算机经过计算，认为图 6-67 中的粉红色范围的图像是你想要的。实际操作时经常会出现这种情况，你需要的没有包含进去，你不需要的却有可能包含进去。有两种操作帮助你解决这类问题。

如何增加选区？

我们可以继续使用笔刷绘制，每一次新的绘制都会增加选区，如图 6-68 所示。

图 6-67　　　　　　　　　　　　　　　　图 6-68

我们在图 6-68 中继续绘制需要的部分，得到图 6-69 所示的效果。

很显然，Roto 选区的范围增加了，经过如此反复的尝试，可能会得到类似图 6-70 的效果。

虽然现在人物已经在粉色选取范围内，但是红色区域的其他图像也被包括进来，我们要去除它。

如何去除不需要的选区？

按住键盘上的 Alt 键，再使用 Roto 笔刷绘制时，就是去除该选区。添加选区绘制时，笔刷显示为绿色，而去除选区绘制时，笔刷则显示为红色。当你调整完毕以后，效果如图 6-71 所示。

此时，我们看到粉色选区已经把人物图像基本上恰到好处地选取完毕，但是人物手上还拿着一支笔。我们需要继续添加选区。不过，笔相对人物来说太细了，一个笔刷所覆盖的范围就超过笔的范围了，因此我们需要调整笔刷的大小。

如何调整笔刷的大小？

在我们绘制之前，可以按住键盘上的 Ctrl 键，同时按住鼠标左键来回移动鼠标，以调整笔刷的大小。当你需要绘制大范围时，你可以把笔刷调的相当大；当你需要选取细微之处时，可以把笔刷调整的很小，同时配合视图的整体缩放，绘制更加细微的区域，如图 6-72 所示。

笔刷变得更细以后，我们同时滚动鼠标中键来放大窗口，以便让我们更好地完成这一细微的工作，得到最后的效果，如图 6-73 所示。

现在使用 Roto 笔刷绘制选区的工作基本完成了。但是，如果你觉得效果依然不能让人满意，追求极其细微的选区范围，那么你需要使用 Refine Edge Tool，它会帮助你解决选区边缘的问题。

我在另外一个更具有代表性的视频素材中找到了其中一个典型特征的细节部分，如图 6-74 所示。放大图像以后会发现底部有一个红框标识的区域。此时，你若是使用 Roto Brush Tool，你会发现即便使用最细的笔刷也不能很好地调整边缘极为细微的部分。这是因为的软件计算

图 6-69

图 6-70

图 6-71

图 6-72

图 6-73

方式会影响结果。所以，我们应该使用 Refine Edge Tool 去处理，让边缘更加符合当前的需要。

我们在工具栏目上选择 Refine Edge Tool 以后，将其调整为合适的大小以后在该区域轻轻地绘制一笔，会得到图 6-75 所示的结果，当绘制完毕后会得到图 6-76 所示的效果。

系统会在图 6-76 中红框标识的区域进行边缘细节的计算，此时单击图层预览窗口下方的 Toggle Refine Edge X-ray 图标，会看到这个细微之处的效果被调整的比较好，选区更加精确地吸附边缘，效果如图 6-77 所示。

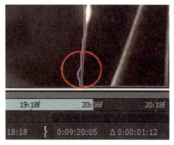

图 6-74

相比之前的图 6-74 而言，图 6-77 的边缘变得更加精细与精确，你可以通过这个方式来丰富细节。在视频背景复杂的时候你更可能会用得上这个技巧，不过这也会极大地增加你的工作量，需要你极有耐心。

<3> 如何检查与调整我们的抠像效果

在我们完成了一帧的 Roto 选区以后，并不代表其他帧也会有如此好的选区效果，此时我们要对整个图层预览窗口的各个主要功能做一个大致的了解。

图 6-75

图 6-78 中的功能按钮是我们需要了解的第一组功能，我们从左到右依次讲解。

Toggle Refine Edge X-ray：切换调整边缘 X 射线的选项只有在你使用了 Refine Edge Tool 以后才会出现，单击切换可以显示边缘 X 射线调整前与调整后的效果。

Toggle Alpha：单击该选项可以在抠像结果与 Alpha 蒙版显示中切换，效果如图 6-79 所示。

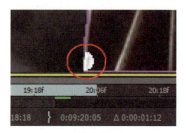

图 6-76

我们可以看到切换到 Alpha 蒙版显示以后，可以清楚地看到蒙版的大小与位置。白色表示完全不透明，就是我们保留的部分，黑色是完全透明区域，也就是我们去除的区域。如果有半透明的部分，表示该区域做半透明处理。

Toggle Alpha Boundary：单击该选项可以在抠像结果与 Roto 选区蒙版显示中互相切换。图 6-80 是使用 Roto 笔刷绘制的界面，如果我们再单击一下 Toggle Alpha Boundary 按钮，则可以在抠像结果与 Roto 选区蒙版之间切换。

图 6-77

Toggle Alpha Overlay：单击该选项可以在抠像结果与 Alpha 蒙版选区显示中互相切换，效果如图 6-81 所示。

通过图 6-81 可以看到，Roto 选区之外用红色的蒙版区域覆盖，表示这部分将会被去除。

回到图 6-78 中四个功能按钮后的颜色标签，它们被用来调整 Roto 选区的颜色与透明度等。这几个功能比较好理解，你来回单击切换几次就可以明白。

图 6-78

图 6-79

我们再看关于图层时间的几个标签，如图 6-82 所示。

在图 6-82 中，红框标记的两个边框是用来设置我们需要使用的图层的范围的，分别用来设置入点与出点。设置完毕以后，计算机会自动调整时间线上该图层条的位置。这与我们之前讲的如何设置 Roto 抠像范围一样，不过同样也可以运用到任何图层操作中。

图 6-80

这三个时间显示分别是：

1．当前图层条的入点时间在原始视频的时间编码的位置。

2．当前图层条的出点时间在原始视频的时间编码的位置。

3．在图层条时间总长中选取的保留的时间长度。

图 6-81

为什么说是原始视频的时间编码呢？因为该素材在拍摄的时候，时间记录设置是从大于四个小时的数值开始计算的。所以你会看到这么夸张的数值，其实该视频不过数秒。但是这不影响你对它的使用。

图 6-82

最后一组功能标签如图 6-83 所示。

图 6-83

View：在图层预览窗口中显示内容，其中包括 None、Motion Track Points，这个功能在后面的跟踪中会用到，具体包括 Masks、Anchor Point Path，Roto Brush & Refine Edge。在大部分情况中，计算机会自动设置显示内容，偶尔你可以在设置中找到你需要指定显示的内容。比如说，当前图层既有 Roto 笔刷，又有遮罩的时候，你就可以调整该视图。

Render：显示渲染结果。

Freeze：在我们花费大量的时间、精力创建了选区边界以后，After Effects 会缓存这些数据，当我们再次调用这些数据时就不需要让计算机再次计算。为了更快地访问这些数据，我们将会冻结这些数据，以减少系统的压力。但是一旦冻结数据以后你就无法再次编辑它，除非你将它解冻，基于冻结一次数据很费时间，所以你应该在冻结数据之前尽量调整好数据。

单击 Freeze 按钮以后，通常会弹出一个蓝色警告条，如图 6-84 所示。

图 6-84

图 6-84 中的警告条的意思是：Roto 笔刷与调整边缘的数据被冻结，如果要更新数据，请解冻以后更新。同样的，冻结数据是一个耗费系统时间的过程，有时候我们也可以选择我们需要的范围冻结，如图 6-85 所示。

图 6-85

拖动图 6-85 中红框所示的长条来选择冻结数据的范围，它的操作特点与拖动图层条范围的方式一致。Freeze 也只会处理这一范围的数据。

<4> 在播放的时候 Roto 选区发生了变化怎么办

这种情况非常常见，因为这是一个动态蒙版，并不意味着你完成了一帧的图像绘制，其他所有的帧都不会发生选区变化。所以，随着视频中 Roto 选区范围中内容的变化，可能会丢失某些区域或者加选了不需要的区域，如图 6-86 所示。

在图 6-86 中，我们随着时间指针的播放，看到 Roto 选区跟丢了一部分。这种情况极为

图 6-86

常见，那么此时你在当前帧停下，然后做一个新的调整即可，这个步骤与普通的 Roto 笔刷选区操作一致。反复检查所有需要的范围，直到整个视频片段都能够完整选择你需要的图像范围。

当你在新的一帧中对 Roto 笔刷进行修改时，系统会自动在这里记录关键帧，它会表现在你的时间线面板上，如图 6-87 所示。

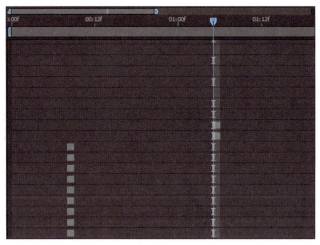

图 6-87

在图 6-87 中，第一列是我们第一次对某一帧使用 Roto 笔刷后，系统自动记录的帧数值。第二列是我们发现问题以后再次使用 Roto 笔刷调整区域。你无须担心这些操作，系统会自动记录它的变化，并以关键帧数值的形式保存起来。

<5> 检测一下成果

在图层预览窗口单击 Toggle Alpha Boundary 按钮，切换到图层 Roto 抠像的结果，如图 6-88 所示。

此时，可以看到我们将人物清楚地抠像了出来，保持这个视图不变，我们回到合成预览窗口中再看看，如图 6-89 所示。

图 6-89 已经出现在我们熟悉的合成预览窗口中。此时，你按空格键播放预览会发现即便人物走动，或者做出各种动作，我们依然能够清楚地抠出人像。此时，如何为人像添加背景就完全可以依赖你的想象与发挥了。通过这种方式，即便没有绿幕，你也可以提取很多你需要的素材，去除一些拍摄出错的细微内容。

图 6-88

图 6-89

不过,现在我们掌握的抠像处理面对的是背景相对简单的、人物晃动幅度不大的素材。如果在一个不停移动的摄像机所拍摄的画面中添加新的素材与背景,就会复杂很多,你需要学习摄像机反求与跟踪的知识。不过在你学习这些极为复杂的技能之前,先熟悉使用基础的素材进行抠像吧,这已经能帮助你解决很多问题了。

第 7 章 调色

在我们赋予图像丰富的颜色后，这些图像会传递不同的情感与氛围，同样的画面可能因为颜色与光亮的不同传递出截然不同的情绪。而我们在网络获取的与自己拍摄的很多视频素材，并不一定符合当下镜头所要表达的情绪，调色可以解决这个问题。

7.1 色阶

Levels 是 After Effects 中使用最为频繁的一个工具，其使用频率甚至比 Curves 还要高。我们为一副图像添加 Levels 以后，可以在效果控制面板上了解它的作用与参数，如图 7-1 所示。

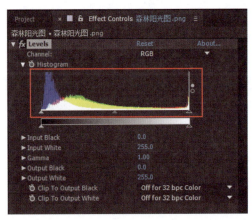

图 7-1

图 7-1 就是 Levels 插件的参数面板，红框部分是色阶的直方图，它显示的是当前帧的色阶数值，如果是一段视频的话，那么每一帧所显示的直方图的数据并不相同。所我们通过一张图片去搞懂这个滤镜效果。

<1> 读懂直方图

在调色软件中直方图极为常见。直方图又称质量分布图，是一种统计报告图，由一系列高度不等的纵向条纹或线段表示数据的分布情况。一般用横轴表示数据类型，用纵轴表示分布情况。

首先，我们导入一张图片进行测试，它在预览窗口中的效果如图 7-2 所示。

图 7-2

我们知道一个图片是由 RGB 颜色组合而成，一般一个像素值量化后用一个字节（8bit）来表示。对于色彩图像，计算机将红（R）、绿（G）、蓝（B）数值通道分别用 8bit 的黑白影调来表示，这三个颜色通道最后构成了亮度通道。如果还有透明度信息的话，就会再多出一个 Alpha 透明通道，用来储存图像不同的透明程度。

而色阶展现了一幅图的明暗关系。比如，8 位色的 RGB 空间数字图像，分别用 2^8（即 256）个阶度表示红（R）、绿（G）、蓝（B）的数值。每个颜色的取值范围都是 0～255，理论上共有 256×256×256 种颜色。这三个通道组合成了丰富的色彩与亮度。如果我们把它们切换到对应的灰度信息时，系统会重新计算它们之间的关系。因为 RGB 模式是用一组红（R）、绿（G）、蓝（B）数值表示颜色信息的，所以，纯红色的信息为 (255,0,0)，(255,0,0) 这组数字同时还表达了色相、饱和度、亮度、明度和灰度大小。例如，纯红色的信息 (255,0,0) 转换成灰度数值有相应的计算工具：最大值与最小值的和除以 2，就是它对应的灰度信息。对这部分知识做个了解即可，因为计算机会去完成这项工作。

如果以黑白图像为例，这种从黑到白的连续变化过程中，所包含的灰度值量化为 256 个灰度级，也就是 2 的 8 次方。灰度值的范围为 0～255，表示亮度从深到浅，对应图像中的颜色为从黑到白。黑白照片包含了黑白之间的所有的灰度色调，每个像素值都是介于黑色和白色之间的 256 种灰度中的一种。这里先通过灰度信息来读懂直方图。

单击图 7-3 中的红色箭头所指的按钮，切换到灰度显示模式。在该图中，X 轴（水平方向）一共有 256 个像素位置，每一个位置表示一个不同的亮度等级。它代表灰度值的范围为 0～255，0 表示纯黑，255 表示纯白。而 Y 轴（垂直方向）表示在这个亮度等级上有多少个像素，所以我们可以理解为在图 7-3 中，相对于明亮部分的亮度信息，灰暗的像素会更多。此时，你通过图 7-2 也可以看出来，大部分像素位置都是偏灰暗的，绝对明亮的阳光照射的区域也相对少得多。

图 7-3

反之，如果我找一个明亮的雪景图像，如图 7-4 所示。

图 7-4

我们在图 7-4 中可以看到大量白色或者接近纯白的颜色，这意味着这个图片中处于明亮位置的像素也会比较多，我们看看图 7-4 的色阶灰度直方图，其结果如图 7-5 所示。

对比图 7-5 与图 7-4 可以发现，图 7-4 中明亮区域的像素更多。事实也正是如此，图 7-4 中大片的白色雪地都是极为明亮的。此时，我们切换回 RGB 模式的色彩直方图，如图 7-6 所示。

单击图 7-6 中的红色箭头所指按钮，切回 RGB 模式。现在，我们已经可以看明白了，在这个图像的不同亮度信息的坐标中，有多少个红（R）、绿（G）、蓝（B）的像素，它们一起构成了图像的色彩与明暗程度。当你熟悉直方图以后，你还会发现如果画质受到损害，有时候还会出现像素信息的缺失。在某个亮度坐标上可能没有任何像素信息存在。

除了 RGB 与灰度，直方图还能显示什么信息呢？我们可以切换直方图显示的内容，如图 7-7 所示。

单击图 7-7 中红框标识的下拉菜单，我们也可以单独观察红（R）、绿（G）、蓝（B）、Alpha（透通道）四个通道的单独信息，并且可以单独调整某个通道的内容。如我们可以切换到 Green（绿色）通道，如图 7-8 所示。

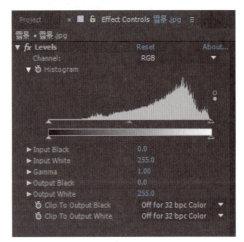

图 7-5

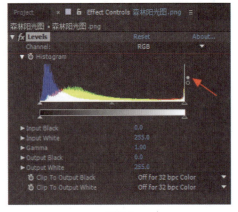

图 7-6

第7章 调色

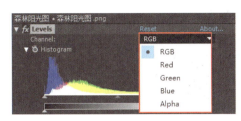

图 7-7

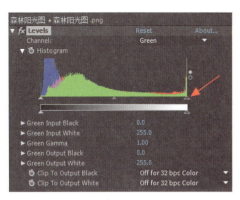

图 7-8

图 7-8 就是当前帧图像的 Green（绿色）通道的直方图信息，如果我们简单拖动一下图 7-8 中红色箭头标识的滑块，效果如图 7-9 所示。

在修改了绿色的阈值以后，对比图 7-9 与原图 7-2，可以发现图像明显偏绿了很多。

<2> 输入色阶

我们首先回到 RGB 模式下的界面，如图 7-10 所示。

图 7-10 是以 RGB 显示的模式，图中红框标识的滑块其实分别对应着下面的属性选项。

Input Black：这个选项的原理就是把该数值以下的颜色亮度都变为 0，0 代表最黑，255 代表最亮。如果我们调整数值为 50，那么图像中颜色亮度低于 50 的部分都会变黑，结果就是暗的部分更暗了。现在我们把 Input Black 调整为 50，效果如图 7-11 所示。

对比图 7-11 与图 7-12，会发现本来只是稍暗的部分现在变成了全黑，因它把亮度信息低于 50 的 RBG 颜色全部变黑了。

Input White：这个选项的原理是把该数值以上的颜色亮度都变为 255，0 代表最黑，255 代表最亮。如果我们调整数值为 150，那么图像中 RBG 颜色亮度高于 150 的图像都会成 255 这个最高亮度，通俗的说是明亮的部分更亮了，效果如图 7-12 所示。

对比图 7-12 与图 7-2，你会发现本来只是稍微明亮的部分，现在变得极为透亮。

图 7-9

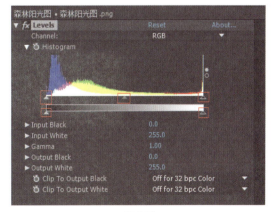

图 7-10

图 7-11

<3> 伽马值

Gamma：伽马值其实是一个极为复杂的概念，在不同的软件与其他学科中，它代表的含义并不完全一致。不过在色阶这个概念中，你可以把它理解成"中间调"，它也被称为"灰度系数"。简而言之，伽马值越大的图像越亮，伽马值越小的图像越暗。

图 7-12

<4> 输出色阶

Output Black：对应的滑块向右移动时，图像整体会变得发白。如果将输出黑色设置成 50，那么意味着该图最低的亮度为 50，效果如图 7-13 所示。

图 7-13

可以明显看到图 7-13 整体变亮了很多，因为最低暗度都被调整成了 50，而这些区域本身颜色也不够饱和，所以看起来有一点灰白。

Output White：默认数值是 255，表示图像中最高的亮度为 255，当对应的滑块向左移动时，图像整体会变得更黑。如果将输出白色设置成 200，意味着该图最高的亮度为 200，图像整体也会变得更暗一些。

Output Black 与 Output White 最为直观的理解是，它告诉计算机，通过参数调整，我们只要某个区间的亮度信息。

<5> 颜色比特率

RGB 模式是用颜色发光的原理来设计的，它的颜色混合方式就好像有红、绿、蓝三盏灯，当它们的光相互叠加的时候，色彩相混，而亮度却等于两者亮度之和，越混合亮度越高，即加法混合。通常情况下，RGB 各有 256 级亮度，用数字表示为从 0 到 255。注意，虽然数字最高是 255，但 0 也是数值之一，因此共 256 级。按照计算，256 级的 RGB 色彩总共能组合出约 1678 万种色彩，即 256×256×256=16777216，通常也被简称为 1600 万色或千万色。

如果你觉得这都不够，可以了解一下图 7-14 所示的设置内容。

图 7-14

在图 7-14 中可以修改这些设置，它其实对应 Project 中的颜色深度功能，如图 7-15 所示。

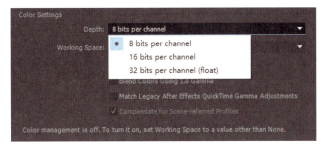

图 7-15

在图 7-15 中单击 Depth（颜色深度）功能的下拉菜单，可以找到颜色深度的修改选项。

7.2 曲线

Curves 几乎在每次调色时都会使用，它主要是调整图像整体或者局部的对比度、亮度，调节色彩，其操作简单易懂，我们经常听到的"拉一下曲线"或者"把曲线压一压"等使用的就是这项功能，它可以让某些区域变得更亮或者更暗。

<1> 曲线的主要功能

我们为一幅图像添加 Curves 以后，可以在 Effect Control 上了解它的参数和作用，如图 7-16 所示。

图 7-16 就是 Curves 滤镜的参数界面，非常简洁。Channel 能让我们通过对应的下拉菜单进入到不同的颜色、透明度通道界面。这一点在 Levels 的相关部分已经介绍过了。

与一般经验一样，我们首先还是要看懂曲线图，如图 7-17 所示。

在图 7-17 中我们依次标记了 A、B、C 三个点。左下角的 A 点代表图像中最暗的部分，右上角的 C 点代表图像中最亮的部分，B 点代表图像中中间灰的部分。

在曲线图上，横轴表示的是原图像的亮度分布，从左到右依次表示 0 到 255 的亮度级别，0 表示纯黑，也就是最暗，255 表示纯白，也就是最亮。曲线图的纵轴则表示

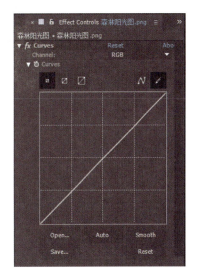

图 7-16

目标图调整后的亮度，从下往上依次表示 0 到 255 的亮度级别。同样的，0 表示纯黑，也就是最暗，而 255 表示纯白，也就是最亮。那么，在没有调整的情况下，中间的对角线表示调整目标的亮度与原始图一致。

此时我们往下拖动 C 点，如图 7-18 所示。

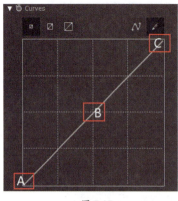
图 7-17

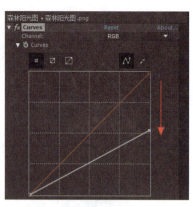
图 7-18

在图 7-18 中，红色的线表示原本的亮度分布，而白色的线表示我们调整过的结果。此时，C 点沿着红色箭头指的方向被拖动，这意味着调整后的图像最高亮度应该在 C 点所处的位置，此时预览窗口的效果如图 7-19 所示。

图 7-19

在图 7-19 中我们可以看到图像整体变暗了。因此，对于刚才的调整也可以理解成，Levels 中的 Output White 的数值降低了图像最高亮度的上限。

到这里，你应该理解如何观察、理解曲线界面图。到这一步，Curves 的作用看起来似乎与 Levels 的作用很相似，但二者其实是有不同的。因为色阶经常是对某个单一指标进行调整，调整单一指标时两者似乎没有区别，但是 Curves 可以做出复杂的曲线。这就意味着它可以通过一个曲线让不同区域的亮度发生改变，如图 7-20 所示。

图 7-20 是一种常见的调整曲线的方式。这个效果可以比较直观地理解成：让亮部变得暗一点，让暗部变得更亮一点，效果如图 7-21 所示。

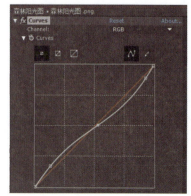
图 7-20

图 7-21

我们可以看到，在图 7-21 中，亮部变得柔和了很多，暗部变得相对明亮了很多。刚才拉曲线的方式在实际应用中极为常见，大家都喜欢把亮部压一压，把暗部拉一拉。

<2> 常用的曲线调整方式

你的原图可能会受到灰色与对比度的影响，这时需要用一些曲线的方式进行调整，Curves 最擅长的是校正灰度系统。灰度系数就是表示图像灰度的一个参数，当灰度系数越大时，则黑色和白色的差别越小，对比度越小，照片呈现一片灰色。当灰度系数越小时，则黑色和白色的差别越大，对比度越大，照片亮部和暗部呈现强烈对比。通常大家拍摄视频与照片都需要做"去灰"的处理，处理完毕以后，让那些本来看起来灰蒙蒙的图像变得像"洗"过了一样，清晰透亮。虽然并不能通过 Curves 将图像调整到完美，但它是重要的过程之一。下面我们看一些常见的曲线调整方式。

如果你希望增加图像的灰度系数，曲线图如图 7-22 所示。

如果你希望提高图像亮度与对比度，曲线图如图 7-23 所示。

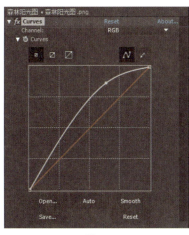

图 7-22   图 7-23

如果你想仅提高高光中的灰色系数，曲线图如图 7-24 所示。

如果你想固定一部分黑色区域数值，并提高亮度区域的灰度，曲线图如图 7-25 所示。

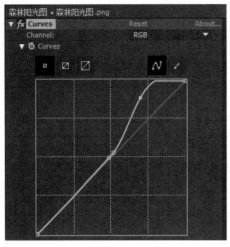

图 7-24

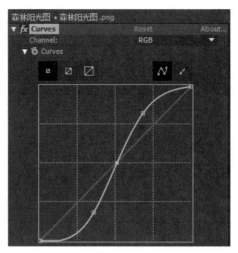

图 7-25

总作来说，白色的线是调整后的数值，对应的曲线图的横轴位置是原图像亮度修改后的数值，经典的 S 曲线如图 7-26 所示。

图 7-26 所示的该曲线调整方式可以让图像中原来暗的部分变得更暗，亮的部分变得更亮。而中间点的灰色系数保持不变。通过这种方式，图像的对比度变得更高了。所谓对比度，指的是一幅图像中明暗区域最亮的白和最暗的黑之间不同亮度层级的测量，差异范围越大代表对比越大，差异范围越小代表对比越小。

<3> 曲线辅助功能

在完成了曲线的参数调整以后。我们可以通过一些辅助功能帮助我们更好地使用曲线效果，如图 7-27 所示。

在图 7-27 的图标中，前三个图标用于放大与缩小曲线界面，更大的界面能让你更加细致地调整细节，虽然一般情况不会如此夸张。后两个图标分别是使用鼠标拖动曲线与使用铅笔工具直接绘制曲线，尝试一下就能很好理解。

你可以自己定义并且保存这些曲线的设置，如图 7-28 所示。

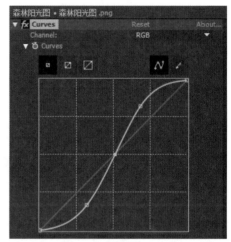

图 7-26

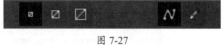

图 7-27

图 7-28

在图 7-28 中，Open 是打开某个你预存过的曲线。Auto 与 Smooth 可以稍微平滑一下你当前的曲线，如果你多次单击它，最后会得到与最初成 45°的斜线，这个过程就是把一个完全的线条不断舒展，直到展平为止。Save 用来存储你的曲线的设置。Reset 用来重置所有曲线的设置。

除了在 Effect Controls 中调节曲线参数，时间轴面板也有一个重要参数，如图 7-29 所示。

图 7-29

图 7-29 中红框标出的属性是 Effect Opacity，即曲线对于画面的影响程度。当数值为 100% 时，曲线数值对原始图像进行完全的影响，你调整什么曲线参数数值都会影响到原始图像。当数值为 0% 时，不做任何影响。这个功能可以添加关键帧，在你需要影响画面时再启用它。而 Curves 属性添加关键帧以后，可以让曲线随着时间推移而发生变化，可以有效应对你的视频或者序列帧素材，毕竟那些画面的镜头并不是一成不变的。

7.3 色相与饱和度

要修改图像的颜色和图像色彩鲜艳程度，可以使用 Hue/Saturation 效果。我们为一幅图像添加 Saturation 以后，可以在 Effect Controls 上了解它的作用与参数，如图 7-30 所示。

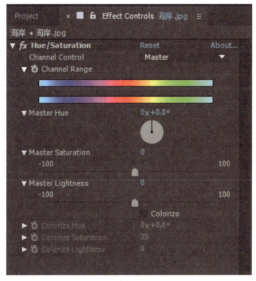

图 7-30

<1> 图像色相的调整与修改

Hue/Saturation 是三组合中最后一个必不可少的工具。这个滤镜可以调整图像的色调、亮度以及饱和度。并且能够削弱一些单独颜色通道中的信息。这次作为测试的图像是一张海岸风景图，如图 7-31 所示。

图 7-31

图 7-31 的风景很漂亮，是吗？之所以选择它，是因为到时候修改蓝色区域的颜色，图像看起来会更和谐或者更违和，至少能让人一眼看出很大一片颜色区域的变化。你也可以在网络上任意找一张图进行测试。在 Hue/Saturation 效果中，主要是通过相位轮来控制颜色的变化，其中 Channel Control 可以指定调整某类主要颜色的范围，如图 7-32 所示。

图 7-32

在图 7-32 中，Master 显示整个图像颜色。而 Reds、Yellows、Greens、Cyans、Blues、Magentas 则会显示图像中以这个颜色为主的范围。这里要格外注意的是，Channel Control 不再是某个颜色的单色通道，而是某一类颜色的范围。假设我们进入 Reds 通道，效果如图 7-33 所示。

在图 7-33 中，我们看到红框标记的四个滑块表示 Reds 通道控制下所选区域的颜色范围。不过，这些滑块的具体意思是什么，该怎样使用呢？我们首先要回到 Master 进行理解与学习，如图 7-34 所示。

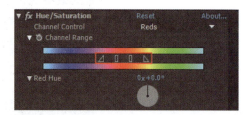

图 7-33

在图 7-34 中我们看到两个色彩条，上方的色彩条表示一个正常渐变颜色的色带，其实它们是一个首尾相连的色环拉成色带的结果，如图 7-35 所示。

图 7-35 的色环可以让你更好地理解 Channel Control 的色带。你会发现图 7-34 的色带不过是图 7-35 的色环展开以后的样子。图 7-35 中的字母其实就是各种通道的颜色 Channel Control 的缩写。例如，C 表示 Cyans 通道的颜色范围区域。

图 7-34

在图 7-34 中，下方的色带则表示是旋转 Master Hue 色轮后偏色的结果。在默认情况下，上下两个色带颜色是一一对应的。我们做一个测试可以更好地了解它们的作用。假设，我们拖动 Master Hue 的色轮让它旋转 33°，如图 7-36 所示。

图 7-35

图 7-36

此时，你可以看到图 7-36 中第二条色带的位置发生了变化，下方的色带整体往左移动了一部分。这好比之前有两个对齐了的色环，你旋转了其中一个色环 33°一样。下方的色带偏移以后的意义在于：代表原始图像的上方色带的颜色变成了下方色带中同样位置对应的颜色。这会产生什么样的结果呢？我们看看预览窗口中的结果，效果如图 7-37 所示。

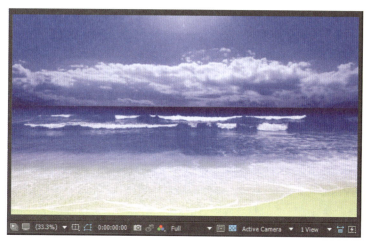

图 7-37

我们可以在图 7-37 中明显地看到，本来 Cyans 为主的蓝天碧海变成一片深蓝，而沙滩的颜色也发生了改变，这正好对应图 7-36 中上方色带的颜色被下方色带的颜色所取代。所以，事实上我们不可能非常夸张地去旋转 Master Hue 色轮，这会让整个颜色偏离得特别夸张。通常都是做略微旋转，让整体主色调有一点点某种颜色倾向。这一次我们做的合理一些，把 Master Hue 色轮旋转 -10°，然后看看我们的色带，如图 7-38 所示。

图 7-38

注意，即便图 7-38 中的色轮是负数，也不意味着发生了什么奇怪的事。其本质意义无非是把图 7-35 的色环正时针旋转，还是逆时针旋转而已。现在我们理解了两条色带对应的关系，也就可以预测出可能会出现的结果，效果如图 7-39 所示。

图 7-39

可以看到，图 7-39 比图 7-31 显得更青蓝了。这是因为原本对应的蓝色区域的色带被更淡的青蓝色所取代。图 7-31 的蓝色部分主要是天空区域，所以图 7-39 中的天空区域被青蓝色所取代。

目前这个结果看起来有点像那些罕无人烟的海岸线。如果你执意要夸张地旋转 Master Hue 色轮，比如说 90°，甚至更高，可能会得到图 7-40 所示的结果。

图 7-40

图 7-40 完全不是你要的，对吗？除非你真的很喜欢看起来被污染的结果。此时色带对应的位置如图 7-41 所示。

通过图 7-41 我们可以看到，下方色带偏移得非常夸张，上方色带所对应的下方色带全是差异非常大的颜色，所以图 7-40 中的画面看起来非常夸张。

不过也正好提出了一个问题，既然 Master Hue 会把所有的颜色进行改变，如果我就是需要把沙滩变成粉红色的，而天空依然是青蓝色的，我该怎么办？这并不复杂，你可以使用遮罩抠像单独处理，或者进入 Channel Control 来解决这个问题。

沙滩是什么颜色的？通过观察图 7-31，可以发现沙滩是以黄色为主的色调，所以我们要进入 Channel Control 中的 Yellow 通道，如图 7-42 所示。

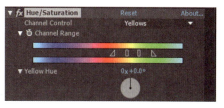

图 7-41　　　　　　　　　　　　图 7-42

现在我们基于之前所掌握的两条色带所对应的知识，尝试把沙滩的颜色换一个色相，比如粉红色，结果如图 7-43 所示。

图 7-43

在图 7-43 中可以发现，除了沙滩变成了粉红色，其他区域几乎不受到影响。通过 Channel Control 可以让我们能够对某一类颜色进行调整。此时 Channel Control 的 Yellow 通道的状态如图 7-44 所示。

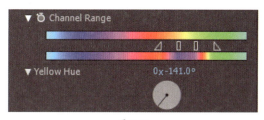

图 7-44

图 7-44 中的四个滑块限制了 Yellow 的颜色范围，当我们调整 Yellow Hue 的色轮时，下方的色带改变只发生在四个滑块对应的区域中。我们可以移动四个滑块来修改该通道的颜色范围选区，同时也可以影响下方色带的颜色偏向结果。

<2> 亮度与饱和度

经过色轮的调整以后，最后我们解决亮度与饱和度的问题，如 7-45 所示。

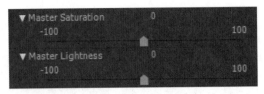

图 7-45

在图 7-45 中，Master Saturation 和 Master Lightness 可以调整当前 Channel Control 的颜色饱和度与亮度。并且，这两个参数的名字会根据不同的 Channel Control 通道选项而改变，从而调整不同通道中的饱和度与亮度值。

<3> 图像颜色风格化

除了对图像进行色相、饱和度、明亮度的设置，也可以对图像进行整体色彩化调色。如图 7-46 所示。

图 7-46

在勾选图 7-46 中的 Colorize 选项后，可以对整个图片进行单一色彩风格的设置，整个图像颜色会以一种颜色类型进行显示。

Colorize Hue：该选项可以选择为整个图像进行色彩化着色的颜色。

Colorize Saturation：调整色彩化着色颜色的饱和度。

Colorize Lightness：调整色彩化着色的颜色的亮度。

第 8 章 内置滤镜

8.1 After Effects内置滤镜与效果

在 Effects&Presets 功能面板中可以快速搜索内置滤镜与效果，如图 8-1 所示。

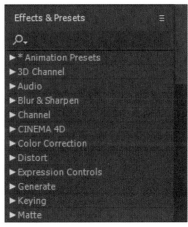

图 8-1

8.2 色彩校正滤镜

我们在之前的章节里学习了调色的基础知识。在这里对调色类相关的其他常用功能做一个简单介绍，以辅助调色。

Color Balance：可以分别调整图像中暗部、中间调、亮部中红、绿、蓝的颜色。
Gamma/Pedestal/Gain：该效果可以调整红、绿、蓝各自的灰度系数、基值、增益。
Tint：又被称为"浅色"，用来设置整个图像的亮部与暗部的颜色。
Brightness&Contrast：调整整个图像的亮度与对比度。
Lumetri Color：强大且综合的调色插件，可以调整颜色的色相、曲线、色温等。

8.3 扭曲滤镜

Distort 的主要作用是对图层图像产生变形。

<1>Bezier Warp

Bezier Warp 会为图像添加一些锚点，然后拖动这些锚点的位置，就可以使图像变形。在制作翻页类似效果时，这个功能很好用，如图 8-2 所示。

图 8-2

<2>Bulge

Bulge 可以放大图层的某个区域，可以制作出一些很有趣的扭曲效果，如图 8-3 所示。

图 8-3

对 Bulge 的主要功能做一个了解即可。

Bulge Center：设置凸出效果的中心位置。

Horizontal Radius 与 Vertical Radius：设置凸出效果的水平半径与垂直半径。

Bulge Height：设置凸出效果的高度。

Taper Radius：设置凸出锥形的半径。

Antialiasing：设置消除锯齿的效果。

Pinning：设置图片在合成界面边缘处的扭曲固定。

我们任意调整一下参数，试试效果，如图 8-4 所示。

图 8-4

<3>Magnify

Magnify 可以放大图层的某个区域，在制作一些动画效果时经常会使用这个效果，如图 8-5 所示。

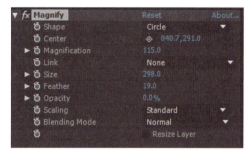

图 8-5

主要常用功能：

Shape：设置放大镜的形状。

Center：设置放大镜的中心。

Magnification：设置放大率。

Link：设置放大后的范围。比如将大小设置成想要的放大率。

<4>Displacement Map

Displacement Map 可以读取其他图层的颜色信息来为当前图层产生置换扭曲效果。相对来说需要你理解好色彩的概念，而且你要理解计算机不过是读取一些数值然后把这些数值提供到其他地方进行使用。学习完表达式以后再来理解它会更加容易。

<5> Liquify

Liquify 可以直接通过快捷工具扭曲图像，极为方便，如图 8-6 所示。

图 8-6 中红框标识的就是不同的液化造型工具，它的效果与图标一样易懂，你可以选择这些工具直接在预览窗口中尝试一下。

Pucker Tool Options 可以调整液化使用的笔刷，而 View Options 可以设置扭曲网格的位置与扭曲强度的百分比。

图 8-6

<6>Mesh Warp

Mesh Warp 会为图像生成网格，修改网格的位置可以让图像产生扭曲，效果如图 8-7 所示。

图 8-7

这些网格变形经常会用来扭曲一些图像画面，做一些细微的调整让视觉效果看起来更好。

<7>Optics Compensation

Optics Compensation 可以扭曲镜头产生变形效果，帮助你模仿一些不同类型的镜头的效果，如图 8-8 所示。

图 8-8

<8>Polar Coordinates

Polar Coordinates 可以扭曲整个图层，具体方法是将图层坐标系中的每个像素调换到极坐标系中的相应位置，反之亦然。此效果会产生反常的和令人惊讶的扭曲，如图 8-9 所示。

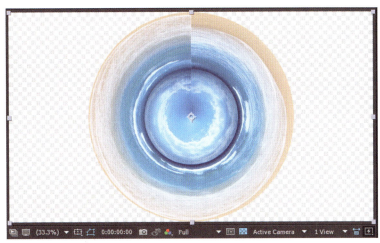

图 8-9

<9> Twirl

Twirl（旋转扭曲）可以以旋转的方式扭曲图层，当它与 Polar Coordinates（极坐标）互相配合使用时，可以产生很多漂亮的效果，如图 8-10 所示。

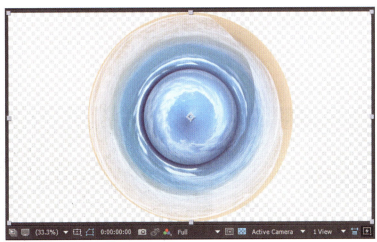

图 8-10

<10> Ripple

Ripple 可以在图层上模拟水波纹的效果。

<11> Turbulent Displace

Turbulent Displace，又被称为湍流置换效果，它可以在图像中创建湍流扭曲效果。是一个比较重要的扭曲类插件。通常会配合不同的图层制作出水纹、烟雾、旗帜飘动等不同的扰乱效果，其参数如图 8-11 所示。

Displacement：对应的下拉菜单中有不同的扰乱置换的效果，如图 8-12 所示。

图 8-12 的效果大部分都很直观，我们对照中文可

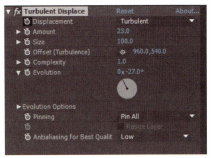

图 8-11

以很容易地理解，如图8-13所示。

图 8-12

图 8-13

8.4 生成滤镜

Generate 可以利用图层生成诸多不同的效果。

<1> 4-Color Gradient

4-Color Gradient 可以为图层着色，而且在颜色之间会发生渐变，是一个非常有趣的、也很实用的效果，其参数面板如图8-14所示。

在图8-14中，我们可以单击四个颜色的坐标点，然后在预览窗口中定位它们，并且可以设定它们的颜色。当你进行这个尝试以后，你会发现它的功能直接且简单。简单尝试一下，可以实现图8-15所示的效果。

图 8-14

图 8-15

图8-15中的图案都是图8-14中四个颜色定位后渐变的效果，通过这个插件我们可以很好地点缀很多的图案，甚至为字体添加丰富的颜色。

Blend：影响颜色之间的渐变过渡，该参数的数值越高，四个颜色之间的混合程度越高。该参数的数值越低，颜色之间的区分度越高，并且融合的部分也越少。

<2> Fill

Fill 效果经常用于为某个图层填充颜色，其参数面板如图8-16所示。

图8-16中的 Color 可以为整个图层设置填充的颜色。一般情况下是完全填充给整个图层，如果你想只填充图层的一部分，应该使用 Fill Mask，在它对应的下拉菜单里，选择图层中需要填充颜色的 Mask，颜色就会只填充在该 Mask 的范围中。当然，你应该要知道图层中的 Mask 可以在它的叠加模式中设置成 None，以保留遮罩的选区信息，让这些数据能够被其他插件调

取使用，但是不对图形进行抠像等影响。

Horizontal Feather 与 Vertical Feather：羽化水平与垂直方向的颜色，填充羽化值。

<3> Stroke

Stroke 可以读取图层中的遮罩信息并进行描边，在你绘制一些路径的时候这是一个非常方便的功能，参数面板如图 8-17 所示。

图 8-16

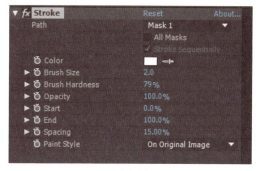

图 8-17

Stroke 是怎么读取遮罩信息的呢？例如，我们新建一个固态层（当然别的类型的图层也可以），然后使用钢笔工具绘制出任意的遮罩路径以后，在 Stroke 效果的 Path 选项中找到遮罩信息，然后对它进行描边，如图 8-18 所示。

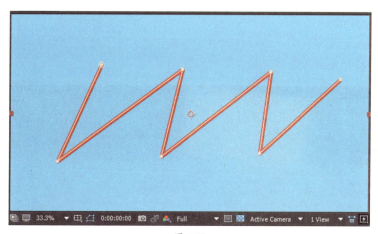

图 8-18

图 8-18 就是使用钢笔工具任意绘制的遮罩路径，遮罩未必需要全封闭的路径。如果是全封闭的路径，那么记得把遮罩叠加模式设为 None，即仅仅是把遮罩路径数据提供给插件使用。这些功能可以让你制作路径动画，还可以制作很多文字书写动画等。

<4> Circle

Circle 效果可以制作不同大小的圆形或者圆环，该效果在制作一些 MG 动画时非常好用，其参数面板如图 8-19 所示。

我们为某个图层使用 Circle 效果以后，原图层就被隐藏，只显示 Circle 插件的效果。很多插件

图 8-19

类效果都会隐藏原始图层，仅仅用来给插件生成其他效果。所以，通常会把这类插件效果添加给一个固态层。

Center：设置圆圈的中心位置。

Radius：设置圆圈的半径。

Edge：设置圆圈的边缘类型，下拉菜单选项如图 8-20 所示。

图 8-20 中的参数属性都比较直观，我们对照中文表即可明白，如图 8-21 所示。

图 8-20

图 8-21

Not in use：根据你在 Edge 选择边缘的类型，自动调整名称，然后拖动滑块调整边缘的大小。

Feather：调整圆心羽化值。

Invert Circle：勾选该选项以后，反向预览窗口中的圆形图案。

Color：设置图案颜色。

Opacity：设置图案透明度。

Blending Mode：设置形成的图案与原始图案之间的叠加模式。

<5>Gradient Ramp

Gradient Ramp 通常是生成一个颜色渐变的图层，通常作为重要贴图提供给其他插件与图层使用，如图 8-22 所示。

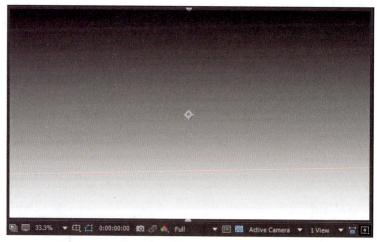
图 8-22

当你越来越深入 After Effects 的学习以后，会更加懂得如何将这种黑白渐变的图层作为置换贴图来使用，这同样也需要你以数值的思路来分析。

<6>Grid

Grid 效果生成网格的效果如图 8-23 所示。

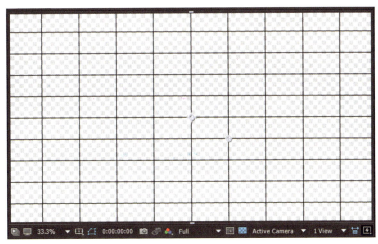

图 8-23

<7>Audio Waveform

Audio Waveform 可以读取其他图层中的音频，然后生成相应的波形。

第 9 章 MG动画

9.1 绘制图形的基本知识

9.1.1 形状图层的基本操作

我们可以用各种工具绘制不同的形状，然后它们会被保存在形状图层中。钢笔工具是 After Effects 中重要的绘图工具，我们可以用它来创造路径，也可以用它来编辑与修改路径。钢笔工具属于矢量绘图工具，其优点是可以勾画平滑的曲线，在缩放或者变形之后仍能保持平滑效果并且不失真。用钢笔工具画出的路径是矢量的，且路径也可以是不封闭的开放状态。如果把一个钢笔工具绘制的路径的起点与终点重合，我们就会得到一个封闭的路径。

这听起来很酷，但在我们自由使用钢笔工具创造形状之前，先了解一下基本的形状工具，并且尝试使用它们，形成一个初步的印象以后，才能更好地掌握这个工具。在 After Effects 中，形状绘制工具给我们提供了一些基本的形状工具，如图 9-1 所示。

图 9-1

在图 9-1 中，我们使用鼠标左键单击工具栏上的形状工具图标，就可以显示绘制不同形状的下拉菜单。也可以单击图标以后，按快捷键 Q 来切换不同的形状绘制工具。

<1> 绘制一个形状图层

1. 创建一个合成文件。
2. 单击菜单栏的形状图层按钮，随意选择一个形状绘制工具，例如 Rectangle Tool。
3. 将鼠标光标放在预览窗口中，按住鼠标左键不动并进行拖动，调整到你想要的大小、形状，松开鼠标左键就可以得到一个基本形状，如图 9-2 所示。

可能你们的图形颜色与图 9-2 的并不一样，或者只有图形线条而没有填充的颜色，这不要紧，至少你已经掌握了形状的绘制。

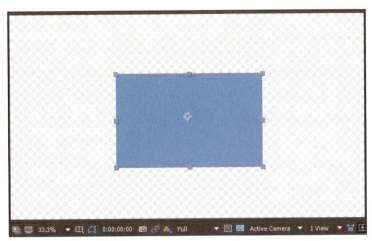

图 9-2

<2> 形状图层的常见属性

在绘制出一个形状以后,并不能够直接达到我们需要的效果,接下来我们对两个常见属性进行一些简单的设置,就可以任意更改形状图层的填充颜色与线条粗细,如图 9-3 所示。

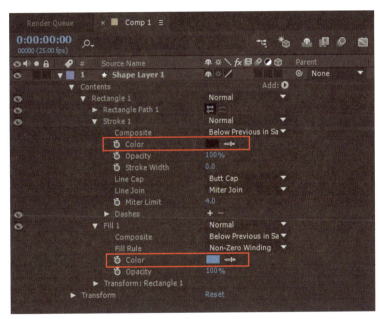

图 9-3

在图 9-3 中,通过时间轴面板选择 Shape Layer1,这是我们创造第一个形状以后自动生成的形状图层。该图形隶属于 Shape Layer1,被系统自动命名成 Rectangle 1。需要注意,我们所有的形状都会被自动归纳到一个形状图层中,这两者的关系在随后会有详细的讲解。

现在,我们先找到图 9-3 中用红框标识的 Stroke1 与 Fill 1 下的两个属性。这两个属性的作用分别是调整形状的边缘色和形状的填充色。这两个颜色设置在工具栏上也有快捷方式,如图 9-4 所示。

图 9-4

图 9-4 中的三个功能分别是填充颜色、填充边缘颜色、设置边缘大小。我们可以用这三个功能快速修改图形与边缘的颜色,还可以修改边缘路径的大

小，如图 9-5 所示。

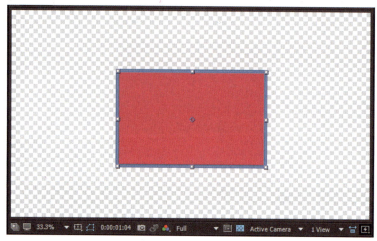

图 9-5

在图 9-5 中，我们使用 Fill 1 对 Rectangle 1 的颜色进行填充与修改，把它从蓝色修改成了红色，此外我们也修改了 Stroke1 的颜色与大小。我们可以在 Rectangle Path 1 的下拉属性列表中找到这些参数的设置，并且修改 Color、Opacity、Stroke Width 等参数。如果你不想为图层填充任何颜色，也是可以的，那么该如何修改它们呢？

我们先在时间轴面板上选中 Rectangle 1，在使用任何工具前都要记得先选择正确的对象。然后在图 9-4 中单击 Fill 或者 Stroke，会弹出对话框，如图 9-6 所示。我们了解一下这个面板的主要参数。

Solid Color 对应了四种颜色填充的方式。

1．带有斜杠的标签表示"不填充颜色"。
2．颜色填充。
3．线性渐变颜色填充。
4．发散式渐变颜色填充。

单击选择不同的模式就会有对应的效果，建议大家都尝试一下以便更好地理解相关内容。

图 9-6

除以上内容之外，在形状的操作中，还有很多的属性可以使得这些图形发生变化，以达到你需要的效果，尽可能动手探索一下，并且打上关键帧去观察它们的变化。

9.1.2 如何将不同的形状归纳到一个整体形状图层中

<1> 形状图层与形状的区别

这是个好问题，也非常重要。我们要清楚两个不同的概念——形状图层与形状的差别。形状图层是一个图层，我们任意绘制一个形状就会自动生成一个形状图层，一般来说它会被自动命名为 Shape Layer 1，如图 9-7 所示。

图 9-7

在图 9-7 的红框里，字母 A 标记的 Shape Layer 1 表示一个形状图层。而字母 B 所标记的 Rectangle 1 则是包含在这个形状图层的图形形状。

这两者是有区别的，直接的理解是：该形状包含在这个形状图层中。我们可以把形状图层理解成一个容器，而不同的形状都可以储存进去，你想把多少个形状储存在其内都可以。然后展开形状图层下拉菜单中的 Contents，就可以找到它们。

<2> 多个形状如何组合在一起共同操作

虽然现在我们可以绘制出一些固定形状的图形，但如果我们想让它们作为一个整体发生一点变化，就会很麻烦。比如说我们用圆形和矩形拼凑出一个字母"i"，如图 9-8 所示。

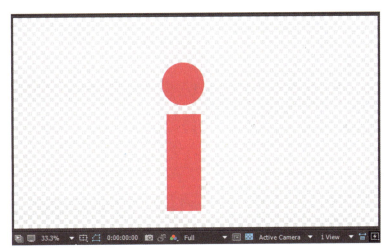

图 9-8

在图 9-8 中，红色字母"i"由一个含有圆形图形的形状图层，与一个含有矩形图形的形状图层组合而成，这是两个独立的图层。此时时间轴面板上的两个图层的位置如图 9-9 所示。

图 9-9

如果现在我们想要把字母"i"从预览窗口的左侧移动到右侧的话。意味着我们要分别移动字母"i"上半部分的形状图层和下半部分的形状图层。如果再做一些复杂的关键帧，这两个部分都是需要独立操作的，并不能视为一个整体来统一操作。

可能有人觉得如果我使用父子级关系呢？使用父子级关系的时候，若其中一个图层发生变化，另外一个也会发生相应的变化。

假如你对字母"i"的两个形状图层绑定父子级关系。比如，你把字母"i"下方的矩形进行平移，上方的圆形也会相应地平移并且保持同样的位置，甚至做旋转的时候也会跟着一起旋转，这看起来似乎无懈可击。如果你对这些物体的控制需求永远只是一些简单的整体平移、旋转等基本操作，问题倒也不大。但是如果你要把它们视为一个整体，制作一些特效，绑定一些骨骼的时候，弊端就出现了。因为效果只会添加给一个图层，也只会影响被添加效果的图层。那么，当形状很复杂的时候，并不可能对每个形状图层都去添加一个同样的效果，然后再加上同样的关键帧，并调整到同样的参数与关键帧。试想一下，当你的图形无比复杂的时候，你该有多崩溃呢？

当然，也有人会说，如果我使用创建预合成把他们变成一个预合成呢？如果这样做的话，它们当然会成为一个整体，但是 MG 动画动辄几十层甚至数百层的组合，你是不是也得预合成几十个甚至数百个呢？可能你还得用笔去记一下，"手臂和手的合成在第 7 个合成里""脚部在第 12 个合成里"，这样显然也是非常烦琐且不现实的。

所以，当我们面对各种复杂图形组合出来的图形时，要把它们做成一个整体进行控制。比如，它们可能是一个卡通人，或者一栋房子，或者一串字母。可以根据我们的需要，把他们做成一个整体，以便统一操作。还是以这个字母"i"为例，当我们换一个方式进行绘制的时候，它们就会成为一个整体。

1. 先绘制出一个圆形，如果是其他的复杂图形，做出第一个你想要的形状。系统会自动生成一个形状图形，并且把该形状归纳到其中。

2. 在时间轴面板上，用鼠标左键单击选择一个你想作为"容器"的形状图层。比如我们用左键单击一下 Shape Layer 1，使得它处于被选择的状态。因为，我们打算让 Shape Layer 1 里再包含更多的形状，如图 9-10 所示。

图 9-10

在图 9-10 中，被选中的图层会处于被选择的状态。在保持这个状态的情况下，再单击其他形状工具或者钢笔工具来绘制新的图形。我们选择再绘制出一个矩形，如图 9-11 所示。

现在我们同样得到一个字母"i"，对比图 9-12 与图 9-10 的时间轴面板会发现：在图 9-10 中，字母"i"是由时间轴面板上的名字为 Shape Layer 1 与 Shape Layer 2 的两个独立的形状图层组合而成的。而在图 9-12 中，则只有一个名为 Shaper Layer 1 的形状图层，如图 9-12 所示。

在图 9-12 中的 Shape Layer 1 中单击下拉菜单的 Contents 会发现，这个形状图层包含了 Ellipse 1 和 Retangle 1 两个形状。这两个形状就是我们在合成预览窗口中看到的圆形和矩形。只不过，现在他们都只属于一个形状图层。

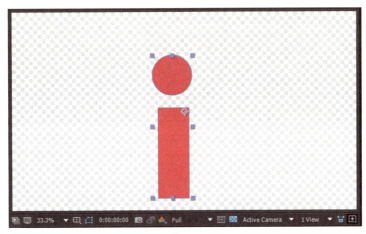

图 9-11

图 9-12

如果你要对 Shape Layer 1 加一些效果的话,形状图层就会作为一个整体对所有图形起作用。同样的,以后对形状图形进行绑定时,形状图层也是被视为一个整体起作用。

所以,知道形状图层与形状的区别,并掌握这一绘制方法是很重要的。

在绘制一个或者若干形状图层以后。大家可以选择其中任何一个形状图层添加形状。在你操作的时候,你在时间轴面板上左键单击选择的形状图层会被视为一个"容器",此时若再进行更多的形状绘制,新绘制的形状都会被自动合并到你所选择的形状图层中。此时它们都会被归纳到同一个形状图层中而被控制,只不过这个形状图层下包含了很多形状元素或者路径。

同样,你也可以重新选择不同的形状图层,再把新绘制的图形放到不同的图层里。这就很像你可能拥有好几台冰箱,你根据自己需要或者喜好,选择了一台冰箱,然后把一些不同东西统统放进去,无论是矩形,还是圆形、五角星,任何形状都可以装进去。最后,当你关上冰箱的时候,这就是一个整体。

所以,当你以后想画很多的复杂图形时,比如一面国旗,可以养成一个好习惯,记得把它们绘制在一个形状图层中,而不是在时间轴面板上堆很多的形状图层,以免让人眼花缭乱。不过问题还可以再深入一点。如果一个形状图层又包含了很多的形状元素,能不能对形状元素进行分组且方便浏览或者控制呢?当然是可以的,形状图层本身也能够实现分组,并且分组也能够进行独立操作。

9.1.3 单独调整形状图层中所包含的图形的属性

<1> 形状图层的属性组

形状图层可以有变化,形状图层包含的属性也可以有单独的变化。两者的区别在图 9-13 上可以看到。

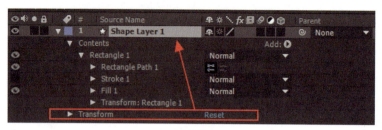

图 9-13

在图 9-13 中，用红框圈出了 Transform 属性组，属性的变化是以形状图层为基础的。

Transform:Rectangle 1 属于 Rectangle 1 属性组的变化。如果你对之前文本图层中关于范围选择器中的属性隶属关系理解得很好，那形状图层中的属性隶属关系对你而言就相对简单得多。现在，我们单击展开 Transform 属性组，如图 9-14 所示。

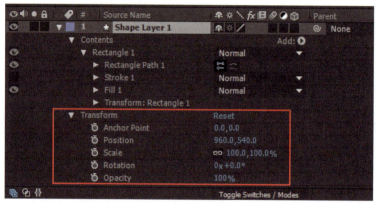

图 9-14

当展开 Transform 属性组以后，界面中会列出了几个基本的变化属性。Anchor Point 是这个形状图层的中心。它的数值默认是 0，该值表示形状图层偏离默认中心点的距离，这个功能在 MG 动画中会经常用到。你直接改变它的数值的时候，形状图层会发生位移变化，但其实并不是它的位置发生了变化，而是它的中心发生了变化，这看起来很类似 Position 的改变。因为这两者极容易被搞混，所以我一般会使用工具栏中的 Pan Behind（Anchor Point）Tool，通过这个工具可以直接调整一个图层的中心点，如图 9-15 所示。

图 9-15

图 9-15 中红框所圈的工具就是 Pan Behind（Anchor Point）Tool。以形状图层的旋转为例，如果保持 Anchor Point 的默认属性不变，我们旋转图层，效果如图 9-16 所示。

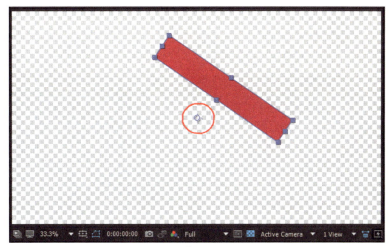

图 9-16

在图 9-16 中，我任意绘制了一个矩形，然后在 Transform 中选择 Rotation，旋转任意角度。它会紧紧围绕着图 9-16 中的红色框标出的锚点中心进行旋转。它的时间轴的 Anchor Point 的数值如图 9-17 所示。

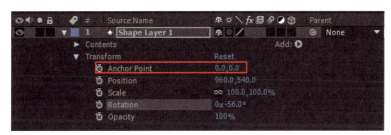

图 9-17

此时，如图 9-17 中的红框标记处所示，Anchor Point 的数值是默认数值 [0,0]。如果我们选择 Shape Layer 1，然后单击 Pan Behind（Anchor Point）Tool，再在改变这个中心锚点的位置后旋转，效果如图 9-18 所示。

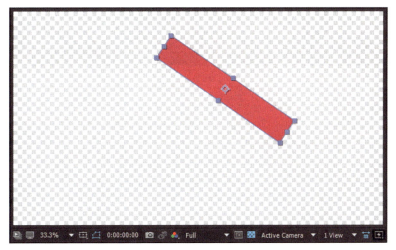

图 9-18

在图9-18中，我把 Anchor Point 移动到了形状的中心，放在了 Rectangle 1 这个形状的中间。此时在 Transform 中选择 Rotation 属性进行旋转的时候，整个图层会围着这个新的中心进行旋转。我们再看一下时间轴中的 Anchor Point 的数值，如图9-19所示。

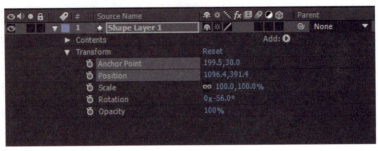

图9-19

在图9-19中，我们可看到 Anchor Point 的数值已经不再是默认的 [0,0]，而是使用 Pan Behind（Anchor Point）Tool 新打上的中心锚点的数值。如果你留心观察，Position 属性也发生了变化，不过在预览窗口中，Shape Layer 1 的位置看起来没有什么改变。这些知识在图层有关的章节里有详细的介绍。

最后，Transform 中的 Position、Sale、Rotation、Opacity 等属性的作用也很直观，名称即表达了作用，并且也都是围着 Anchor Point 为锚点中心进行变化的。了解这些基础属性后，为了搞清楚"形状图层"与"形状"的差别，我们再对形状图层中形状的属性变化进行研究。

<2> 形状图层中形状的属性变化

我们把 Shape Layer 1 的属性先全部重置，只研究它所包含的 Rectangle 1 的 Transform:Rectangle 1 属性组的作用。如果我们不想改变 Shape Layer 1 中的 Transform 的任何属性，依然希望 Rectangle 1 产生一些属性变化，应该怎么做？

我们应该理清楚图层属性之间的层级关系，或者说是隶属关系，如图9-20所示。

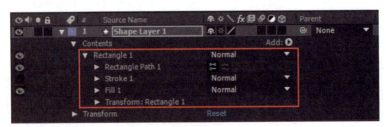

图9-20

在图9-20中，红框标识的区域就是 Rectangle 1 自有的一套属性组，除了基本的路径、填充颜色、描边，还有它的自身变化属性组 Transform:Rectangle 1。这是属于 Rectangle 1 的独立属性组，调整它们不会影响到形状图层。当我们展开这个属性组以后，界面如图9-21所示。

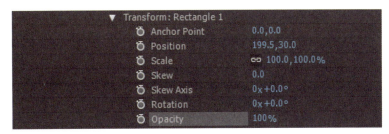

图 9-21

图 9-21 中的 Transform:Rectangle 1 属性包含了图层基础属性的全部属性（同名属性的功能都是一致的），并且还多出了两个属性。

Skew：它可以让形状发生倾斜变形。

Skew Axis：这个属性是针对 Skew 属性的，用于调整倾斜的中心轴。

如果我们再为 Shape Layer 1 添加一个形状，比如 Polystar 1，结果如图 9-22 所示。

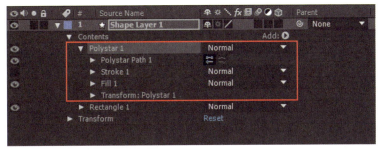

图 9-22

我们在图 9-22 中的红框部分可以看到，Polystar 1 有它的独立属性组。这就说明每个形状图层中的形状都有互不干扰的独立属性组。当你理解了属性的层级关系以后，就会知道当形状图层的属性组发生改变时，必然会影响它包含的全部形状，而形状的属性发生改变则不会影响到形状图层与其他形状。

9.1.4 如何分组控制形状图层下的元素

对于复杂的图形，如果我们使用形状图层制作出了一长串的字符，或者很多令人眼花缭乱的图形，该如何有效管理？假设某个形状图层是一个书架，那在书架上放置的各种书籍就好比你绘制的各种图形与路径，它们都放在了这个书架上，但是你希望经济类的放一起、文学类的放一起等。这时，对这些元素进行分组就显得尤为必要。

如果我们新建一个形状图层 Shape Layer 1，并且在这个图层中包含 6 种形状，（当然也可以更多），它们在合成预览窗口中的效果如图 9-23 所示。

图 9-23 中的 6 个形状，分别用阿拉伯数字标记了 1 到 6，并在时间轴面板中分别对应了相应名称。

1 号形状，Rectangle 1。

2 号形状，Rectangle 2。

3 号形状，Ellipse 1。

4 号形状，Polystar 1。

5 号形状，Polystar 2。

6号形状，Shape 1，使用钢笔工具任意绘制的一个形状。

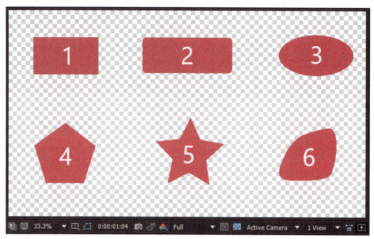

图 9-23

此外，这些形状的名字都是系统自动生成的，可以用鼠标右键单击形状的名字并进行编辑。此时的时间轴面板如图 9-24 所示。

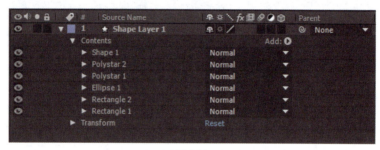

图 9-24

假设，我们需要把 Rectangle 1 与 Rectangle 2 归为一组，然后进行统一的缩放、变形、旋转等操作，应该怎样做呢？

1. 选择对象：按住键盘上的 Shift 键，依次单击 Rectangle 1 与 Rectangle 2 进行加选。
2. 按一下 Ctrl+G 组合键编组，结果如图 9-25 所示。

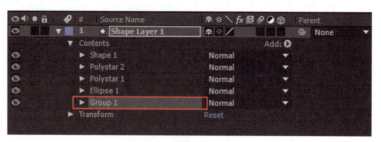

图 9-25

图中用红框标识出了新生成的分组，新分组被自动命名成 Group 1，并且自身也具有独立的属性系统 Transform:Group 1，这一组新的变化属性是视 Rectangle 1 与 Rectangle 2 为一个整体起作用的。

如果我们此时把 Polystar 1 与 Polystar 1 归为一组，就会自动形成一个 Group 2 分组，然后形成它们自己独有的属性系统 Transform:Group 2。甚至每个分组还可以进行加选再合并到一个新组中，然后拥有它的独立属性系统。不过，大部分情况下事情不会变得这么复杂，基本上理解清楚基本的"形状图层""形状""分组"属性的系统关系，就已经足够应付绝大部分形状的使用与变化了。

9.2 如何制作自己想要的图形

9.2.1 如何使用 After Effects 中的钢笔工具

<1> 使用钢笔工具的简单练习

我们新建合成以后，在菜单栏中找到钢笔工具，如图 9-26 所示。

图 9-26

图 9-26 中红框所标记的就是钢笔工具，单击它，然后在预览窗口上任意单击、拖动，感受一下。比如你可以绘制任意一个多边形，这是固定的形状工具做不到的，如图 9-27 所示。

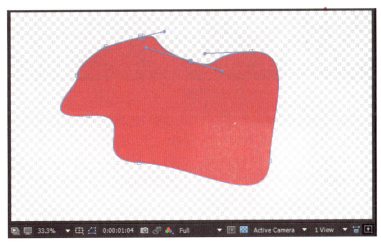

图 9-27

在图 9-27 中，我使用钢笔工具漫无目的地绘制了一个形状，并且具有多段曲线。你可以看到用钢笔工具单击过的锚点处会显示手柄，在你使用钢笔工具的时候，单击与拖动它们可以创造出各种曲线。

<2> 钢笔工具绘制的形状同样具有形状的各种属性参数

只要你选中钢笔工具，然后在合成面板上任意单击与拖动，调整这些小手柄并且观察它们的变化，你就会直观地感受到原来这就是大名鼎鼎的钢笔工具。它的使用方式非常直观、简单，单击、拖动，不断地尝试可以获得直观的感受，这是第一步。

相信你经过尝试也可以很容易地描出一个多边形，或者描出一个字母"S"的路径等，你也可以绘制心形图案并且连起来。

尝试使用前面介绍过的知识，改变它的粗细、颜色，也可以把 Fill 设置成空值，观察钢笔所画的路径，如图 9-28 所示。

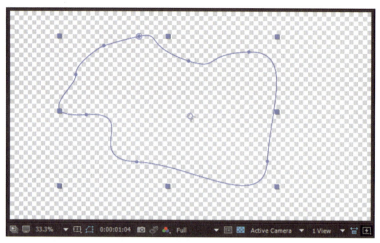

图 9-28

现在，我们展开看一下钢笔工具在形状图层的属性，如图 9-29 所示。

图 9-29

在图 9-29 中我们可以清楚地看到，使用钢笔工具绘制的图形具有独立的属性系统。使用钢笔工具创建的形状，类似之前使用 Rectangle Tools 绘制出来的形状，它们在本质上没有差别，依然可以使用 Fill、Stoke 等属性工具进行设置。此功能自动生成的名字为 Shape 1、Shape 2 等，你可以用右键单击 Shape 1，在弹出的快捷菜单中选择 Rename，就可以改成你需要的名字了。就是这么简单。

9.2.2 钢笔工具的常见操作

在我们使用鼠标左键按住工具栏中的钢笔工具不动时会弹出图 9-30 所示的分支工具。

这些工具的功能非常直观。

Pen Tool：钢笔工具。

Add Vertex Tool：增加点工具。

Delete Vertex Tool：删除点工具。

Convert Vertex Tool：顶点转换工具。

Mask Feather Tool：蒙版羽化工具。

图 9-30

这些工具可以满足初学者最常用的需求。

切换工具的方法是用鼠标按住钢笔工具的图标不动，在弹出的下拉菜单中选择需要的工具。

<1> 路径点与图形边框点

如果觉得线条中有些地方还不够圆滑，需要再增加点弧度或者增加一些锚点，该使用什么

工具？

应该使用 Add Vertex Tool。

如果觉得线条中间的锚点太多了，需要删除几个，应该使用什么工具？

应该使用 Delete Vertex Tool。

这很明显是一对组合，它们的使用也很简单。我们先使用钢笔工具在预览窗口中画一条直线。画直线的方法很简单，使用钢笔工具时按住 Shift 键就可以绘制出直线，如图 9-31 所示。

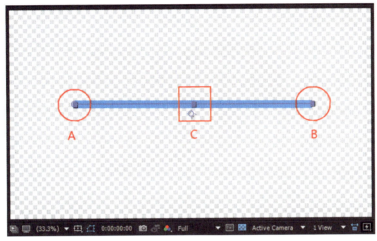

图 9-31

在图 9-31 中，我使用钢笔工具单击了 A 和 B 两个点，形成了一条直线。我们首先要解决的问题是找到绘制的路径点。

需要注意的是，这张图中的 C 点并不是我用钢笔工具打的路径点。读者在初学使用钢笔工具时，很可能会在画直线的时候误以为自己在这里添加了一个路径点。这个 C 点其实是"一个形状"的边框标记，只是重叠了而已。为了清楚说明这个问题，在图 9-32 中我换一个方式画了一条路径，仔细观察你就会发现问题。

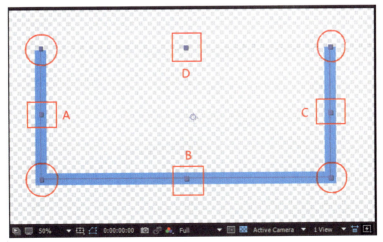

图 9-32

在图 9-32 中，D 所标记的点并非我们使用钢笔工具绘制的路径点，它其实是一个形状自己会生成的边框标记，只是看起来跟路径点一样。在图 9-32 中，我把使用钢笔工具添加过标记点的地方用红色圆形标记了出来。而图形自身拥有的边框点，跟我们用钢笔工具添加的路径点没有任何关系，它只是任何一个形状都带有的一个标记。边框点只与 Shape 1、Rectangle 1 这些形状与图层的概念有关。这些边框点与路径点有时候会重合，尤其是绘制规则的形状时。它们看起来跟使用钢笔工具添加的路径点似乎一模一样，所以会让人产生一定的误会。但是知道这个差别，并且熟练使用工具以后，就能一眼分辨出来。我们只要绘制一个不规则的形状就可以很容易地分辨这种情况，如图 9-33 所示。

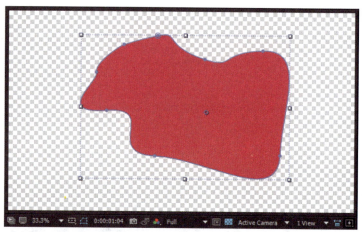

图 9-33

在图 9-33 中，我们可以看到形状路径点几乎跟边框点不再重合了。在你需要修改形状路径点时，首先要区分开这两者的区别，你可以拖动这些边框点对形状进行拉伸与压缩变形等操作。这样你应该能理解它们的意义与作用了。

<2> 为路径增加或删除一个路径点

现在，我们回到图 9-31 中。图 9-31 中只有一条包含 A、B 两个路径点的直线。假设我们要在直线中间增加一个锚点，首先在时间轴面板上选择对应的形状，然后到工具栏上单击 Add Vertex Tool，最后在路径中任何你想要的位置单击一下，添加一个路径点。此时，就会为原来的路径添加一个路径点。如果你拖动新的路径点，就可以将直线变成其他形状，如图 9-34 所示。

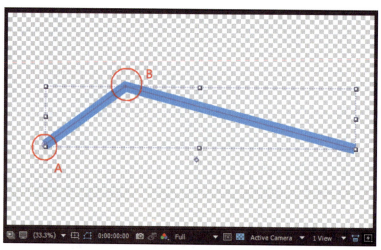

图 9-34

图 9-34 比较具有代表性，B 处的红色圆形所标记的路径点，就是刚才使用 Add Vertex Tool 添加的新路径点，并且拖动了一下以后改变了图形的形状。此时，你会发现一个形状或者图层会有八个边框点，你只画一条直线也一定有八个点，只不过很多点都重叠了而已。

仔细观察在图中 A 点红色圆圈标记的路径点，你会发现路径点与图形边框点是有区别的，并没有完全重合在一起。滚动鼠标中间的滚轮，把这些细节放大，可以看出来路径点和边框点并没有完全重合，它们的位置是有一点点错开的。对新手来说，在没经验时就会以为多了很多路径点，然后进行错误的操作。

当你想删除 B 处的路径点时，单击 Delete Vertex Tool，再单击图 9-34 中 B 处的路径点。此时就会删除掉 B 处的路径点，图像又会变成原来图 9-34 所示的直线。

这里有一个小经验：对于初学者来说经常会遇到一个操作麻烦，当想修改路径时，总是会点不到路径点。不是点在形状图层级，就是点在别的什么上面，而不是路径点上。问题出在哪里呢？这是因为没有选择正确的操作对象。我们使用任何一个工具之前都要选择正确的对象，如果要改变形状图层的属性，那么要选择时间轴面板中的形状图层，然后进行操作。同理，如果我们要对形状图层包含的一个形状里的路径进行修改，应该如何选择？如图 9-35 所示。

图 9-35

在图 9-35 中，用红框标记的 Path 1 包含了路径与它上面所有的路径点，这些路径点互相连接形成了路径。路径包含的范围形成了面，面可以填充颜色，而路径就形成形状的边缘线。当你想使用钢笔工具修改路径点时，自然需要找到对应的形状图层，选择正确的形状，并且选择它的路径再进行操作。此外，如果你的形状中只有一个路径，那么选择形状也可以对路径点进行操作。

<3> 路径点的位置是曲线还是一个棱角

你很快就会发现一个新问题，为什么图 9-34 中的 B 处形成了一个折角，而有时候使用钢笔工具绘制的路径是一些曲线，如何切换这两种顶点转角方式呢？Convert Vertex Tool 就是用来解决这类问题的，曲线与棱角之间的切换可以使用它。

以图 9-34 为例，首先在时间轴选择正确的路径，然后在工具栏选择 Convert Vertex Tool，并单击 B 处的锚点，我们将得到如图 9-36 所示的结果。

在图 9-36 中，可以看到图 9-34 的 B 处已经变成了弧形，并且左右两侧根据贝济埃曲线的自动计算，形成了两个手柄，拖动两个手柄进行上、下、左、右的移动，或者拉长、缩短，就可以形成各种弧度。并且这一张图里没有了边框标记的干扰，我们可以清晰地看到这个路径其实只有三个我们绘制的路径点。对比图 9-34 可以更加直观地看出这个区别。

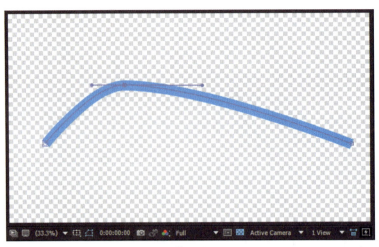

图 9-36

<4> 路径动画问题

很多 MG 动画都是依靠路径的变化而制作的，所以当我们为 Path 添加关键帧以后就会形成变形效果，并且这些关键帧也会自动计算添加、删除、转换顶点的动作。

我们做一个简单的测试就可以掌握这个技巧。首先任意绘制一个多边形，如图 9-37 所示。

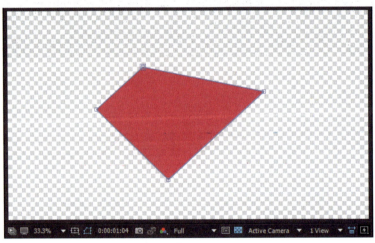

图 9-37

图 9-37 显示了一个具有四个路径点的多边形，此时我们可以为它的路径添加一个关键帧，然后拖动时间线面板上的时间指针，移动到你想要的位置上，然后修改这个多边形的形状，如图 9-38 所示。

我们在其他的时间位置把形状修改成了图 9-38 所示的图案，你可以看到不但转换了路径点的顶点，还增加了顶点、移动了位置。此时，在 Path 上再次添加关键帧，播放预览，就可以看到从图 9-37 变化到图 9-38 的过程。很多 MG 动画中的流体、有趣的效果，甚至表情动画，都是用这种方式制作的。当然，这也是一个很需要耐心的事情。

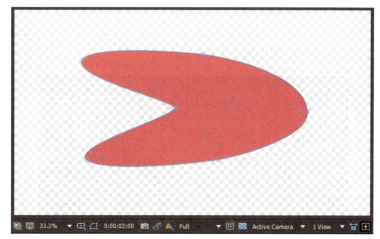

图 9-38

<5> 将多个路径归纳到同一个形状中

我们在使用形状的时候,要注意每个形状都是由路径组成的,如图 9-39 所示。

图 9-39

图 9-39 中用红框所标识的 Path 1 构成了 Shape 1 的形状。所有的形状都是由路径构成的。这个路径是使用形状绘制工具或者钢笔工具描绘出来的。所谓的 Stroke 就是描绘路径。

这里有一个问题:一个形状是不是也可以包含多个路径?当然是可以的。一个形状图层可以包含多个形状,一个形状也可以包含多个路径,多个路径共同组合成一个复杂的形状。我们为图 9-39 的 Shape 1 再添加一条路径试试。

首先,选择正确的对象。如果你在时间轴面板上选择 Shape Layer 1,然后到预览窗口中绘制,则新绘制的图形会被归纳为新的形状。我们在预览窗口中任意绘制一个形状以后,时间轴面板如图 9-40 所示。

图 9-40

在图 9-40 中,虽然使用钢笔工具绘制了新的形状,但依然生成了新的 Shape 2,而新绘制的路径包含在新形状 Shape 2 中。这没有关系，我们的目的就是要把 Shape 2 中的 Path 1 放到之前的 Shape 1 中。此时，用鼠标光标选中 Shape 2 中的 Path 1 并按住鼠标左键不放，然后拖动到 Shape 1 中，时间轴面上的变化如图 9-41 所示。

图 9-41

在你完成了图 9-41 中红色箭头所示的拖动以后，就可以把 Shape 2 的 Path 1 拖动到 Shape 1 中，形成 Path 2，如图 9-42 所示。

图 9-42

当绘制复杂的图案，并且希望它被归纳到一个形状之中时，可以使用这种方法。

Shape 2 的 Path 1 到了新的 Shape 1 中以后会自动更名，以防止与之前的 Shape 1 中已经包含的 Path 1 冲突。这时候你再点开 Shape 2，列表中已经没有了 Path 1，我们顺手删掉 Shape 2 即可。而 Shape 1 中的 Path 1 与 Path 2 都是各自独立的路径，路径的关键帧变化的时候，都是独立而互不干涉的。

9.2.3 如何绘制复杂的图形

有了前面的基础，你在面对很多图形时就可以使用钢笔工具进行描绘，分层拼接，直到获得你想要的图像了。你可以经常尝试这种练习，这可以让你熟练掌握钢笔工具的使用，累积经验，也可以让你慢慢过渡到自己能够设计、创造不同的图案。从这一部分开始，我们需要了解图层与工具的共同使用。我们从学习使用 After Effects 描绘一个简单的卡通形象开始，逐步练习绘制更多复杂的图像。那些复杂的图像就是这些简单图像的组合。

<1> 选择一个卡通形象

首先选取一个你心仪的卡通角色。可以选择一些不是很复杂、色彩比较简单的卡通图像作为一开始的练习素材，或者作为参考。我选择了一个简单但比较具有代表性的猫头鹰图片作为示范，如图 9-43 所示。

我们在这个阶段要解决的问题是思考如何分层与熟练地描绘。假设我想要这个猫头鹰能眨眼，或者翅膀动一动，那么最好把需要动的内容画在不同的形状图层里，然后进行控制。

图 9-43

<2> 在动手之前,先思考一下分层

大家已经知道了 After Effects 中的层级关系,考虑到后面的控制与绘画方便,考虑到不同层级存在的遮挡情况(上面的一层会挡住下面的一层),你们认为放在最下面的一层应该是什么?然后往上一层应该是什么?梳理清楚这些关系以后,就可以从底层开始绘制。不过,我们只有一张参考图,因此,要尽量排除其他层的干扰,绘制出我们想要的那一层。

首先,我们把这张参考图导入时间轴面板,它在预览窗口中的效果如图 9-44 所示。

图 9-44

当图 9-44 所示的参考图被导入以后,就可以进行描绘了。这一部分的练习是为以后处理图层分层、提升工具熟练度而准备的。制作动画是一个相当烦琐的工作,可能有很多的细节需要一点点来制作,而不是加个特效、"脑洞"一开就可以搞定的。

面对一张图,首先应该思考如何对这个素材进行分层。

图 9-44 所示的参考图的分层比较明显,最底层应该是猫头鹰的身体,因为看起来翅膀、脚、眼睛等部分都在它的前面。分好层以后,谁应该在最前显示、谁应该在最后显示就清楚了。你只用关注要描绘的那一层,忽略其他层的干扰,用钢笔工具一点点描绘出来即可。这一个阶段的任务完成后,你应该就可以熟练应用贝济埃曲线了。这里提一点建议:你可以把形状的透明度降低 50%,就像我们在一张画上蒙上一层薄薄的纸进行描绘,或者在绘制的时候关闭形状的 Fill,先专注地绘制出它的边缘路径。

完成身体底部的绘制以后,我们得到一张猫头鹰的最底部图形,如图 9-45 所示。

图 9-45

你看到图 9-45 后可能会有点奇怪,为什么身体部分的图片是半透明的?而且颜色也不同于底色,是橘黄色的。这些都是一些小经验,在绘制过程中,把形状图层设置成半透明,可以方便我们描绘,并且可以将绘制的内容区别于底部颜色,能让我们看清楚绘制得是否正确。绘制完成以后再修改透明度,等等。你可以用这个办法分别绘制好它的身体、眼睛、翅膀等,此时的时间轴面板如图 9-46 所示。当然,实际的并不见得会跟我的一样,但是我们完成它就好了。记得把颜色、路径的粗细调整好。

图 9-46

<3> 在绘制过程中,路径断了怎么办

在绘制过程中,需要注意工具栏上选择工具与钢笔工具的区别,不然经常会出现整个路径突然丢失,再绘制的时候是新的路径,无法完成一个闭环路径的情况。一个闭环路径就是我们把一个路径首尾相接,然后形成一个封闭的路径。在实际绘制的过程中,经常会出现误操作,选择了其他按键或者点了别的什么地方,让整个路径中断了。如果想要重新接上路径继续绘制,该怎样操作呢?

通常是这样一个过程:选择形状图层,选择对应的形状,选择形状下的路径,然后单击钢笔工具,找到断掉的那个路径点,单击它就可以接上这段路径继续绘制下去。这是一个非常常见的小技巧,我们以图 9-47 为例做个演示。

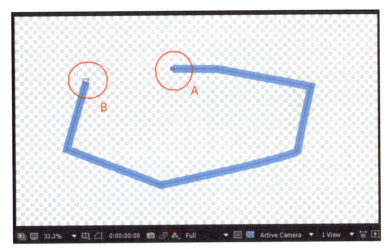

图 9-47

现在，图 9-47 中的 A、B 两处断开了，我们想把它们接上，但此时没有选择正确的工具，甚至刚刚打开工程，应该怎么办？如果你学会了之前的思路，应该明白首先要找到我们要操作的对象。

这个要操作的对象是什么呢？是路径。它隶属于形状图层下的形状中的一个路径，于是我们依次点开时间轴面板上的对应选项，如图 9-48 所示。

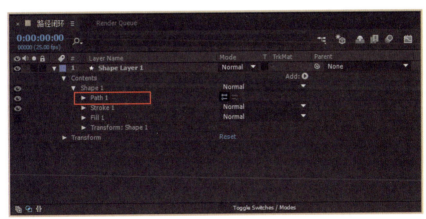

图 9-48

我们在时间轴面板上找到 Path 1 这个路径。此时选择钢笔工具，在 A、B 中的任意一个路径点上单击一下。现在，再到预览窗口中单击任意位置，就可以把这个路径继续绘制下去。或者，单击另外一个末端就可以把整个路径封闭起来。

<4> 完成猫头鹰的绘制

现在，我们依次完成整只猫头鹰的绘制。分别是底层的身体、翅膀、眼睛、肚皮、脚等。我们把不同的身体部位通过 Rename 命令修改名字，备注清楚。这样可以方便我们之后的工作，能够分清楚每一个身体部位与图层。好的分类方式有利于后面的动画绑定与关键帧处理。至于某一个部分到底是画成独立的形状图层还是几个图形绘制在一个形状图层里，这要考量以后打算用何种方式处理动画。这也依赖于你的经验，没有现成的公式或定理。绘制好的猫头鹰如图 9-48 所示。新的图案使用了新的颜色，以便与原图进行区分。

图 9-48

如果想让新的图案跟原图的颜色一样，使用吸管工具吸取颜色就可以"复制"出来一个一模一样的。在绘制的过程中，我们有时候很容易把一些形状路径都绘制到同一个形状图层中。比如在绘制脚的路径时，却不小心归类到翅膀的形状图层中去了。我猜测新手很容易掉进这个"坑"里，所以要注意。

9.3 如何让图形动起来

9.3.1 使用图钉工具让一张图片动起来

通过图钉工具可以对图像进行各种形状变化操作，如拉伸、挤压、伸展等。无论你使用哪种复杂插件工具，最后的本质都是用图钉工具对图像形成控制。我们做一个简单的示范以帮助你理解。

<1> 绘制图形

使用图形工具画出一个矩形，当然别的图形也可以，重要的是我们如何使它们产生变化，如图 4-49 所示。

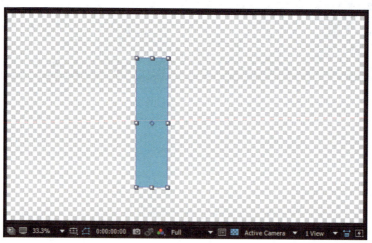

图 9-49

我们使用图形工具建立任意一个垂直的矩形，接下来是让这个图形能够被控制且发生变形。

<2> 图钉工具

使用图钉工具，在蓝色矩形上依次添加三个图钉标记，如图 9-50 所示。

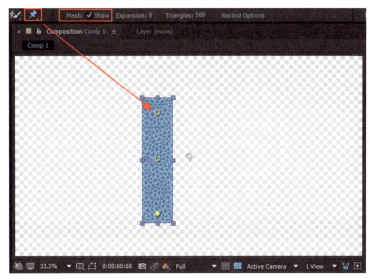

图 9-50

图 9-50 中用红框标记的就是图钉工具，单击图钉工具图标然后到形状上添加若干图钉锚点。你不用 100% 重复我的做法。如果你高兴，添加五个图钉标记也可以，在初学阶段抓住重点才是最关键的。在图 9-50 中，你可以看到矩形图形被密密麻麻的三角形小块所覆盖，你可以将这些三角形小块理解成一种叫作"权重"的东西，即这些密集的小三角块把这个矩形图层进行了控制。

"权重"这个词我当初听到也感到很新鲜，你在以后的工作中会经常听到这个词，尤其是在进行三维人物绑定的时候。"权重"说通俗一点就是控制影响范围的大小，权重高则影响的范围大，权重低则影响的范围小。这些都不用刻意去记，听懂意思就行。

图 9-50 中用两个红色框标记的是图钉工具和 Mesh: Show 选项。勾选 Mesh: Show 选项以后可以让三角面在图形上显示出来。通常建议勾选此选项，方便打开时一目了然。

<3> 使用图钉工具让图形发生变化

新手在这时候往往会遇到一个小的操作问题，就是不知道鼠标在哪里点了一下以后，刚刚添加的图钉就不见了，也找不到了。即便单击图钉工具图标，它也不再出现。这时候不要再去重新添加一次图钉，它们并没有"消失"。但是在哪里找到它们呢？

在形状图层中,依次选择"Effects→Mesh 1→Deform"，就可以看到刚才添加的三个图钉标记，如图 9-51 所示。数字序号就是添加图钉时的顺序。比如我们选择图钉 1 的 Puppet Pin 1，然后可以看到预览窗口中的图钉工具已经显示出来了，且选择了某一个具体的图钉，如图 9-52 所示。

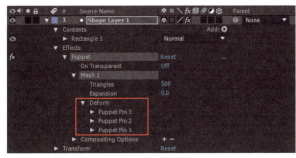

图 9-51

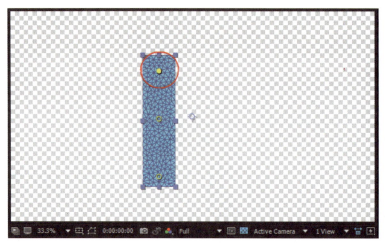

图 9-52

Puppet Pin 1 就是图 9-52 中用红圈标出来的图钉孔。当你选中它的时候,图钉点呈实心黄色,以区别于未被选中的其他空心黄色图钉孔。此时,我们对这个被选中的图钉孔进行拖动,矩形就会发生相应的变化,如图 9-53 所示。

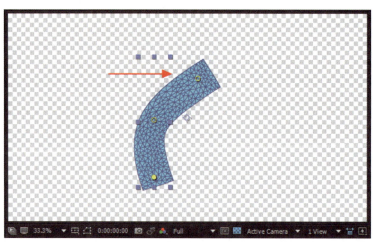

图 9-53

图 9-53 显示了把 Puppet Pin 1,也就是图钉孔 1 沿着箭头方向拖动后的结果。这时候图形发生了明显的扭曲变化。你也可以试试选择其他的图钉孔进行移动,看看不同的距离、角度会使图形产生什么变化。这会让你对图钉工具的作用有一个非常清晰的了解与印象。

这些看似没多大意义的变形很重要,在很多 MG 动画中,卡通角色的胳膊、腿、膝盖弯曲等都是依靠这些最基本的变形方式实现的。当对图钉孔进行了一些控制层控制绑定以后,可以更好地操作它们。此外,通过不同的控制层的互相关联绑定,可以制作出各种可以活动的卡通角色。不仅仅是卡通角色,场景中很多元素也可以使用这些方式绑定动画场景,制作一些变形的动画,所以,图钉工具是这一切的基础。

<4> 使用图钉工具制作动画效果

我们可以尝试把一个卡通角色加上图钉工具,让它产生尾巴轻轻摆动的效果。

1. 导入图片以后,添加若干图钉,如图 9-54 所示。

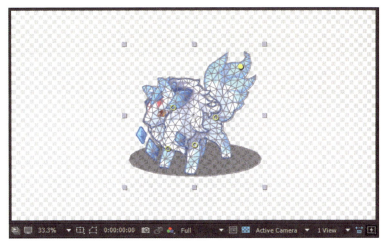

图 9-54

在图 9-54 中，我按着自己的感觉和需求添加了若干图钉。学东西最怕的是机械地模仿而不抓重点，所以你们不必模仿我，可以把图钉视为一个又一个"关节点"，然后给图像添加图钉。

2．对图钉添加关键帧，使得尾巴轻微地摆动，如图 9-55 所示。

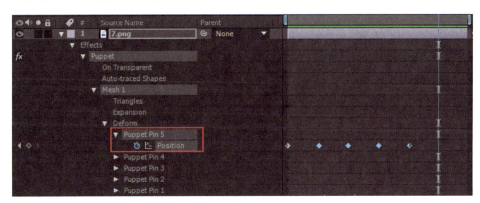

图 9-55

在图 9-55 中，我在时间线上把 Puppet Pin 5（操控点 5，图 9-54 中最后添加在尾巴尖的图钉）做了几个不同的关键帧位置。随后预览播放，卡通角色的尾巴就产生了轻轻摇摆的效果。这非常简单，但是很快你会发现，摆动对周围的身体和脚多少还是产生了一些影响，周围身体也跟着有轻微的摆动。

3．简单修改控制范围。面对一个图钉的影响范围过大的情况，可以调整图 9-56 中红框范围内的控制点的数值。

Expansion：调整这个数值，图钉网格覆盖的范围会发生变化。需要注意的是，只有被网格所覆盖的区域才会被变形影响。

Triangles：你可以看到这些图钉工具都是通过这些三角面把图片分割成无数块，然后对图形起到变形作用的。你也可以根据实际需要增加与减少三角面的数量。三角面的数量越多，变形范围被分割得越细致；三角面的数量越少，变形范围则被分割得越粗糙。除了调整 Expansion 与 Triangles 影响变形的范围，也可以通过给某些区域尝试添加更多的图钉固定住一些区域。当然这势必会造成图钉数量过多，也很烦琐。使用什么样的办法，哪种更为合适，依赖于实际制作时的需求，也依靠你的经验。

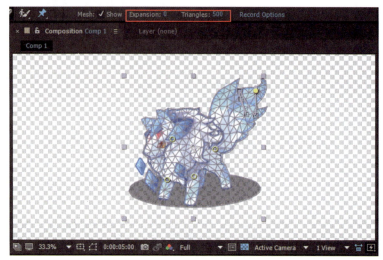

图 9-56

9.3.2 调整形状图层的路径产生动画效果

使用路径动画可以制作出各种炫酷复杂的图案，但是这一切要从最基本的几个方式做起。通过几个简单例子可以窥见一斑。我们可以制作一个简单、直观的鸡蛋人动嘴、眨眼的动画，用这种比较典型的方法来了解一下相关认识。

1. 建立工程面板并使用图形工具初步绘制出一个鸡蛋人的模样，如图 9-57 所示。

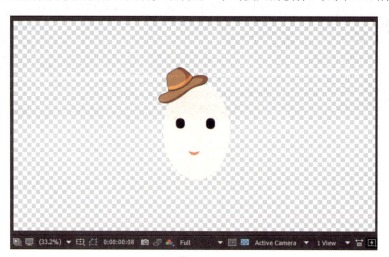

图 9-57

图 9-57 所示的图案对我们来说应该很简单，所有内容，包括那顶帽子，都可以用钢笔工具描出来。不过，也可以找一幅 PNG 格式的图片直接放上去。此时，时间轴面板的图层关系如图 9-58 所示。

图 9-58

图 9-58 所示的结构很简单，一个椭圆形表示鸡蛋人的身体和脸，其他几个形状图层分别制作成了眼睛、嘴巴。可以用钢笔工具自己绘制帽子，也可以找一张图片代替。

2．使用路径变化让嘴动起来。

让角色的嘴唇一张一合地讲话看起来很复杂，但是，这个动画本质上跟无数复杂图像变形的原理一样：都是简单问题的复杂组合。我们首先给嘴巴形状图形的路径添加一个关键帧，任意位置均可，如图 9-59 与图 9-60 所示。

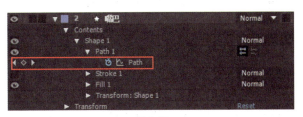

图 9-59

嘴巴的 Path 的关键帧选项在 "Contents→Shape 1→Path 1" 之中，找到它并且打上关键帧。我把嘴巴第一形状的关键帧添加在了 0 秒的位置，如图 9-60 所示。

而嘴巴在 0 秒位置的形状与图 9-57 中画好的嘴巴的形状一样。接下来我在大约 5 帧后的位置，调整嘴巴形状图层的样子，画一个嘴巴闭住的样子，如图 9-61 所示。

图 9-60

图 9-61

在图 9-61 中，我通过钢笔工具调整嘴巴形状的路径点，移动了它们的位置，让嘴巴变小了，并且添加了关键帧。此时，关键帧的位置如图 9-62 所示。

在图 9-62 中，嘴巴合住的位置大约在张嘴后 5 帧的位置，你也可以放在其他位置。此时，单击预览按钮就可以清晰地看到一个张开的嘴巴缩小成合住的嘴巴的样子。通过复制这两个关键帧可以实现不停讲话的效果，如图 9-63 所示。

在图 9-63 中，通过复制刚才制作的前两个关键帧，可以不停地重复嘴巴开合的过程，这两个形状的交替变化产生了嘴巴一张一合讲话的效果。要理解这一部分的知识需要熟练掌握前面关键帧相关章节的知识，以及形状图中的路径有关知识。如果不熟悉，可以翻阅本书前面的相关章节。

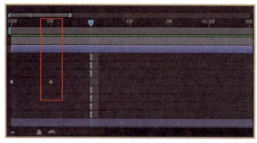

图 9-62

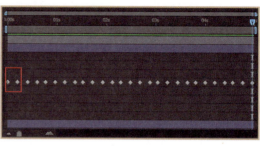

图 9-63

说到底，这些动画过程就是对形状图形中的 Path 设置位移变化并打上关键帧，这样就可以做出很多变化的效果。很多卡通动画炫酷的效果都就是这么制作的，只不过过程会繁复很多，细节也会复杂很多。唯一不变的就是，它们都使用 Path 并且打上合理的关键帧，应用了合适的插值模式。

第 10 章
表达式

10.1 表达式的基本用法

10.1.1 什么是表达式

表达式是由数字、运算符、数字分组符号（括号）、自由变量和约束变量等能求得数值的有意义的排列方法所得的组合。约束变量在表达式中已被指定数值，而自由变量则可以在表达式之外另行指定数值。

在 After Effects 中，表达式可以帮助你直接控制图层的各个属性，即通过数字、符号、一些程序语法进行一定规则的运算，使这些数据之间有了某种关联，让这些变化具有一定的意义。

10.1.2 如何创建表达式

创建表达式的方式很简单，首先，在时间轴面板上任意导入一张图片，然后，查看它的属性，如图 10-1 所示。

图 10-1

我们先为图 10-1 中的图像的 Position 属性增加一个"抖动"的效果。在添加表达式之前，试想一下如果你希望这个篮球图片在预览窗口中随机、剧烈地抖动起来，是不是需要添加无数的 Position 关键帧？如果你还不会用表达式，就需要这么做。

先简单地体验一下表达式的作用，按住 Alt 键并用鼠标左键单击 Position 属性为它添加一行表达式，如图 10-2 所示。

图 10-2

可以看到此时 Position 属性的数据变成了红色，这意味着你为它添加了表达式，而在时间线上可以为它输入表达式。此时输入 wiggle (20,50)，再播放预览时可以看到这张图片素材剧烈地抖动了起来。我们再换个属性尝试一下，如图 10-3 所示。

图 10-3

按住 Alt 键并用鼠标左键单击 Rotation 属性，此时该属性变成了红色，我们可以为它添加表达式。此时在表达式窗口中输入 time*50，然后预览播放效果，会看到图层在缓慢地旋转。如果要关闭这一则表达式，重新按住 Alt 键并用鼠标左键单击该属性，就会恢复之前的蓝色属性值。当创建默认表达式时，After Effects 会创建一个区域让你输入语句，这个语句也有一个控制是否起作用的开关，即图 10-4 上用红框标识的"启用/禁用"开关。

图 10-4

现在你知道了如何添加一个表达式，应用起来似乎也不是很复杂。但是问题在于，我们不懂得输入的语句到底是什么意思。所以，我们需要学习表达式的语法结构。

10.1.3 表达式的基本操作

修改、处理表达式的内容与创建它们一样简单。通过单击表达式的文本区域，可以重新编写你的表达式。有时候你的表达式是由多行语句组成的，那么可以把鼠标光标放在文本框的边缘，直到出现双箭头指针，然后拖动鼠标扩展表达式输入区域，以便看到更多的内容，如图 10-5 所示。

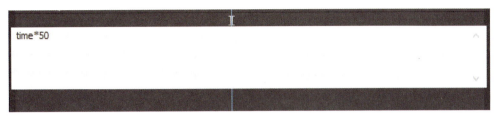

图 10-5

要删除表达式，除了按住 Alt 键并左键单击该属性，也可在表达式文本输入区域中直接全选，然后按 Delete 进行删除。这些方式与对普通的文档操作一样。此外，还有一个非常重要的快捷操作方式，如果你需要查看这个图层的表达式的属性，那么在时间轴面板上选择该图层，并且快速按两下 E 键，这时具有表达式的属性就会呈现在你眼前，如图 10-6 所示。

当你想复制某个表达式，但是不想复制该图层中的全部属性时，可以在时间轴面板中选择该图层，然后选择具体的属性值。这时可以使用"只复制表达式"的方式，在菜单中选择 Edit→Copy Expression Only 命令，此时就可以复制该属性的表达式，根据你的需要再粘贴到其他图层中去。也可以通过菜单栏中的 Edit→Pate 命令完成这一工作。

图 10-6

此外，还需要了解两项功能，如图 10-7 所示。图 10-7 中红框所标识的第一个工具用

图 10-7

于启动表达式图表编辑器，它的使用方式在之前时间轴面板相关知识中做过讲解。而第二个工具的用法很简单，就是拖动该螺旋按钮去链接其他的属性参数，然后就会获得被链接的属性参数值。比如，当你把 Rotation 属性的参数链接到 Opacity 属性上，那么 Opacity 属性的数值都会传递给 Rotation 属性。如果 Opacity 属性的数值为 50，那么 Rotation 属性的数值也会变为 50，并且 Opacity 属性值发生变化时，Rotation 属性的值也会相应地变化。

10.2 表达式的语法

After Effects 的表达式基于 JavaScript 的一个子集。JavaScript 是一种直译式脚本语言，是一种动态类型、弱类型、基于原型的语言，内置支持类型。它主要被用于 Web 页面设计，最早是在 HTML（超文本标记语言）网页上使用的，用来给 HTML 网页增加动态功能。

即使你去寻找专门的 JavaScript 资料，也只会用到其中极少的一部分，绝大部分在这里可能都用不上，所以也不必太担心了。不过，我们需要注意 JavaScript 语言的一些标准，在编写表达式时需要区分大小写，因为 JavaScript 程序要区分大小写。并且需要使用分号将每一句语句分行，这就是经常所说的结束语。如果你学过任意一种程序语言，应该知道结束与分行是一件重要的事。如果语句被当作一条命令的话，单词之间的多余空格会被忽略。

在学习整个基本语法之前，我需要告诉你这一节的学习思路，按着这个思路去学习会更加方便。这个过程好比你掌握一门外语并且应用它的过程。我们将通过三个步骤进行学习。

首先，了解它的语句结构，通俗地说就是我们怎样告诉计算机各种参数是什么，它才会听得懂。这就像在我们学习一门语言时，与人沟通时起码要搞清楚主谓宾的关系，让对方清楚你的逻辑。

然后，在我们使用计算机听得懂的讲话方式与它们沟通时，会涉及很多概念，我们要对这些概念进行补充学习。掌握这些概念以后，你才会告诉它正确的内容，这就好比你使用了正确的单词去表达。

最后，此时你掌握了一种语言基本的语法与单词，你可以利用这两点，将不同属性的数据进行互相调用，互相影响，或者将其称为将效果面板上的数据应用到不同的属性上。这个行为是什么意思呢？好比你掌握了一门语言以后，跟其他两个同样掌握这种语言的人沟通，你将一个人告诉你的信息有效地传递给另外一个人，通过这种方式完成他们之间的沟通与协调工作。

10.2.1 结构

在这一小节中使用一个箭头的图片作为示例，其实任何图片都可以，不必跟本小节完全一致。这个图片素材用拼音 Jiantou 命名，这是为了确保万无一失，避免报错产生不必要的麻烦，毕竟表达式未必能够很好地支持中文，所以在导入 After Effects 中之前就要在文件夹中修改好它的名字。养成这个习惯，会帮助你减少很多不必要的麻烦。你会发现，在使用中文版的 After Effects 时经常会遇到各种插件频繁报错的情况。这也是为什么不建议你们使用中文版软件，或使用太多中文名字的素材的原因，你很难想象到底会发生什么意外情况。

第一个需要问自己的问题是，我们在表达式的文本框中输入的到底是一个什么东西？虽然它看起来像是一串代码，或者数值，本质上它是用来干什么的呢？其实表达式中的文本框，是用于给这个属性输入一个可以调用的数值参数，也可以用别的什么方法获取数值。说到底它要你给它一个行为规则，然后去获得一个数据。图 10-8 所示为一个示例。

图 10-8

在图 10-8 中，我们首先开启了 Opacity 的表达式，虽然还没有输入什么，就有了一行 transform.opacity，这是它自带的默认语句。现在，我们决定在表达式中输入一行代码，输入的到底是什么呢？其实就是在输入一串可以让它使用的数值。比如，输入 20，如图 10-9 所示。

图 10-9

在图 10-9 中，只是输入了一个数值 20，此时 Opacity 就变成了 20%。而毫无疑问地，预览窗口中箭头的图片也会变成 20% 透明度。那么似乎可以理解为：输入的这个数值就是直接传递给当前属性作为参数。

其实这个表达式文本框的核心是为了输入某种参数，然后让该属性读取这个数据并进行使用。不过这与结构有什么关系呢？我们还要做一个重要的测试，如图 10-10 所示。

图 10-10

在图 10-10 中，根据我们已经有的知识，可以猜得到，此时预览窗口中 Jiantou.png 这个图片毫无疑问地旋转了 20°，这在属性上已经写清楚了（"Rotation" 0×20.0°）。

因为，在图 10-10 中我们对 Rotation 属性输入了一行表达式。

`thisComp.layer("Jiantou.png").transform.opacity.value`

我们需要明白这行表达式是什么意思，明白以后重点问题就解决了。

thisComp 的意思是：当前合成。

layer("Name") 的意思是：图层 (" 某个图层的名字 ")。

transform 的意思是：某个属性组，比如当前是 transform 属性组。

opacity 的意思是透明度，那么它自然是属于 transform 属性组之后的。

value 的意思是数值，又在 Opacity 之后，因此是透明度的数值。

看到这里，你似乎有了一个概念，这好像是一个地址。也就是说，我们在给某个属性输入一个数值时，完全可以通过表达式从其他属性提取数据来为当前属性提供数值。

那么，刚才这一长串的结构可以理解为我们对 Rotation 属性说："我要给你一个数据，你按着这个数据办事。"Rotation 属性满口答应："好的，是多少呢？"于是你给了它一个地址，数据在这：地球.亚洲.中国.上海。然后 Rotation 属性跑到了这个地址以后，看到了一张纸上面写着"Value 等于 20"。于是它一直按着你安排的这个地址去寻找这个数值。

那么刚才安排的地址就是：thisComp.layer("Jiantou.png").transform.opacity.value。根据这个关系，我们先安排合成的名字，即到底去哪个合成里寻找那一串数字。如果是当前合成，那名字就是 thisComp，如果是其他合成，输入其他合成的名字就好了。然后到合成里找到图层，找到图层的具体某个属性，找到这个属性的数值，其中每段用一个点分开即可。

一般来说，这种结构关系可以用图 10-11 表示。

图 10-11

现在我们可以通过图 10-11 的示意图看明白，调取一个数值通常就是这样的过程，不过可能中间不止一个属性，还可能有其他的类型，比如 Effect 等。但是，使用方法都是一致的：从最大的地址数据归纳过渡到最小的地址数据。同时，在我们输入表达式时，对于一些简单直接的命令，其实很多时候在同一个合成的图层中可以使用缩写形式，如图 10-12 所示。

图 10-12

我在 Rotation 属性表达式文本里输入 Opacity 即可，它会知道这是什么意思，因为在同一个合成、同一个图层、同一个属性组下，它会自动缩写。但是这不是重点，我们清楚真实的结构就可以了。

现在我们再任意新建一个合成，比如它的名字是 Comp 2，然后在这里面任意建立一个固态层，当然，其他的层也可以，在 Opacity 表达式中输入 50，如图 10-13 所示。

图 10-13

到图 10-13 所示的这一步都还挺好理解，现在应用我们刚才学习的知识，回到 Comp 1 中，让箭头图片的 Rotation 属性去读取 Comp 2 中黄色固态层的透明度属性，如图 10-14 所示。

图 10-14

在图 10-14 中，我们为 Jiantou.png 图层的 Rotation 属性输入一行表达式。

comp("Comp 2").layer("Yellow Solid 1").transform.opacity.value

我们从图 10-13 的黄色固态层中把它的透明度数值（50）调过来当作它的旋转数值，结果也不出所料，效果如图 10-15 所示。

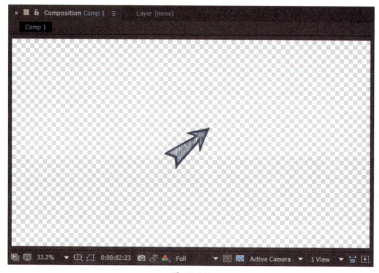

图 10-15

可以看到 Comp 1 中的 Jiantou.png 图层进行了 50°的旋转。不过在实际使用中，你会发现自己似乎并不会正确输入每个节点的名字，比如如何正确输入合成地址，又如何正确输入图层名字。怎么才能让表达式不报错，从而找到最后的数据？对此，在你还没有熟悉表达式全部的主要知识之前，有一个很好的办法，如图 10-16 所示。

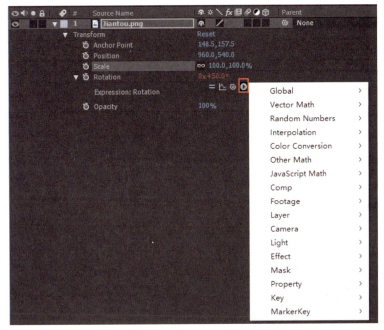

图 10-16

图 10-16 演示了在不同结构中引用表达式的方式，你对着这个格式修改就可以了。比如，Global 这个菜单就是告诉你相应的结构应该怎么正确书写，如图 10-17 所示。

在图 10-17 中，Global 下有关于合成引用输入表达式的方式。比如 comp(name)，表示在调用某个合成中的数据时，可以输入 comp，以此类推，如图 10-18 所示。

图 10-17   图 10-18

在图 10-18 所示的 Comp 这个分级下，我们看到 layer(name) 的标准格式是 layer，然后才能调用这个层中的数据，并进一步细化。这些扩展都是一些很方便的表达式引用方式，它们各有各的不同。

在搞清楚它们到底有什么作用之前，细心的人会发现两个问题。第一，为什么在一开始做测试时，总是在 Opacity 属性与 Rotation 属性的数值之间调用，而不在其他属性的数据之间调用？第二，为什么在引用表达式的输入方式上写着 comp(name)，而图 10-14 中的表达式却没有写成 comp(Comp 2)，而是写成了 comp("Comp 2")？这是为什么？所以，即便我们知道了表达式的引用结构，做了一些基本的理解，要正确地输入引用数据还是需要了解一些东西。刚才的学习好比我们搞清楚了主谓宾的关系，然后要学习如何写正确的单词。

10.2.2 数据类型

<1> 数值与数组

我们先对比一下几个数据输入,继续以 Opacity 为例,我们在图 10-19 中看到它需要的是一个数字。

图 10-19

而在图 10-19 中,Position 属性则不同,它是两个数据,比如"960.0,540.0",这时候你给 Position 输入一个数值 900,必然会报错。因为计算机根本不知道你把这个数据输入给谁,应该用来做什么。那么问题来了,这些数据是怎么输入的?你或许会想,我输入"500,300"这样两个数字是不是就可以了呢?你试试,会发现依然不行。

这里涉及一个数据类型的问题。Position 需要的不是两个数字,而是一个数组。比如你输入"[500,400]",结果如图 10-20 所示。

图 10-20

在图 10-20 中可以看到,输入数组以后,数据起作用了。数组是一类存储一组有序数值的对象。数组表示为由逗号分隔且由中括号括起的数值列表,它是有序的元素序列。在 After Effects 中,一个数组要加上中括号,[1,2,3][55,66,77] 这些都是数组。

对有限个类型相同的变量的集合进行命名时,这个名称为数组名。当你为 Position 输入数值时,就需要给一串数组,而不是几个数字,这样它才能明白你的意思。所以我刚才没有把 Opacity 的数值调用给 Position,因为 Opacity 的数据是一个数字,Position 属性是无法直接使用的。

不过,其实 Opacity 需要的也是数组,如图 10-21 所示。

图 10-21

在图 10-21 中,我们在 Opacity 的表达式区输入了一个数组 [20],它也被成功地调用。对于这种单一数值需求的属性,可以直接输入一个数字,但是要知道它的本质是提供了一个数组。

在表达式中,数组对象的维度是数组中元素的数目。After Effects 的不同属性具有不同的维度,具体取决于这些属性具有的参数的数目。在表达式语言中,属性值是单个值(数值对象)或数组(数组对象),如图 10-22 所示。

维度	属性
1	旋转 ° 不透明度 %
2	缩放 [x=宽度, y=高度] 位置 [x, y] 锚点 [x, y] 音频水平 [left, right]
3	缩放 [width, height, depth] 3D 位置 [x, y, z] 3D 锚点 [x, y, z] 方向 [x, y, z]
4	颜色 [red, green, blue, alpha]

图 10-22

你可以参考图 10-22 提供的数据类型。所以，当你在具体某个属性中进行数值输入时，需要看它的属性具有几个参数，需要对应几个数据的数组。比如最直接的 Opacity 与 Rotation 需要包含一个数据的数组，或者就是一个数据，而 Position、Scale 则需要至少包含两个数据的数组，颜色属性则需要更多的数据，即包含四个数据的数组。

<2> 字符串

在前面第二个问题中，明明表达式引用的格式中写着 comp(name)，而实际使用的时候输入的却是 comp("name")，这是为什么？其实，这是因为给 name 加上引号是为了表明这是一串字符串数据。在 comp(name) 这个引用表达式格式中，name 的意思是"给我一个能读懂的字符串"。计算机能读懂的字符串是 name 这样的格式。如果你只写 Comp 1，计算机是不明白的，对于它来说会去想 Comp 与 1 有什么关系，这是一个运算？还是在定义什么变量？还是什么其他关系？如果你写成 "Comp 1"，计算机会知道"原来这是一个字符串"，知道如何去做，然后找到以这个方式写的地址。

字符串在存储上类似字符数组。通俗地说，"hello"对我们来说很简单，这是一个单词，而对于计算机来说，相当于一些无法理解的内容。所以你要定义一下，告诉计算机这是一个"单词"。你打上引号，于是计算机明白了，你告诉它的是一个字符串，这个字符串的内容是 hello。在人的眼里是单词，在计算机眼里就是字符串。

首先新建一个文本文档，如图 10-23 所示。

图 10-23

我们知道，图 10-23 中的文本图层里的 Source Text 的作用是为文本提供内容。我们为它创建了表达式，并输入了 ABCD，然后出现了红框所标记的感叹号，说明我们输入的语法有问题。虽然 Source Text 的作用确实是对字符进行处理，但是它并不能识别 ABCD，它不认为 ABCD 是一个字符串的数据组，计算机也可能认为 ABCD 是一个变量，所以会报错。此时将输入内容修改为 "ABCD"，如图 10-24 所示。

图 10-24

在图 10-24 中，我们可以看到在 Source Text 输入了正确的内容 "ABCD" 以后，计算机不再报错，此时在预览窗口上也显示了正确的内容，如图 10-25 所示。

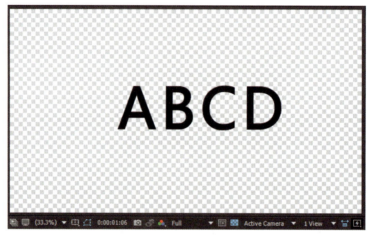

图 10-25

现在，我们还可以把问题升级一下。我需要在文本中显示 "ABCD"，把引号也包括进去，应该怎么办？"ABCD" 本身也是一个字符串，因此我们要再加一对引号。是再加一对双引号吗？如果你输入 ""ABCD""，会发现计算机再次报错。正确的输入方式是 '"ABCD"'，用单引号来引用双引号，如图 10-26 所示。

图 10-26

在图 10-26 中，我们输入 '"ABCD"' 以后，在预览窗口中会正确地显示 "ABCD"。那么你会奇怪，明明是用双引号把这些字符引用成字符串给计算机，那么用双引号再引用一次为什么就不行了呢？因为虽然我们输入的是 ""ABCD""，但是计算机可能认为你在写 "hello "After Effests"" 之类的内容。两个双引号之间即便没写什么，也会把逻辑搞得很混乱。假设，我给你写一句 "hello "After Effects""，你是不是也感到很糊涂？所以，我们可以用单引号与双引号互相替代解决这个问题，这样计算机就不会不明白了。

现在，我们在 Source Text 中输入表达式，在文本里显示 '"ABCD"' 这样的内容。我觉得计算机一定会想："给我个活路吧，有必要这么复杂吗？"大部分情况下确实没有必要，但是也不排除可能会出现很多特殊符号交替使用的情况。此时，如果你用单双引号交替地写

"""ABCD"""，是不是会显示'"ABCD"'呢？你会发现计算机又报错了。如果就是要这么交替显示引号，或者显示多个引号，该怎么办？

因为表达式是基于 JavaScript 语言的，而在这个语言中，在单引号或双引号交替使用时，JavaScript 无法解析。比如，"We are "come" from China" 字符串会被截断。为了解决单双引号等交替使用的问题，可以引入反斜杠（\）来转义字符串中的双引号。反斜杠可以告诉计算机这个引号也是字符串。于是，对于字符串 """ABCD""" 我们可以写成 "\"\"ABCD\"\""。这样做就是告诉计算机这个双引号是一个字符串，这个单引号也是字符串，于是得到图 10-27 所示的结果。

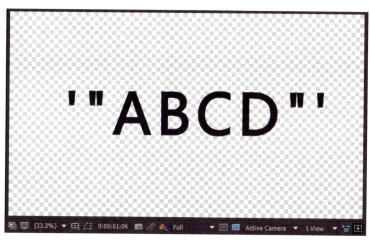

图 10-27

通过引入反斜杠，可以在图 10-27 中看到，在使用字符串常用的引号作为字符去表达时，无论你增加多少个引号，问题都可以得以解决。不过在 After Effects 表达式中，你不需要使用 JavaScript 语言中的很多复杂内容。清楚如何输入数值、数组、字符串这些最基本的内容，就已经能够应付很多问题了。如果你还对这个语言有兴趣，可以简单地了解一下 JavaScript 语言中的语法规则，那样你使用表达式就会更加得心应手。

10.2.3 运算

虽然我们在表达式的输入区域可以直接去给某个属性赋予一个参数进行使用，但是事情未必每次都会如此简单。就好比说，我们需要经过一些计算才能实现某个效果，这种情况在实际使用中可能极为常见。例如，设想一下，你需要显示一个时钟指针的变化效果，那么秒针转一圈，分针大概只能走 6°，这时我们几乎无法直接把其中一个属性的数值引用给另外一个属性，必须经过某种换算关系。

为了知道如何计算，我们首先导入两个素材，如图 10-28 所示。

假设图 10-28 中红色的箭头是秒针，蓝色的箭头是分针，那么秒针转一圈分针就要转 6°。此时把其中一个图片的 Rotation 数值直接调取给另外一个肯定是不对的，要进行一定的运算。

根据秒针与分针的运动关系，我们为分针图层 Blue.png 的 Rotation 属性输入表达式：

```
thisComp.layer("Red.png").transform.rotation*(1/60)
```

这是什么意思呢？这是指把从秒针图层 Red.png 中的 Rotation 属性中获得的数值乘以了 1/60，图层 Red.png 旋转了 360° 以后，就好比时间过去了一分钟，一分钟就意味着作为分针的 Blue.png 图层应该旋转 6°。当图层 Red.png 旋转 60 个 360° 时，就意味着过去了一小时，也就意味着 Blue.png 图层应该旋转了 360°。

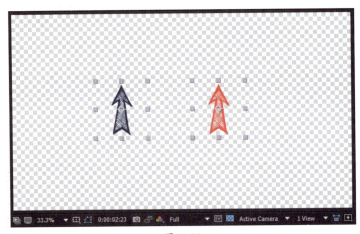

图 10-28

这就是一个时针指针与角度的变化关系。现在我们看一下表达式能否正确运转,如图 10-29 所示。

图 10-29

在图 10-29 中我们看到一切顺利,没有报错。如果我们让 Red.png 图层旋转 30 个 360°,意味着过去了半小时,作为分针的 Blue.png 图层应该旋转了 180°,效果如图 10-30 所示。

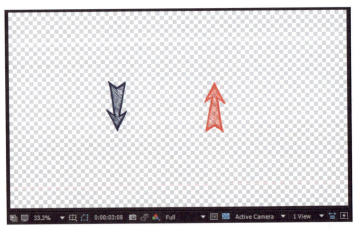

图 10-30

我们在图 10-30 中看到 Blue.png 图层已经旋转了 180°,指向了 6 点钟的方向。这与我们的预期一致。经过这个过程,你可以尝试再加入时针图片,做一个钟表指针之间变化关系的准确表达式。这里最为重要的只是体验一下运算的应用,我们还需要了解输入它们的正确规则。

在表达式中,可以进行数值之间的运算,也可以进行数组之间的运算,还可以进行字符串之间的运算,这三种方式是极为常用的。

<1> 数值运算

在进行数值运算的时候,与我们平时书写的规则并没有什么太大的不同。

+ 加法运算	- 减法运算	* 乘法运算
/ 除法运算	% 余数运算	++ 自加运算

-- 自减运算

当然，JavaScript 中的运算符号或者表达方式远不止这些，不过在入门的时候学这些已经足够，并且能应付绝大部分工作的需求了。毕竟我们是一个后期制作设计者，而不是在试图去当一名程序员。现在我们对 Rotation 进行一些数值运算的输入，如图 10-31 所示。毫无疑问，我们在表达式中输入 2*60 以后，得到了一个 120°的结果。

图 10-31

<2> 数组运算

需要我们知道的数据类型还有数组。数组是我们经常使用的数据类型，一个典型就是 Position 属性，它需要包含两个数值的数组，比如 [960,540]。如果你在表达式中输入 [960,540]+[1,1]，结果如图 10-32 所示。

图 10-32

在图 10-32 的运算结果里，我们看到 Position 最后的数值是［961.0,541.0］。据此，我们可以了解到数组之间运算的基本方法。其实每个数组中的数据都对应了一个位置，两个不同的数组进行加减的时候，都是对数组中对应位置的数据进行加减。

所以 [1,2]+[3,4]=[3,6]，就是这么直接。相减也可以。在这里补充一个数组中的序号问题。在数组中计数是以 0 开始的，数组中第一个数值的序号是 0，而不是 1。这虽然有点不符合我们的习惯，但是计算机总有它的道理，如图 10-33 所示。

图 10-33

图 10-33 中的表达式需要解释一下，它的意思是，我们定义了一个名字叫作 X 的数组，然后 X[0] 表示提取 X 数组中的第一个数值，这个数值是 1，表示 Rotation 也对应旋转了 1°。如果两个长度不同的数组相加会怎么样呢？比如 [1,2]+[3,4,5]=[4,6,5]，我们用刚才的方式测试一下，如图 10-34 所示。

图 10-34

我们在图 10-34 中看到 [1,2]+[3,4,5] 的结果赋值给了 X，虽然 X 没有显示出来，但是没有关系，我们输入 X[2] 提取这个数组中的第三个数据，就会发现结果是 5，于是 Rotation 旋转了 5°。这也足以说明 [1,2]+[3,4,5]=[4,6,5]，这是两个不同长度数组进行加法运算的结果。基于数组的特点，我们掌握加法的运算方法以后再掌握一个乘法的运算方法即可，如图 10-35 所示。

图 10-35

在图 10-35 中可以看到，Position 中输入的表达式是 2*[4,5]，最后得到了 [8,10]。这一点在 Position 属性中就可以看出来。所以乘法的运算就是这样直接应用即可。不过，你很快会发现 [1,2]*[3,4] 是行不通的，这要涉及 JavaScript 语言中更多的知识，如果你不想当一名程序员，对于我们来说掌握到这个程度就已经可以了。

<3> 字符串运算

字符串也是可以进行加法运算的，这不难理解，但你应该不会想到字符串也可以做乘法运算吧？

以文本文档图层中的 Source Text 为例，这个属性可以读取字符串信息。输入 "Hello" + "After Effect"，如图 10-36 所示。

图 10-36

在图 10-36 中可以看到表达式正确运行了，并且在预览窗口中显示了出来，如图 10-37 所示。

图 10-37

在图 10-37 中，可以看到 "Hello"+"After Effect" 的显示结果是 Hello After Effect。这是字符串最重要、最常见的拼接方式。下面试试乘法，如图 10-38 所示。

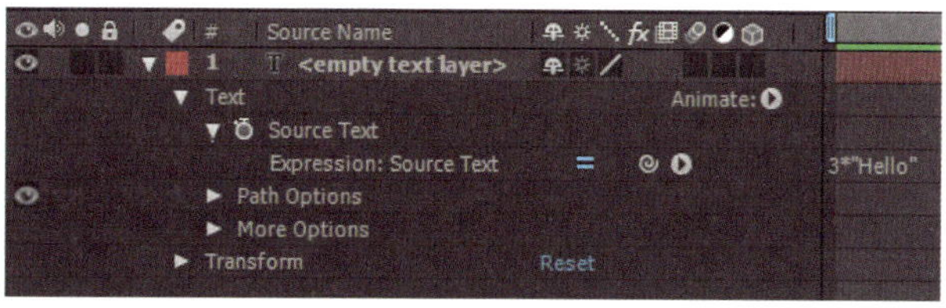

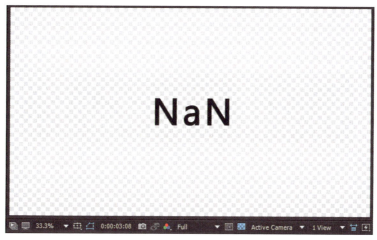

图 10-38

图 10-38 中的表达式虽然可以正常运行,但是在预览窗口中的结果如图 10-39 所示。NaN 代表非数字值的特殊值,该属性用于指示某个值不是数字,所以做好字符的拼接即可。

我们对三种数据类型的运算方式应该熟练掌握,不过好在这些内容也不是非常复杂,掌握它们的规律并不难。

图 10-39

10.2.4 变量与函数

<1> 变量

在表达式的实际应用中,定义一个变量很常见。也就是说,直接运算可能还不够,有了变量以后很多事情处理起来可能会更加方便。

那什么是变量呢?变量来源于数学,是计算机语言中能存储计算结果或能表示值的抽象概念。就好比中学时代你在求解的时候首先设了一个未知数 X 一样。

设置变量也有它的格式标准。以 Opacity 为例,我们知道在表达式窗口中输入的是一个数值结果,或者是一个运算出某个数值结果的语句等,那么我们输入如下内容:

```
var x=50;
x;
```

结果如图 10-40 所示。

图 10-40

在图 10-40 中,我们看到表达式正常运行,并且显示 Opacity 为 50%。刚才的语句的意思是,

var 定义了一个变量，它告诉计算机："我定义了一个名字叫作 x 的变量，并且为这个变量赋值 50。"

在编程或者表达式中，有些特定的字符具有特定的功能，比如，var 就用于声明一个变量。当你在表达式中输入 var 这三个字母组合时，计算机就会明白它起到声明变量的作用。如果你一定要显示 var 这三个字母作为字符串，就给它们加上引号，或者利用转义符。

此外，要知道在计算机中等号不是等于的意思，而是赋值的意思，等于是用 "==" 来表示的。所以，以后当你看到 "=" 时都要理解成赋值，就是把一个数值传递给一个变量。当你写完 var x=50 语句以后，要打上一个分号 ;，表示这一句话说完了。然后输入 x;，意思就是读取 x 的数值，因为你刚才为变量 x 赋值了 50，所以 Opacity 读取到了 50 这个数值，最后透明度为 50%。

同样地，也可以为数组定义变量。以 Position 属性为例，在表达式中输入以下内容：

```
var x=1;
var y=2;
[x,y];
```

结果如图 10-41 所示。

图 10-41

在图 10-41 中，我们可以看到 Position 已经变成了 [1.0, 2.0]。而这个原理与之前直接使用数组无异，不过是首先定义了一个 x 变量并赋值 1，又定义一个 y 变量并赋值 2，然后到数组中的对应位置上读取 x 与 y 的数值。它的基础应用部分并不复杂。同样可以尝试为字符串定义变量，依然以文本图层中的 Source Text（源文本）进行测试。

在表达式中输入以下内容：

```
var x="hello";
var y=" After Effect";
var z=x+y;
z;
```

结果如图 10-42 所示。

图 10-42

图 10-42 中的表达式可以正常运行，此时预览窗口的效果如图 10-43 所示。

那么，你现在应该知道了对变量进行赋值的直接使用方式。它本质上就是定义一个变量，然后给这个变量赋值，最后直接使用变量进行计算。有了很多的变量以后，就可以进行极为复杂的变量计算，剩下的都是想象力与经验的问题。

图 10-43

<2> 函数与方法

在上面的变量计算过程中，我们会定义一些变量，然后赋值。如果现在你连运算方式都要定义一下，那么就要用到函数。

什么是函数呢？函数在数学上是这么解释的，给定一个数集 A，假设其中的元素为 x。对 A 中的元素 x 施加对应法则 f，记作 $f(x)$，得到另一个数集 B。假设 B 中的元素为 y。则 y 与 x 之间的等量关系可以用 $y=f(x)$ 表示。我们把这个关系式就叫函数关系式，简称函数。函数概念含有三个要素：定义域 A、值域 B 和对应法则 f。其中核心是对应法则 f，它是函数关系的本质特征。

我们把它简化一点，定义函数仿佛是你制造了一台机器，这台机器可以把你放进去的东西变成另外的东西并输出。你输入一些参数给机器，好比你在机器的一端塞进了一些水果，然后通过函数的计算，也就是你定义的处理方法，机器的那一端就流出果汁，这些果汁就是返回值。最后你就拿到了这些果汁，也就是表达式拿到了所谓的返回值进行使用。

定义变量前要使用 var 来声明，告诉计算机这是一个变量，而不是一串字符。同样地，定义函数也就是做一个"榨汁机"，在这之前就要输入 function，告诉计算机这是一个函数，这是一个制造果汁的机器。我们继续以 Opacity 为例，输入如下表达式。

```
function sum(x,y)
{
return x+y;
};
sum(1,2);
```

结果如图 10-44 所示。

图 10-44

我们看到图 10-44 中的表达式成功运转了，不过刚才的表达式的内容是什么意思呢？这是一个经典结构，通过它我们可以理解函数的使用方法。

首先，定义函数就要做个声明：这是一个函数。使用 function 表示我们告诉计算机，我声明，这是一个函数，不是字符串或者别的变量什么的。输入 function sum 的意思是，这个函数的名字叫作 sum。你如果输入 function ABC 就表示这个函数名字是 ABC，好比你给你的果汁制造机取了一个名字。

解决了声明与取名问题以后，我们要设定参数。比如我们输入了 function sum(x,y)，这个 (x,y) 是什么意思呢？就好比你丢进榨汁机里的水果，你不能丢果皮进去，所以 (x,y) 表示这个函数需要两个材料，分别是数值 x 与数值 y，然后用括号括起来打个包。

现在你已经告诉"榨汁机"你要放入叫作 x、y 的东西，这时机器会问你："拿到材料以后我们干点啥呢？"你会告诉它："当然是搅拌它们啊。"于是你输入 {return x+y};，在这一行代码中，大括号 {} 就是这个"榨汁机"的外壳。而 return x+y 就表示榨汁机所做的事。比如你放进了代表 x 的草莓、代表 y 的香蕉，于是告诉机器请返回给我草莓加香蕉的果汁。如果你不加入一句 return（返回），机器就只会负责完成 x+y 的运算，而不会给你任何结果。

所以，现在你应该理解这个核心顺序了：声明这是一个函数，是一个机器；然后给函数取名，给它定义需要几种材料；再然后制定材料之间的计算规则，并且告诉它返回这些计算结果（当然，偶尔也不需要返回结果，只要计算就行了，区别只在于是否写一个 return）；接下来你就会在机器那一端拿到输出的果汁，也就是计算结果。

当我们定义完这个机器以后，就可以放入很多种数据。我们写了一句 sum (1,2)，意思就是使用名字为 sum 的函数，放入的两个材料分别是 1 和 2，然后计算，最后结果会返回给你。所以我们在 Opacity 上看到 x+y 的计算结果是 3。

掌握了这个概念以后，你就可以自己定义很多的参数，设计很多的运算方式，然后通过不同的参数输入，丢入不同的材料，拿到丰富的结果。好在 After Effects 已经为我们准备了很多的函数、方法等，并且已经打包植入了软件里，直接使用它们即可。

我们使用一个已有的函数试试，在 Opacity 里输入 random(1,100)，结果如图 10-45 所示。

图 10-45

在 random() 这个方法里，输入数值，它就会在这个范围中随机选择一个数字返回。图 10-45 中的随机结果是 21。如果你多重复几次就可以获得其他不同的数值。至于 random() 中的运算过程我们就没必要深究了，那是写这个软件的程序员们应该解决的问题，我们知道这个函数的使用方法即可：输入一个参数范围，然后返回一个随机值给你。

创建函数的结构特点如下所示。

```
function functionname()
{
执行代码；
}
```

如果设定了变量，代码结构如下。

```
function myFunction(变量1,变量2……)
{
```

执行代码；
}

在 After Effects 表达式库中有很多这样的函数，你可以直接调用，输入参数得到结果，自己不必去写复杂的运算过程。如果你需要自己定义一个函数，现在应该也知道如何写一个简单函数了。

不过有个问题，可能你会在其他的地方看到有人把 random() 称为方法，这也是对的。其实函数与方法这是两个概念，是有区别的，只不过经常被混淆在一起，但大部分时候并不影响使用。从某个角度来说，方法也是函数，它们有极多的共同点。我们知道了如何定义函数以后，接下来学习它的使用方法。

在程序中，方法其实是为了达成某个目标所用的方式和办法，是解决一类问题的步骤的有序组合。我们可以用一个极为简单的使用方式理解方法。下面我们先了解一下 length 这个方法，这个方法是计算一个字符串中到底有多少个字符的。我们以 Opacity 属性进行测试，如图 10-46 所示。

图 10-46

在图 10-46 所示界面中输入以下代码。

```
var message="Hello After Effects";
var x=message.length;
x;
```

首先，我们定义了一个变量 message，并赋给它一个字符串。然后，我们为变量 message 使用了一个方法。如何使用的呢？就是在 message 后加上了一个叫作 length 的方法，它的作用是计算对象中有多少个字符。接着，我们写了一句 var x=message.length，表示对 message 使用了 length 这个方法，并将结果赋给 x。最后，Opacity 的数值是 18，因为 Hello After Effects 包括空格一共有 18 个字符。

从某个角度来说，方法本质上是一个特殊的函数、一段运算代码。它往往会有一个对象，也就是说，我们对什么对象使用了什么方法。方法是通过对象调用 JavaScript 函数，也就是说方法也是函数，只是比较特殊的函数。方法的使用格式是"对象.方法()"，通过这样的结构去调用方法，刚才的 message.length 的意思就是我们对 message 这个对象使用了 length 这个方法，然后会得到一个结果。

不过方法也不是每次都带一个括号，这不是什么大问题，在庞大的数据库中我们没必要完全搞清楚哪些是方法，哪些是函数，哪些带括号，哪些不带括号，后面的章节会把系统自带的语句结构进行一个汇总介绍，通过对照样例格式你将知道如何使用它们。

我们再对一个方法进行学习，这一次不同于上一个 length 方法，它带有 ()，可以输入参数。比如，push() 这个方法的意思是"可向数组的末尾添加一个或多个元素，并返回新的长度"。我们以 Position 属性为例进行测试，如图 10-47 所示。

图 10-47

我们在图 10-47 所示界面中输入以下代码。

```
var x=[1];
x.push(2);
x;
```

在图 10-47 中，我们看到表达式成功运行了，这是什么意思呢？首先，定义了一个变量 x，然后变量被赋给了一个数组 [1]。Position 需要两个数据的数组，于是我们再为变量 x 数组添加一个数。正如一开始说的，push() 这个方法的意思是"可向数组的末尾添加一个或多个元素，并返回新的长度"。

当我们输入 x.push(2) 以后，实际上变量 x 就变成了 [1,2]，所以在 Position 中可以看到它的位置是 [1,2]。基于这个例子，你应该知道带有括号的方法是如何使用的，它的使用格式依然是"对象.方法()"。在括号中输入参数，或者不输入参数，这根据实际情况决定。

现在，我们看看最初学习表达式时输入的语句 thisComp.layer("Jiantou.png").transform.opacity.value，其本质就是连续的"对象.方法"代码，最后获得了一个数值进行使用。

总结一下，使用方法的结构特点如下。

对象 . 方法

有输入参数的方法的结构特点如下。

对象 . 方法（参数 1, 参数 2, ……）

现在你应该会写一些简单函数和调用一些方法了，并理解了它们。通常来说，这可以解决很多问题，对于初学者来说，学会这些知识暂时就足够了。如果对这些知识非常好奇，可以去学习一些 JavaScript 的语法，这会加深你对 After Effects 中的表达式的认识。

10.2.5 逻辑

到目前为止，我们主要掌握的是计算关系，现在加入逻辑判断条件。在 After Effects 中经常使用的是条件语句与布尔值问题。

<1> 判断

在使用表达式的过程中，我们不仅需要计算，还可能会基于一些条件进行判断，再做出相应的反应。比如，当图层的角度大于某个数值以后，透明度降低，那么这就需要一个条件判断。在这之前我们先了解几种判断依据。

比较运算符：比较运算符在逻辑语句中经常被使用，以测定变量或值是否相等，如图 10-48 所示。

我们可以在图 10-48 中看到，计算机中的比较运算符有些不同于数学中的符号，所以需要习惯一下。这些符号还算好理解，但是后面的返还值是什么呢？这就涉及下一个概念。

布尔值：它是 True（真）、False（假）中的一个。计算机在计算时，会在适当的时候将 True 和 False 转换为 1 和 0。所以布尔值经常与逻辑运算符一起使用。这些 True（真）与 False（假）的结果就像对应着一些逻辑开关，如果我们不依据数值大小去判断，也可以使用布尔值去判断，然后做出相应的变化。既然提到了逻辑运算，那么对逻辑运算符的学习也必不可少。

运算符	描述	比较	返回值
==	等于	x==8	false
		x==5	true
===	绝对等于（值和类型均相等）	x==="5"	false
		x===5	true
!=	不等于	x!=8	true
!==	不绝对等于（值和类型有一个不相等，或两个都不相等）	x!=="5"	true
		x!==5	false
>	大于	x>8	false
<	小于	x<8	true
>=	大于或等于	x>=8	false
<=	小于或等于	x<=8	true

图 10-48

逻辑运算符：逻辑运算符用于测定变量或值之间的逻辑。逻辑运算符或逻辑联结词把语句连接成更复杂的语句。例如，假设有两个逻辑命题，分别是"正在下雨"和"我在屋里"，我们可以将它们组成复杂命题"正在下雨，并且我在屋里"或"没有正在下雨"或"如果正在下雨，那么我在屋里"。将两个语句组成的新的语句或命题叫作复合语句或复合命题。

我们借助数字计算深入了解一下，假设 x=6、y=3，那么我们可以更加直观地理解逻辑运算符，如图 10-49 所示。

运算符	描述	例子
&&	and	(x < 10 && y > 1) 为 true
||	or	(x==5 || y==5) 为 false
!	not	!(x==y) 为 true

图 10-49

我们对图 10-49 中的三个例子做个简单的解释。

第一个，and 的逻辑联结的意思是"并且"。因此，(x<10&&y>1) 的意思是：判断 x 小于 10 是不是成立，同时判断 y>1 是不是成立，&& 符号表示刚才两个条件必须同时成立。因为我们在一开始设置了 x=6、y=3，所以 (x<10&&y>1) 是成立的，判定计算完毕以后，返回一个 True（真）。在 and 的逻辑中，条件必须同时成立，才会返回 True（真），否则返回 False（假）。

在第二个判定中 or 是"或者"的概念，意味着两个条件中有一个成立就为真，返回 True（真），都不成立时返回 False（假）。

在最后一个判定中，not 的意思是"否"，意味着条件不成立，如果该条件不成立，返回 True（真），成立时返回 False（假）。在图 10-49 中，因为设置了 x=6、y=3，因此 !(x==y) 是成立的，也就是 6 等于 3 不成立，所以返回 True（真）。

这三个概念就是常说的"与"或"非"。现在，我们知道了几种逻辑的判断依据，接下来了解一下判定依据，如果判定依据符合某种情况，表达式将执行相应命令。

<2> 条件

回到我们最初的构想，当图层的角度大于某个数值以后，透明度降低。我们输入表达式来

实现这个想法，如图 10-50 所示。

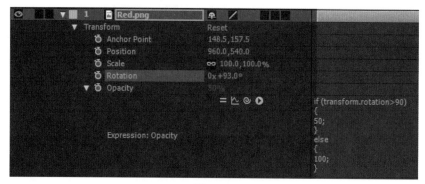

图 10-50

我们在图 10-50 所示界面中输入下面这段表达式。

```
if (transform.rotation>90)
{
50;
}
else
{
100;
}
```

这段表达式是什么意思呢？它的意思是：如果当前图层的旋转角度大于 90°，设置 Opacity 的数值为 50，让透明度变成 50%；如果不符合这个条件，则执行另外一个操作，设置 Opacity 的数值为 100。我们看到图中 Rotation 的数值大于 90°，所以透明度变成了 50%。

刚才的一段表达式符合 if...else... 的基本结构，它的语法是：

```
if (condition)
{
当条件为 true 时执行的代码；
}
else
{
当条件不为 true 时执行的代码；
}
```

那么，当我们使用 if...else... 条件判定语句时，就可以套用该结构。在 if 后面的小括号中加入判定依据，这个判定依据可以是之前介绍的各种比较与逻辑关系，可以比较大小，也可以确定布尔值等。如果条件成立，就执行 if 后面的大括号中的代码；如果判定条件不成立，就执行 else 后面的代码。

可能有人看到这个大括号，就以为可以像函数一样使用，可能会写下面这种代码。

```
if (transform.rotation>90)
{
return 50;
}
else
{
return 100;
}
```

这看起来似乎有道理，但其实是不对的，因为这是 if...else... 条件判断语句，虽然都是执行大括号中的内容，但是 return 在函数的大括号中是定义返回值的，在条件判断语句中则不是这个功能了，所以代码运行会报错。好在我们可以在 if...else... 中定义函数，修正刚才这一段错误的代码。我们结合之前学习函数时的代码一起使用，如图 10-51 所示。

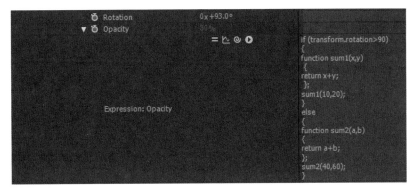

图 10-51

图 10-51 中的代码显然是被正确执行了，当 if 条件成立时，运行 if 大括号中的内容，我们定义了一个叫作 sum1 的函数，然后运算它，并且返回值；条件不成立时候执行 else 大括号的内容，然后我们定义了一个叫作 sum2 的函数，并且计算它，得到返回值。

这段表达式代码如下。

```
if (transform.rotation>90)
{
function sum1(x,y)
 {
return x+y;
 };
sum1(10,20);
}
else
{
function sum2(a,b)
{
return a+b;
};
sum2(40,60);
}
```

这些代码显然是把事情搞复杂了，但是它的目的很清楚，先做一个测试，然后在 if...else... 的大括号里执行很多语句。不要被括号误导，该定义函数时定义函数，该定义参数时定义参数，就像你完全写一段新代码一样。最重要的是，面对如此多的大括号，需要你理清楚它们之间的关系，这可能需要你有个清晰的逻辑。if...else... 的大括号里也可以执行 "方法" 等，这都依赖于你的发挥。

<3> 循环

如果在表达式中，你希望一遍又一遍地运行相同的代码，并且每次的值都不同，那么使用循环是很方便的。JavaScript 支持不同的循环类型，我们以 for 循环为例进行介绍。for 循环是创建循环时常会用到的工具。

for 循环的语法结构如下。
for（语句 1; 语句 2; 语句 3）
{
被执行的代码块；
}
for：循环运行代码块一定的次数。

这个结构的意思就是说 for 表示开始循环，括号中就是循环的判定依据，比如说循环几次才停下，然后每一次循环执行一次括号中的代码块。我们用文本图层中的 Source Text（源文本）属性做个测试，如图 10-52 所示。

图 10-52

图 10-52 所示界面中输入的表达式如下。
for (var i=0; i<5;i++)
{
i;
}

在图 10-52 中我们看到表达式被成功运行。这段表达式的意思是：for 表示开始循环，括号中是循环的判定条件；在这个判定条件中，我们定义了一个变量 i，i 初始值被设为 0，然后不断地进行自加运算，i++ 的意思是 i=i+1；变量 i 不断加 1 以后又重新赋值给了自己，但是它不能超过 5。最后我们把变量 i 显示出来，效果如图 10-53 所示。

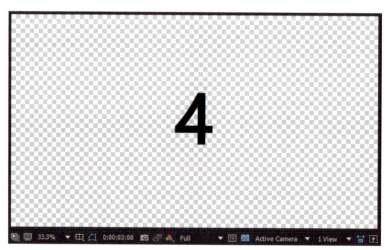

图 10-53

图 10-53 中就是表达式的结果，意思是 i 给自己重复加 1，直到等于 4 的时候停止下来，也就是说循环了 4 次。因为，如果再循环一次就不满足 i<5 的条件了，所以只循环 4 次。当然，循环这部分的知识有点"超纲"了，对于初学者而言能掌握到这里已经很好了。

10.3 有哪些经常引用的表达式

在这一节中会对表达式中的函数、方法等进行讲解。我们知道软件自带表达式的库中有非常多的数据，至于哪些会是解决问题时经常用到的，你会在这一节中学习到。以后，当你想写一个表达式的时候，首先要考虑这一节里的表达式和插件，它们将是使用最为频繁的那一类。

10.3.1 常见的效果表达式和插件

index：返回当前图层的数值，也作为序号顺序类型的数值读取与返回。比如不加设定时，使用 index 会读取当前图层排序的序号，并且返回该数值，如图 10-54 所示。

图 10-54

在图 10-54 中，只在合成中放了一个图层，所以它的序号是 1，当我们使用 index 表达式时，它的返回值就是 1，所以透明度就是 1%。这个功能在进行索引和制作一些延迟动画的时候会经常用到。

Slider Control：一个效果插件，只有一个数值参数，如图 10-55 所示。

图 10-55

我们在时间轴面板上设置了一个空层，然后选择 Effect→Expression Controls→Slider Control 命令。我们知道空层什么也不显示，往往用于做一些控制器。我们添加了一个滑块控件以后，就可以通过表达式控制很多属性发生变化。我们进行一个测试，如图 10-56 所示。

图 10-56

在图 10-56 中，我们在 Cyan Solid 1 固态层的 Opacity 属性框中输入 thisComp.layer("Null 1").effect("Slider Control")("Slider")。

它的意思你应该很容易看懂了，我们读取了 Null 1 空层中 Slider Control 效果的滑块变化数值，然后提供给 Opacity。当改变 Null 1 空层中 Slider Control 效果的数值时，可以直接让当前层的透明度发生变化。这个功能很强大，通过这个办法你可以制作出很多属性与其他参数变化的效果。

同样，还有一些类似的控制功能插件，如图 10-57 所示。

Expression Controls	3D Point Control
Generate	Angle Control
Keying	Checkbox Control
Matte	Color Control
Noise & Grain	Layer Control
Obsolete	Point Control
Perspective	Slider Control

图 10-57

我们在图 10-57 中可以看到 Expression Controls 中包含多种控制方式，它们都提供着不同的参数类型，你可以通过对 Slider Control 的学习来理解这些控制方式。这些效果插件在之前讲解常用的插件相关知识时提起过。

time：读取当前指针，并返回该数值。我们用 Rotation 属性进行测试，如图 10-58 所示。

图 10-58

在图 10-58 中，表达式 time*50 的意思是"当前时间指针的时间乘以 50 作为 Rotation 属性的数值"。所以，在播放的时候你会看到图层慢慢旋转，原理还是非常清晰、简单的。在你遇到与时间指针所指的时间变化相关的问题时，就可以考虑该表达式。

wiggle：通过参数设定一定幅度的摆动。

这个功能经常会被用到对 Position 做抖动模拟，例如拍摄一些火爆场面时，不需要去抖动摄像机，而是直接为整个合成 Position 设置一些参数就可以模拟抖动效果，如图 10-59 所示。

图 10-59

图 10-59 中的表达式 wiggle(20,50) 的意思是，每秒钟震动 20 下，每下震动 50 个像素。当你输入这行表达式，然后播放预览时，会发现整个图层会进行剧烈的抖动。不过也不要把对这个功能的应用限于 Position 的抖动效果上，而是要理解它的本质。它的本质在于让一些属性参数在一定频率范围内发生随机的变化，当你需要解决这些关于"摆动"的问题时，可以考虑 wiggle() 表达式。

linear(t,value1, value2)：该表达式的意思是：随着时间的推移，数值从 value1 过渡到 value2，t 代表时间。我们测试一下效果，如图 10-60 所示。

图 10-60

在图 10-60 中，我们在 Rotation 属性框中输入表达式 linear(time,0,90)，这表示随着时间指针移动，返回的数值从 0 到 90。所以随着时间推移，图层会旋转 90°，默认情况下是在 1 秒里完成 0 到 90 的变化。如果想加快或者减慢变化的速度，可以对 time 进行一个数值的乘除。比如，linear(time/2,0,90)，那么结果是在 2 秒钟内完成 0 到 90 的变化，以此类推。在你需要某个数值在某个时间范围内进行变化时，可以考虑使用该表达式。

random：随机，在某个参数范围内提供一定随机值。我们测试一下效果，如图 10-61 所示。

图 10-61

在图 10-61 中，我们在 Rotation 属性框中输入表达式 random(1,360)，这表示在 1 到 360 里随机取一个数值使用。系统在图 10-61 中随机选择的结果是 333.1，于是图层旋转了 333.1°。当你遇到关于随机数的问题时，可以优先考虑使用这个表达式。

Math.max（value1, value2）：计算两个数据的大小，返回大的数值。

该表达式用于快速比较数值大小，省去很多时间。我们测试一下，如图 10-62 所示。

图 10-62

在图 10-62 中，我们在 Rotation 属性框中输入表达式 Math.max(1, 2)，这表示比较数字 1 与数字 2 的大小，然后返回大的数值。那么通过系统计算以后，返回数值 2，于是旋转了 2°。所以，当你遇到比较数值的问题时，不必非要自己写函数，通过这个表达式就能快速处理。关于数字计算的表达式非常多，相关内容在表达式库的整体介绍中会提到。

clamp：该表达式能够限制一定数据范围。在使用具有随机性质的表达式时，会返回很多随机参数，也许这不能满足设计需求，需要在一定范围内进行限制。下面测试一下，如图 10-63 所示。

图 10-63

在图 10-63 中，我们在 Rotation 属性框中输入表达式：

```
var x=random(1,100);
clamp (x,2,50);
```

这段表达式是什么意思呢？首先我们定义了一个变量 x，把 random(1,100) 的随机计算结果赋值给变量 x。此时使用 clamp 表达式，第一个参数是读取要处理的 x，然后填入限制的数值范围 2 到 50。此时播放会发现，虽然我们设定了 random(1,100) 的随机数值，但是怎么也不会超出 2 到 50 这个范围，这就是因为 clamp 表达式对范围进行了限制。当需要限制参数的取值范围时，可以考虑使用这个表达式。

loopOut：循环输出。如果需要让一些属性值循环变化，未必需要反复打上同样的关键帧，可以使用 loop 循环表达式来解决问题，loopOut 就是其中一种。下面测试一下，如图 10-64 所示。

图 10-64

在图 10-64 中，在 Rotation 属性框中输入表达式 loopOut("cycle", 1)，并且在这之前还打上了两个关键帧，初始关键帧是 0°，第二个关键帧是 90°。那么这个表达式表示什么意思呢？loopOut("cycle", 1) 表示循环以最后一个关键帧和倒数第二个关键帧为起止的段。所以当播放时，会在这两个关键帧之间循环播放。

这个语句的结构是：loopOut(type="cycle", numKeyframes=0)。其中 type 就是循环类型，第二个参数表示选择哪些关键帧进行循环。对于这个表达式，循环类型还有其他几种，如图 10-65 所示。

在图 10-65 中可以看到几种循环类型，以及它们根据关键帧重复播放的形式。当然 loop 类型的表达式有很多，不过掌握了这一个表达式的用法，也很容易掌握其他表达式的用法。遇到循环问题时不一定首先考虑用 for 语句，可以考虑用 loop 类的表达式（更详细的内容在表达式库相关章节中会有介绍）。

循环类型	结果
cycle	（默认）重复指定段
pingpong	重复指定段，向前和向后交替
offset	重复指定段，但会按段开始和结束时属性值的差异乘以段已循环的次数
continue	不重复指定段，但继续基于第一个或最后一个关键帧的速度对属性进行动画制作。例如，如果图层的缩放属性的最后一个关键帧是 100%，则图层将继续从 100% 缩放到出点，而不是直接循环回出点。此类型不接受 keyframes 或 duration 参数

图 10-65

speed：读取与返回速度数值，即属性在默认时间内更改的速度的正值，此元素只能用于空间属性。下面进行一个测试，如图 10-66 所示。

图 10-66

在图 10-66 中我们对 Position 添加了两个不同位置的关键帧，这就意味着有了位移，并且随着时间的推移移动到指定关键帧的位置，那么此时就会有速度。在文本图层的 Source Text 属性框中写入表达式 transform.position.speed，通过这种方式可以把速度数值显示出来，如图 10-67 所示。

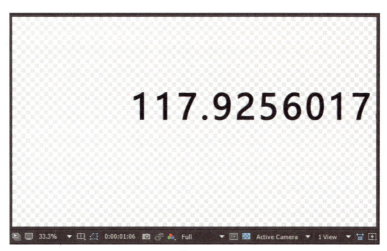

图 10-67

此时可以在预览窗口里看到 Position 位移的速度。在考虑与速度相关的属性值的问题时，可以考虑用 speed 类型的表达式。

key(index)：返回类型是 key 或 MarkerKey，参数 index 是数值，根据此参数返回 key 或 MarkerKey 对象。例如，key(1) 返回第一个关键帧。这个问题可能稍微有点复杂，不过也可以测试一下，如图 10-68 所示。

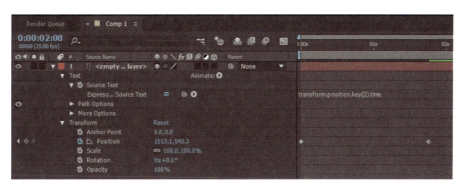

图 10-68

在图 10-68 中，Position 的第二个关键帧到底在哪个时间位置呢？看时间线面板只能知道其大概在接近 2 秒的时间位置。此时通过文本图层中 Source Text 属性写入表达式，transform.position.key(2).time，预览窗口显示的结果如图 10-69 所示。

我们看到预览窗口中显示的数值为 1.76，即 Position 的第二个关键帧在时间线的 1.76 秒位置。这是为什么呢？对于表达式 transform.position.key(2).time，其中 key(2).time 表示读取第二个关键帧的时间数据。其实关于关键帧的表达式有很多，一旦涉及关键帧的某些读数就要考虑用 key 类的表达式了。

以上这些表达式类型是经常会涉及的：序号、摆动、随机、制作一个控制器、关键帧、循环、限制，等等。这些都是会被经常调用的数据与需要处理的问题，所以属于你在熟悉表达式库时需要优先掌握的类型。在随后的章节中会介绍表达式整个库与常用格式，以方便大家查阅，从而做出很多有趣的效果。

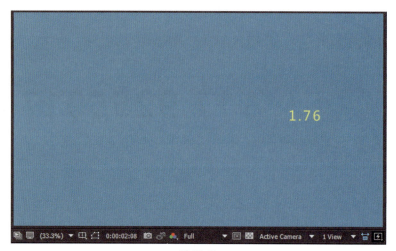

图 10-69

10.3.2 表达式样例参考

基于表达式可以实现很多创意。虽然不能指望下面这些表达式能够帮你实现什么实际功能，但在你感到困惑时，参考它们的书写格式与思路，相信会有所帮助。

- **使图层旋转一圈**

可以创建表达式，而不使用其他图层中的属性就可以使图层完美地旋转一圈。选择图层，按 P 键显示其位置属性，按住 Alt 键单击（Windows 操作系统）属性名称左侧的秒表，在表达式字段中输入以下内容：[(thisComp.width/2),(thisComp.height/2)]+[Math.sin(time)*50,-Math.cos(time)*50]。

- **旋转时钟的指针**

可以先制作一些表示时钟的分针、时针、秒针的指针，然后为它们添加表达式。

比如我们为分针的 Rotation 属性输入表达式：thisComp.layer(秒针图层名字).transform.rotation*(1/60)。

同理，为时针的 Rotation 属性输入表达式：thisComp.layer(时针图层名字).transform.rotation*(1/30)。

- **将一个图层放置在其他两个图层之间**

通过表达式将一个图层放置在其他两个图层之间，并使其保持在平衡距离处。假设时间轴面板上有三个图层，此时为第三个图层的 Position 属性输入表达式：(thisComp.layer(1).position + thisComp.layer(2).position)/2。

- **在特定时间开始或停止摆动**

当时间指针移动到某时间处后，图层开始一系列的行为，比如开始摆动。假设在 2 秒时图层开始摆动：

```
timeToStart = 2;
if (time > timeToStart)
{
  wiggle(3,25);
}
else
{
```

```
  value;
}
```

假设图层在 4 秒时停止摆动:

```
timeToStop = 4;
if (time > timeToStop)
{
  value;
}
else
{
  wiggle(3,25);
}
```

把上面两者的情况结合,即图层在 2 秒时开始摆动,在 4 秒时停止摆动:

```
timeToStart = 2;
timeToStop = 4;
if ((time > timeToStart) && (time < timeToStop))
{
  wiggle(3,25);
}
else
{
  value;
}
```

以上都是一些简单的表达式,提供一些结构的参考,事实上可以用表达式实现很多效果。读者可以快速理解并套用表达式的格式,但面对具体情况还是要具体分析,梳理清楚所有的逻辑顺序。

第 11 章 粒子特效

11.1 Trapcode Particular 粒子系统

11.1.1 Trapcode Particular 粒子系统的效果

Trapcode Particular 是 After Effects 的一个 3D 粒子系统，它可以产生各种各样的自然效果，像烟、火、闪光等，也可以制作高科技风格的图形效果，它对于运动的图形设计是非常有用的。其效果截图，如图 11-1 所示。

图 11-1

看到这样的效果图是否很心动呢？是否可以实现如图所示的效果，都依赖于对 Trapcode Particular 的理解。

11.1.2 Trapcode Particular 简介

我们使用的是红巨星粒子套装 After Effects 插件 Red Giant Trapcode Suite 14.0.3 版本。其中最主要的工具就是 Trapcode Particular 3 粒子插件了。

11.1.3 使用插件参数可以实现的功能

首先新建一个工程，并且在工程里任意生成一个 Solid，然后右击此固态层，在弹出的快捷菜单中选择 Effect → RG Trapcode → Particular，这样就启用了 Trapcode Particular 粒子插件。

此时 Solid 就会变成具有发射器的粒子层了。需要注意的是，红巨星粒子套装因为版本的迭代更新。在 14.0.3 版本之前可能并不一定是 Effect → RG Trapcode → Particular 的操作路径，但是没有关系，最重要的就是这个特效的位置往往包含了"Trapcode"这个关键词。并且当使用了插件后，其界面与核心功能不会有很大差异。

进入 Trapcode Particular 3（后面简称 Particular）粒子插件以后，Effect Control 界面如图 11-2 所示。

在图 11-2 的第一行，Reset、Licensing... 和 About... 分别表示重置参数、许可、有关这个软件。如果在调整参数时出现错误，可以使用"Reset"选项重置参数。

Designer：点开以后有很多方便的预设功能。

Show System：针对上一条 Designer 预设的显示选择。

Emitter（Master）：发射器属性组。

Particle（Master）：粒子属性组。

Shading（Master）：着色属性组。

Physics（Master）：物理学属性组。

Aux System（Master）：辅助属性组。

World Transform：世界坐标空间变化属性组。

Visibility：可视性属性组。

Rendering：渲染属性组。

以上就是 Trapcode Particular 的主要属性分组，每一个分组的分支都可以帮助你解决

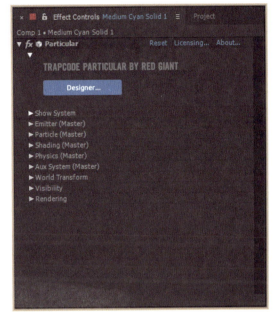

图 11-2

不同的问题。在这里 Designer 与 Show System 是在最新版本中添加的方便快捷的预设系统。相对避免了过多烦琐常见的属性设置。而在老版本里没有这两个预设系统，需要从每一个属性进行调整。

11.2 Particular 粒子发射系统

创建工程并新建一个 Solid，然后右击固态层，在弹出的快捷菜单中选择 Effect → RG Trapcode → Particular 进入到粒子插件中。

11.2.1 如何获得粒子

要使用粒子系统，自然要存在粒子。那么粒子是从哪里来的呢？对 Solid 进行上述操作后，按空格或小键盘的"0"键进行预览，可以看到粒子的产生情况，如图 11-3 所示。

此时，图 11-3 的屏幕中心有源源不断的粒子被发射出来，并且像周围扩散以后消失。似乎在这个图像的中心有一个发射器在不断地发射粒子，这就是粒子的来源。要使用粒子，首先就需要一个发射器来源源不断制造一些粒子存在于合成界面上。

图 11-3

对应的属性组就是 Emitter（Master），即发射器属性组。通过这个组属性调整粒子的产生、发射等。选择粒子发射器的属性，如图 11-4 所示。

图 11-4

图 11-4 中就是 Emitter（Master）的全部属性。这些属性包括了发射粒子的行为模式、发射器的发射类型、发射速度和方向等。

11.2.2　粒子发射行为与发射数量

第一次在图 11-3 所示的粒子预览，粒子是源源不断地在发射，那么是否需要粒子源源不断地生成呢？还是说发射一次就够了呢？

这取决于 Emitter Behavior。在这个选项下有两个选择，分别是 Continuous 和 Explode。默认选项是 Continuous，即持续不断地发射粒子。如果在保持其他默认数据不变时，将 Emitter Behavior 改为 Explode，那么粒子发射就只发射一次。这可以理解成一种尝试性的，粒子瞬间生成的趋势和效果。你会发现在默认数据下，它的效果就像一个烟花绽放的方式，发射一次结束，可以用这个发射方式模拟烟花的制作效果。

在解决了发射行为这个问题后（将数据重置），再思考一下，既然在源源不断地发射粒子，那么每秒发射多少呢？这取决于 Particles/sec 属性，即每秒粒子发射数量。默认值是 100，即每秒钟从发射器中喷射 100 个粒子。如果将值调整为 1000。那么此时粒子在预览窗口的效果，如图 11-5 所示。

图 11-5

可以对比图 11-3 与图 11-5 的效果，看看粒子密集度的差异。而 Particles/sec 也是可以添加关键帧的，根据需求随时调整发射数量。

11.2.3 粒子发射器的类型

选择了发射行为方式后，再选择发射器的类型。粒子的发射器是多种多样的。默认使用的是点发射类型，也可以用面发射类型，还可以用立体形状发射类型。单一的发射器类型显然是不够的。在选项 Emitter Type 中选择。这些发射类型有点发射、体积发射、光源发射、图层发射、OBJ 模型发射这几个大类。选择 Emitter Type 下拉菜单，如图 11-6 所示。

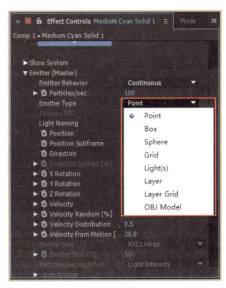

图 11-6

在图 11-6 中，默认的粒子发射方式是 Point，还有其他的发射方式。

Point：粒子从一个点发射出来。

Box：粒子在一个立方体中发射出来。

Sphere：粒子从一个球体里发射出来。

Grid：所有粒子从一个二维或者三维的栅格中发射出来。

Lights：所有粒子从灯光中发射出来。

Layer：所有粒子从一个图层中发射出来。

Layer Gride：所有粒子从一个图层中以栅格的方式向外发射出来。

OBJ Model：所有粒子从 OBJ 模型中发射出来。

<1> 点发射与体积发射

默认的发射类型是 Point。图 11-3 与图 11-5 显示的效果都是使用的这种发射类型，可以看到是以一个点扩散发射，非常直观也很好理解。

而体积发射是粒子在一个立方体中进行发射。它们发射粒子后，界面的效果也起了相应的变化。以 Box 发射方式为例，如图 11-7 所示。

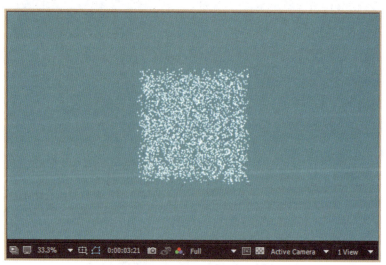

图 11-7

图 11-7 中产生粒子点的位置不再以某个点为中心，而是以体积在发射。在没有调整参数的时候只能隐隐约约地看到大概的发射趋势，还看不出一个立方体的效果。因为除了考虑发射方式，还要考虑粒子的生命、发射器的发射速度。将 Particles/sec 的值改为 1000 以上，显示更多的密集粒子。把发射器赋予粒子的速度全都调整为 0，如图 11-8 所示。

这样粒子在产生时就没有向外喷射飞行的速度，会保持初始位置不动。这样可以看到发射器从什么地方喷射粒子。此时再按空格键播放预览，就可以看到发射器的模样。它是一个正方体，整个正方体都在发射粒子。虽然看着像是一个平面，不过当新建一个摄像机再旋转观察时会发现图 11-7 是

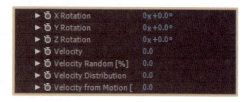

图 11-8

一个立方体。所以这里有一个重点知识，那就是粒子发射不是平面的，而是三维立体的。

<2> 以光源发射粒子

Lights 作为发射器也比较常用。比如在做一些尾烟的时候也喜欢用 Light 作为发射器。它的用途是非常广泛的。并且灯光属性可调节发射器部分属性，例如 Spot，当调整灯光角度时，就可以控制粒子发射角度。

图 11-9

在 Emitter Type 中选择 Lights 方式后，会弹出一个对话框，如图 11-9 所示。

图 11-9 的对话框是告诉你灯光发射的使用方式，意思是要使用灯光作为发射器，需要灯光并且在发射器里输入灯光的名字，单击 OK 按钮即可。此时在时间轴面板上，右击空白处，在弹出的快捷菜单中选择 New → Light，然后新建一个灯光，可以是 Sport，也可以是 Point。当然，最重要的是要记住这个光源的名字，如图 11-10 所示。

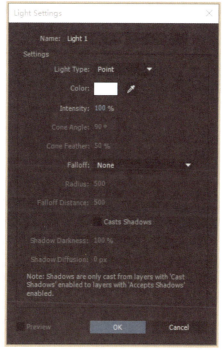

图 11-10

注意在图 11-10 中，新建第一个灯光系统的默认名字是 Light 1，也可以改成自己想设置的名字（最好是英文的），然后单击 OK 按钮。此时选择粒子插件中的 Emitter（Master）→ Light Naming → Choose Names 选项，如图 11-11 所示。

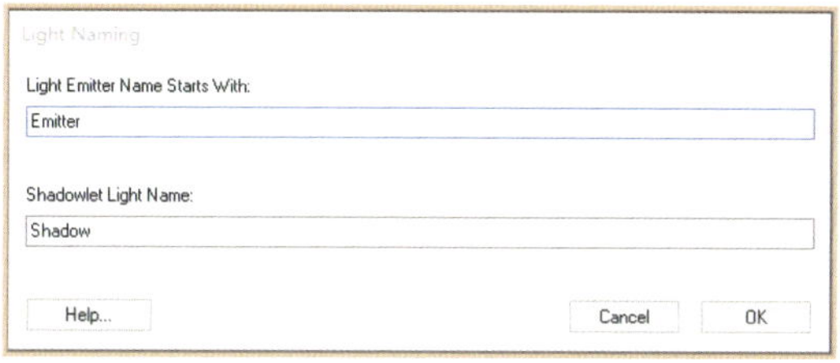

图 11-11

在图 11-11 中，"Light Emitter Name Starts With"可以理解为灯光粒子发射器是哪个。在此文本框中输入要发射粒子的灯光名字。此时按空格键预渲染时，就会看到粒子从灯光中发射出来，如图 11-12 所示。

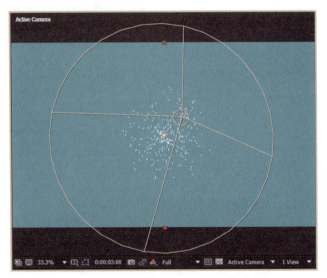

图 11-12

在图 11-12 中可以清楚地看到灯光作为发射器源源不断地发射粒子。"Shadowlet Light Name"可以理解为粒子阴影灯光的名字，使用方法也是一样的。

此外，在使用灯光发射时会激活与光源发射器有关的选项参数，如图 11-13 所示。

图 11-13

图 11-13 中的 Emitter Size XYZ，调整发射器 X、Y、Z 这三个轴向的范围大小，而 Layer/LayerGrid 类型的发射器只可调节 Z 轴方向。

Particles/sec modifier，这个选项在 Light 作为发射器时生效，进行粒子发射数量修正。其中有几个选项如图 11-14 所示。

图 11-14

Light Intensity：根据灯光强度可调节粒子发射数量。

Shadow Darkness：根据阴影强度调节粒子发射数量。

Shadow Diffusion：根据阴影扩散调节粒子发射数量。

None：粒子发射数量不受灯光影响。

以上就是灯光发射方式的主要属性。灯光发射已经具有了一些借助其他参数进行光源属性调节的特点，还有一个更加典型的例子就是以层作为发射器发射粒子。

<3> 图层作为发射器

图层不但可以作为粒子发射器，而且图层所包含的颜色信息，透明度信息都可以调用成为发射器的属性参数。当发射器类型以 Layers 作为发射器时，Layer Emitter 选项也会被激活，如图 11-15 所示。可以使用图层信息来驱动发射，包括图层的颜色、位置，甚至透明度等来影响发射效果。当然，图层必须以三维模式进行发射。

图 11-15

在图 11-15 中，Layer 所对应的下拉菜单用来选择需要作为发射器的图层。首先导入一个独角兽的图片，如图 11-16 所示。

图 11-16

此时时间轴面板上的参数，如图 11-17 所示。

图 11-17

在图 11-17 中，图层"Cyan Solid 1"是一开始使用 Effect → RG Trapcode → Particular 插件的固态层，所以保持不动。而图层"独角兽 .png"是打算用来作为图层发射的器的图层。在 Layer（层）中选择需要作为发射器的图层，即"1. 独角兽 .png"，如图 11-18 所示。

图 11-18

此时会弹出一个对话框，告诉我们当使用图层发射器时需要做些什么，如图11-19所示。

图11-19所示的意思是：如果使用图层作为发射器需要注意的是，它必须开启三维图层形式，并且要使用预合成。现在在时间轴面板上选中"独角兽.png"图层，打开它的三维开关，如图11-20所示。

图11-19

图11-20

在图11-20中，打开用红框标记的三维开关，然后单击独角兽.png图层，按键盘上Ctrl+Shift+C组合键进行预合成，此时会弹出对话框，如图11-21所示。

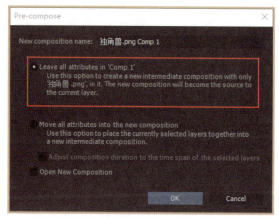

图11-21

图11-21是预合成面板，选中第一个单选按钮，然后单击OK按钮。如果选中第二个单选按钮，并不会产生发射效果。两个预合成的选择在不同的情况下，有不同的选择，并不是固定的。同样新的预合成也保持它的三维开关处于打开状态。这时按空格键预览时，并没有粒子产生，此时应该怎么办呢？让图11-15中所示的Layer再读取一次合成就可以了，如图11-22所示。

如果新建完预合成没有粒子产生，可以重新选择Layer Emitter → Layer中的None选项，然后再重新选择载入一次要作为发射器的层"2.独角兽.png Comp 1"。此时就可以看到粒子源源不断地从"独角兽.png"这张图片的形状上发射出来。而且，在时间轴面板上会多出一个被锁定的发射器层LayerEmit [独角兽.png Comp 1]，不用对它进行操作。建议关掉时间轴面板上的"2.独角兽.png Comp 1"图层的显示开关，如图11-23所示。

图11-22

图11-23

在图 11-23 中用红框标注的位置单击鼠标左键关闭图层显示，这样可以清晰地看到粒子是如何运作发射的。如果此时把所有的发射速度相关属性都设置成 0。就会看到一个粒子组成独角兽的模样，这个图层正在作为一个发射器源源不断地发射粒子，效果如图 11-24 所示。

图 11-24

在图 11-24 中，可以看到粒子只限于在之前图片中的范围发射粒子，并且还有很多的参数可以使得它们变化得非常绚丽。如果希望图层属性变化时，粒子发射的属性也跟着变化，那么这些设置在 Layer Sampling 中，其对应的下拉菜单，如图 11-25 所示。

Current Time：粒子实时受到图层变化的效果影响。

图 11-25

Particle Birth Time：粒子出生时，粒子只在发射时受到图层数据的影响，之后图层变化将不影响粒子运动。

Still：大部分的时候与实时发射效果差不多。它们的区别在使用子粒子系统时候才有一定区别。使用得最多的还是 Particle Birth Time。

根据图层信息驱动发射器的不同效果的设置在哪里？这些设置在 Layer RGB Usage，图层的亮度颜色等属性将会影响到发射，其下拉菜单，如图 11-26 所示。

图 11-26

Lightness - Size：图层亮度控制粒子大小，亮度越高，比如白色，则粒子更大，反之更小。

Lightness - Velocity：图层两队控制粒子速度，灰色速度为 0。

Lightness - Rotation：图层亮度控制粒子旋转，白色为顺时针旋转，黑色为逆时针旋转。

RGB - Size Vel Rot：图层颜色控制粒子大小、速度、旋转。例如，红色控制粒子大小范围 0~255，绿色控制速度 0~128~255，0 为负方向速度，128 速度为 0，255 为正方向速度。蓝色控制旋转 0~128~255，0 是逆时针方向，128 不旋转，255 为顺时针方向。

RGB - Particle Color：图层控制粒子颜色。

None：图层不控制粒子，只通过 Alpha 控制粒子透明度，白色表示不透明，黑色表示完全透明。

RGB - Size Vel Rot + Col 与 **RGB - Size Vel Rot** 同时控制粒子的颜色。

RBG - XYZ Velocity：颜色控制粒子速度，红色控制 X 轴方向速度，绿色控制 Y 轴方向速度，蓝色控制 Z 轴方向速度。控制范围在 0~255，128 的时候速度为 0，0 为负方向，255 为正方向。

建议大家可以选择不同的效果进行尝试。在 After Effects 中，图层的各种信息可以被读取，然后再把数据应用到其他地方，这也与表达式的一些本质特点类似。

如果选择 Layer Grid 发射器这个发射类型时，那么 Grid Emitter 选项则会被激活，如图 11-27 所示。

图 11-27

图 11-27 表示 "Particles in X/Y/Z" 粒子在矩阵里的数量。在 Type 的下拉菜单中，Periodic Burst 表示周期性发射粒子；Traverse 表示以逐行的形式发射网格粒子。

<4>OBJ 模型作为发射器

这是一个比较特别的发射器，用 OBJ Model 发射粒子。OBJ 是一种文件格式，可以在三维软件里互相通用读取的文件。OBJ 文件是 Alias|Wavefront 公司为它的一套基于工作站的 3D 建模和动画软件 Advanced Visualizer 开发的一种标准 3D 模型文件格式，很适合用于 3D 软件模型之间的互导，也可以通过 Maya 读写。比如在 3ds Max 或 LightWave 中建了一个模型，想把它调到 Maya 里面渲染或制作成动画，导出 OBJ 文件就是一种很好的选择。目前几乎所有知名的 3D 软件都支持 OBJ 文件的读写，不过其中很多需要通过插件才能实现。在没有掌握三维软件的情况下，使用自带的 OBJ 模型就可以了。

使用 OBJ 模型发射粒子，在 Emitter Type 中选择 OBJ Model 选项，然后选择 Emitter（Master）→ Choose OBJ → Choose OBJ，如图 11-28 所示。

在图 11-28 中弹出的 OBJ 模型对象选择框中，可以看到各种不同的发射模型的形状。并且图中用框标注的 "Add new obj"，表示可以增加很多 OBJ 模型进去可供选择。

例如选择了 "Heart" 的 OBJ 模型作为发射器，并且把所有的发射速度都设置成 0，让粒子待在

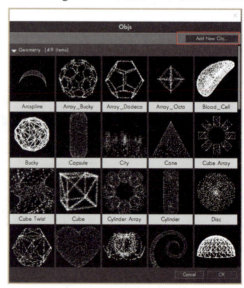

图 11-28

发射时诞生的位置，如图 11-29 所示。

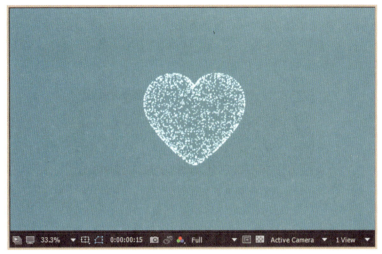

图 11-29

可是在选择了 OBJ 发射器后，却可能得不到如图 11-29 所示的图形效果，可能粒子会扩散得到处都是，不能形成完整的形状。这是为什么呢？先带着这个问题进行学习。现在只讲到了发射器，发射的粒子的属性本身也是可以调整的，在学习粒子的属性时再探讨。同时，当选择了"OBJ 模型"的发射类型后，OBJ Emitter 这个选项也会从灰色变成可选的模式，如图 11-30 所示。

图 11-30

3D Model：用来选择模型。

Refresh：重新载入模型。

Emit From：粒子从模型的什么部分发射出来。有 Edges、Vertices、Face、Volume，三维模型都是由点线面组成的空间，所以这些数据也会成为发射的工具。

Normalize：定义导入 OBJ 的位置，勾选此复选框时 OBJ 中心点位置为 (图层中心 X，图层中心 Y, 0)，不勾选时 OBJ 中心点位置为（0,0,0）。

Invert Z：整体 Z 方向反向。

Sequence Speed：0.5 表示为 50% 的原速度，2 表示为 200% 的原速度。

Sequence Offset：拖动数值调整便宜程度，0 表示不偏移，500 表示最高偏移。

Random Seed：随机粒子产生。

OBJ 模型发射类型预设已经给我们提供了很多的发射方式，可以尝试制作多个图案，并且调整它们的参数看看它们的变化效果。主要的基本参数就可以满足基本的需求。

11.2.4　发射器的坐标位置与方向速度

可以把发射器理解成一个炮台，它有不同的型号。当然，发射的方向、炮台的摆放的位置、发射的威力都是可以调整的，如图 11-31 所示。

图 11-31

用 Point 作为发射类型，方便理解这些参数。在图 11-31 中，Position 的默认数值是一个三维坐标的数值，分别对应的 X、Y、Z 轴对应的数值。

Position Subframe：在这个选项后的下拉菜单中有 Liner、10x liner、10x Smooth。这些数据在做一些粒子拖尾平滑效果时可以用到，选择不同的参数直到符合自己的需求。

Direction：调整粒子发射的方向。选择对应的下拉菜单，如图 11-32 所示。

图 11-32

Uniform：从发射源向四周发射粒子，并且分布平均。

Directional：从发射源向某一个方向进行发射。

Bi-Directional：从发射源向 180°的两个方向进行发射。

Disc：从发射源向四周发射，如同一个圆盘散射一样。

Outwards：从发射源向外发射粒子。以体积类发射器效果比较明显，比如 Box、Sphere 等发射类型。

这些都是粒子发射的方向基础，再对应调整发射方向属性就可以看到明显的区别。首先看一下发射器的方向性，如图 11-33 所示。

图 11-33

图 11-33 所示的 4 个属性就是粒子喷射方向调整的几个主要属性。

Direction Spread[%]：射出粒子的时的扩散程度，数据越大扩散面越大，数据为 0 时粒子不扩散，成为一条直线。

X Rotation：沿着 X 轴方向旋转。

Y Rotation：沿着 Y 轴方向旋转。

Z Rotation：沿着 Z 轴方向旋转。

虽然看到喷射的粒子似乎是在一个平面上，其实粒子的喷射是三维的，以三个方向在进行喷射。在你观察粒子喷射方向时，调整这些属性，旋转图像就可以看到它们的多个角度的情况。为了更方便理解，做一个简单的操作。

选择 Emitter Type，以 Point 作为发射方式。在方向性中选择 Direction 中的 Directional 选项。让粒子沿着一个方向进行喷射。

将 Direction Spread 设置为 20，即以 20°角度的喷射扩散，调整其他任何数值也没关系。将 Z Rotation 与 X Rotation 设置为 0，Y Rotation 设置为 90。此时按空格键播放预览，如图 11-34 所示。

图 11-34

可以看到粒子以某一个方向进行扩散的喷射。此时将 Direction Spread 设置为 0，它也会因为无扩散而把粒子喷射成为一条直线。也可以修改 Y Rotation 的值，可以直观地看到粒子喷射方向的改变，它们是立体的而不是平面的。

这些都是对于发射器坐标方向的调整，喷射的粒子速度也会受到发射器的影响，如图 11-35 所示。

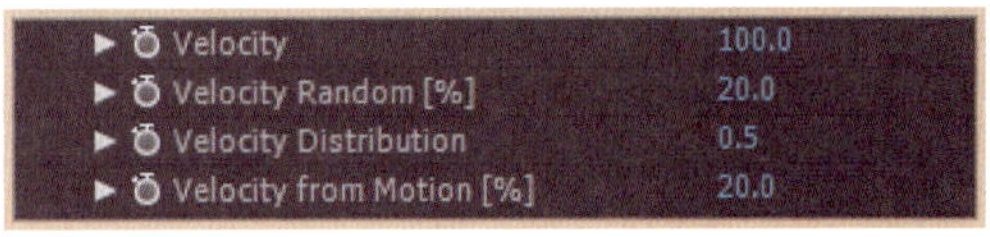

图 11-35 中包含了发射器的主要发射速度选项，它表示粒子每秒移动的像素数问题。

Velocity：发射后粒子的速度。

图 11-35

Velocity Random[%]：随机增加或减少粒子的速度。

Velocity Distribution：影响随机速率的程度，数值越小速度受到的加减影响程度越小，反之数值越大速度受到的加减影响程度越大，默认值为 0.5。

Velocity from Motion[%]：粒子除了从发射器里喷出的速度以外还可以叠加发射器本身的运动速度，当值为 0 时表示不叠加发射器的速度。

此外，粒子是具有生命的，存在一段时间就会消失。所以在同样的粒子生命，同样的发射数量的情况下，速率的值越高则粒子飞行得越远。假设以图 11-34 的发射数据为例，把速率的值调高，结果如图 11-36 所示。

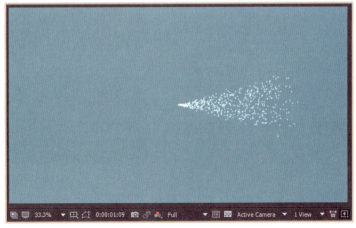

图 11-36

在图 11-36 中的速率的值为 200。是图 11-34 所设定的速率的值的两倍。在图 11-36 中，可以看到在同样的粒子生命周期里，粒子飞行速度更快。所以发射器喷出的粒子飞行距离比图 11-34 喷射距离更远，当然也被稀释得更加明显。

在整个发射系统中还有一些辅助性的发射工具，Emission Extras。

Pre Run：提前发射粒子，使第一帧已产生粒子，有时在某些合成下，不需要粒子从 0 开始慢慢发射，而是需要一个直接的，已经存在源源不断的发射稳定数量粒子的结果。那么这个选项就起了作用。

Periodicity Rnd：这个选项主要是对 Directional 且 Direction Spread 为 0 起作用，它可以使粒子分布不均匀。

Lights Unique Seeds：当使用多个灯光发射粒子时，勾选此选项可以使每个灯光发射的粒子采用不同的种子形态。

Random Seed：使得粒子附有不同随机的属性。

本节主要介绍了处理发射器的位置、方向，以及在喷射粒子后，粒子具有的速度等。

11.3　Particular 粒子本身的特性

粒子的存在是有生命周期的，或长或短，也可以产生变化，赋予它们颜色等。正是因为这样的变化，粒子效果变得绚丽。而处理粒子变化的核心是 Particle（Master），即粒子属性组；Shading（Master），即着色属性组。调整这两个属性的数值可以让粒子产生各种效果，例如烟雾、火焰、炫光等。

针对粒子的生命周期、体积大小透明度与颜色等属性，在 Particle（Master）粒子属性组中调整，如图 11-37 所示。

在图 11-37 中可以清晰地看到大部分的粒子属性调节的参数，主要是粒子的生命、粒子形态、粒子尺寸、粒子透明度、粒子颜色。

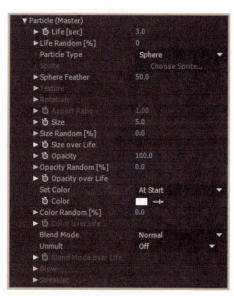

图 11-37

<1> 粒子存在的时间

发射出去的粒子是存在时间长度的，决定这一特性的属性，如图 11-38 所示。

Life [sec]：此选项提供了粒子存在的时间，这段时间是从粒子诞生到消失的时间。默认的粒子生命的时间是 3 秒，一个粒子在诞生 3 秒以后就会消失。根据不同的情况需要调整它存在的时间。当然，新的粒子也会源源不断地从发射器里发射出来进行补充。而粒子的生存时间也可以随机化，Life Random[%]，这个选项

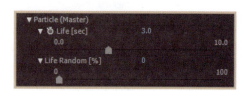

图 11-38

的作用在于有多少比例的粒子生命是随机的。可能会长于设定原始粒子生命的数值，也可能会短于设定原始粒子生命的数值。这些数值可以手动输入，也可以通过拖动数据条进行设置。

<2> 有不同形状的粒子

粒子有各种各样的形式，并不仅仅是有小圆点的模式。选择 Particle Type 对应的下拉菜单，如图 11-39 所示。

Sphere：粒子呈现小球状。

Glow Sphere (No DOF)：具有辉光效果的球体，No DOF 的意思是这些粒子没有景深效果，下同。

Star (No DOF)：一种具有四个角的星形粒子形状。

图 11-39

Cloudlet：如同云状的蓬松效果的粒子，这个通常被用作制作云层效果。

Streaklet：粒子以烟雾状呈现。

Sprite：精灵粒子贴片，无论把摄像机调整到任何角度，贴片的方向永远朝向摄像机。

Sprite Colorize：在精灵粒子贴片的基础上可调节颜色，颜色叠加贴片本身亮度信息。

Sprite Fill：直接覆盖整体颜色，只识别 Alpha 信息。

Textured Polygon：效果与精灵粒子相似，区别在于为三维物体贴片时可在立体空间内旋转。

Textured Polygon Colorize：与上一个功能相似，但是可以进行调整颜色。

Textured Polygon Fill：与上一个功能相似，但是进行了整体填充。

Square：粒子以方形呈现。

Circle (No DOF)：粒子以圆圈形呈现。

比如直接选择 Star 作为粒子类型，就可以看到粒子的星行状态，如图 11-40 所示。

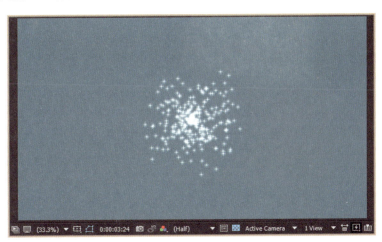

图 11-40

在图 11-40 中，将 Particle Type 换成了 Star，不再是默认的小圆点模式，而是很多的四角星光的形状。

不过默认的粒子类型只有这些，并不能完全满足实际需求。有一个重要的粒子类型就是 Sprite。它与 Textured Polygon 相比其类型很特别，它们的方法是相似通用的。这里着重讲 Sprite 的主要使用方式。

<3> 自定义粒子的形状

粒子的形状是可以被替换成自定义的。这种自定义的替换方法以 Sprite 为主。而 Sprite Colorize 与 Sprite Fill 提供了对替换了粒子后其他属性的调整。

使用精灵粒子时，如图 11-41 所示。在 Particle Type 中选择 Sprite。

图 11-41

选择 Sprite 对应的选项 Choose Sprite...，就会看到系统内置的很多可供选择替换的粒子效果，如图 11-42 所示。

在图 11-42 中有很多预设的粒子效果，有平面的也有立体的光斑水珠，不仅包括图片，也包括带有透明通道的视频格式的例子素材。

选择其中任意一种，例如选择 Water Drop 4 Still，一个蓝色的水珠。为了更加清晰地看到这些粒子，将粒子的 Size 设置为 61。降低粒子每秒发射数量，将其设置为 10，并设置 Velocity 为 800，以确保粒子有足够的分离度，而不是密集聚在一起。这样就可以清晰地观测到粒子被替代后的形状了，效果如图 11-43 所示。

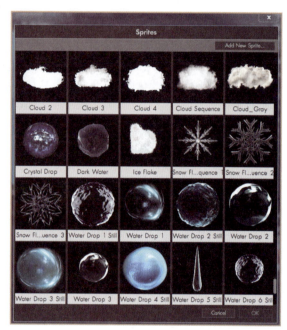

图 11-42

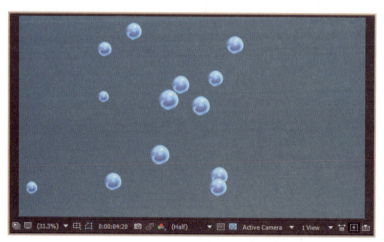

图 11-43

此时粒子的形状已经变成了一个个蓝色水珠的样子，这就是精灵粒子的替代功能。在图 11-42 的选择界面中，右上角有一个 Add New Sprite... 选项，即可以增加新的精灵粒子。这也意味着很多素材都可以被作为粒子而发射。

如果要使用自己定义的精灵粒子贴图应该怎么做呢？并不是直接添加使用，只有选择正确的贴图才能发射。Sprite 通常是与 Texture 一起使用的，如图 11-44 所示。

图 11-44

如果激活了 Sprite，图 11-44 的 Texture 选项也会被激活。主要作用就是为粒子选择贴图。假如打算把图 11-45 带有透明通道的飞鸟作为粒子发射应该怎么做呢？

导入图 11-45 的图片到工程文件中，并且放入时间轴面板上，并且关闭显示开关。只是读取这个图片而不需要看到它，如图 11-46 所示。

注意在图 11-46 中用红框标记的素材显示开关是关闭的。其实不关闭也行，并不会影响粒子发射，这里只是因为不需要它显示而已，它只是作为一个数据调用给精灵粒子。

首先在 Particle Type 选择了 Sprite。其次在 Texture 下的 Layer 中选择要作为替换粒子的图层 "2.飞鸟.png"，如图 11-47 所示。

图 11-45

图 11-46

图 11-47

如果按图 11-47 所示设置，找到要替换的贴图，此时按空格键播放屏幕上发射的粒子将会是非常密集的飞鸟。每一个粒子都是作为贴图的图片。把其他参数调整一下，放大粒子的 Size；降低粒子每秒发射数量；提高粒子的 Velocity 分离开粒子，效果如图 11-48 所示。

图 11-48

可以看到图 11-48 中的粒子都被替代成了飞鸟的图片,这种替换粒子的方式让粒子的样子有了无尽的可能。不仅仅是图片,甚至可以使用合成动画作为粒子贴图。

此外,在自定义粒子的贴图使用中,Time Sampling 可以采用复杂的读取粒子贴图的方法。也就是说读取粒子贴图的方式也是可以不停变化的。Time Sampling 是对于入门者相对比较复杂和有难度的知识点,要自己不断地练习。

<4>Time Sampling

Time Sampling 的类型,如图 11-49 所示。

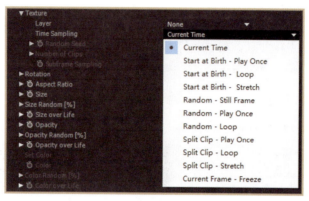

图 11-49

在图 11-49 所示的下拉菜单中是 Time Sampling 的几种运行方式。在使用精灵粒子中不仅仅可以直接导入图片或者视频格式作为粒子,其实也可以使用合成文件进行粒子贴片。

Current Time:粒子替换与选用的粒子贴图层同步。

Start at Birth - Play Once:从采样开始,循环一次就结束。

Start at Birth - Loop:从采样开始不断循环直到粒子生命结束。

Start at Birth - Stretch:播放粒子贴图层动画,加快或放慢播放速度,保持与粒子生命长度一致。

Random - Still Frame:每个粒子随机抽取粒子贴图层的一帧,保持直至粒子消失。

Random - Play Once:每个粒子随机抽取粒子贴图层的一帧,然后循环一次直到粒子消失。

Random - Loop:每个粒子随机抽取粒子贴图层的一帧,从此帧开始播放粒子贴图层内容并且一直循环到粒子消失。

Split Clip - Play Once:粒子随机抽取粒子贴图层中的一段动画播放一次。

Split Clip - Loop:粒子随机抽取粒子贴图层中的一段动画循环播放此段。

Split Clip - Stretch:粒子随机抽取粒子贴图层中的一段动画,加快或放慢播放速度,保持与粒子生命长度一致。

Current Frame - Freeze:粒子内容为粒子出生时粒子贴图层当时帧的内容,且持续保持直至粒子消失。

上面这些选项功能可能有的非常复杂,并不好理解,但理解了其中的 Start at Birth - Play Once、Start at Birth - Loop、Start at Birth - Stretch 这三个时间采样方式,其他的采样方式就会变得很好理解了。

做一个试验就可以很快方便地理解它们的作用了。首先选择一个方便观测粒子变化的方式。

1. 新建一个合成工程用来作为粒子替换层,时长为 3 秒,如图 11-50 所示。

第11章 粒子特效

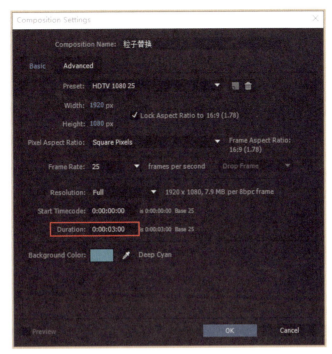

图 11-50

把合成的名字设置为"粒子替换",表示这整个合成工程都会用来做粒子贴图替换的。将 Duration 设置为 3 秒。这是为了这次小试验方便理解时间采样选项而设置的,其实任何时间长度都是可以的。新建完工程后,把合成工程放入时间轴面板中,随时准备作为粒子贴图而被使用。

2. 为了方便观察合成层作为粒子贴图时的变化,在工程"粒子替换"里新建 3 个 Text 图层,并分别输入数字 1, 2, 3, 时间长度为一秒。时间轴面板如图 11-51 所示。

图 11-51

在图 11-51 中三个层分别只输入了一个数字,并且只有一秒的时间长度,首尾衔接,依次排序,这一步很重要。建议大家对每个图层都使用 Effect → Generate → Fill 效果,分别填充三种不同的颜色以方便观察。我把图层"1"填充为红色;图层"2"填充为黄色;图层"3"填充为蓝色。例如将图层"1"填充为红色,如图 11-52 所示。

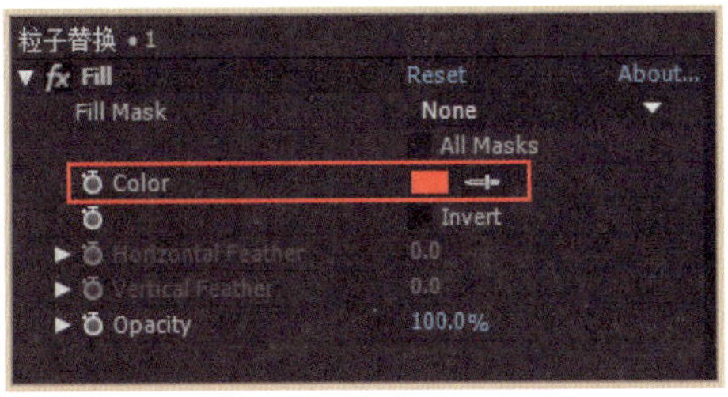

图 11-52

图 11-52 所示就是 Effect → Generate → Fill 的特效面板，选择 Color 处的色彩色方块便可选取颜色。然后在合成工程"粒子替换"中按空格键预览播放，会看到"粒子替换"合成就会在预览窗口中，第一秒显示红色的数字 1，如图 11-53 所示。接着第 2 秒显示黄色的数字 2，第 3 秒显示蓝色的数字 3。

图 11-53

注意在图 11-53 中把用框标记的透明开关打开,以确定除了字符"1"已经没有其他东西了。这只是为了后面方便观察。

3. 把"粒子替换"合成文件作为粒子贴图使用。在 Particle Type 中选择 Sprite。在 Texture 中的 Layer 选项中选择要作为粒子贴图的合成文件"1.粒子替换"，如图 11-54 所示。

需要注意的是，这次是使用了一个合成文件作为粒子贴图。那么合成文件里的动画变化同样将会影响到粒子边的变化。这就是 Time Sampling 重要的作用。

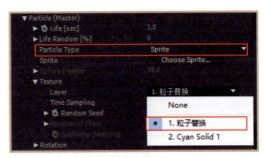

图 11-54

但是在选择"1.粒子替换"时可能会弹出对话框，如图 11-55 所示。

如果弹出此提示，表示作为粒子贴图的合成文件太大了，为了有更好的效果，作为贴图的合成层的像素最好在 500 以内。可以在工程面板中选择合成"粒子替换"，然后在菜单栏里找到 Composition settings，为合成文件"粒子替换"修改合成像素大小，如图 11-56 所示。

图 11-55

可以把 Width 和 Height 都设置为小于等于 500 的像素。毕竟作为粒子替换贴图的合成文件确实不用那么大。不过还有一种更直接的方法，比如进入到合成工程"粒子替换"中，然后在合成预览窗中使用 Region of interest 工具，如图 11-57 所示。

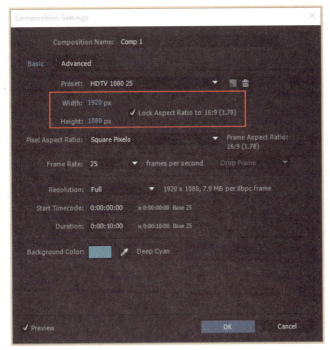

图 11-56

图 11-57

在图 11-57 中,把需要的范围收缩到数字附近,也确实只需要这其中的一小块。选择完毕后在菜单栏中选择 Composition → Crop Comp to Region of interest,此时整个"粒子替换"合成界面的大小如图 11-58 所示。

在图 11-58 中,可以看到合成界面的大小已经与之前不同了,此时打开工程文件的设置界面,如图 11-59 所示。

也可以同图 11-59 中看到合成文件"粒子替换"的像素大小变成了 Region of interest 所裁剪的大小。这个方法比直接在工程文件中设置像素大小要方便得多。到目前为止用来做粒子贴图的合成文件"粒子替换"已经完全做好了。

图 11-58

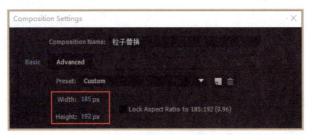

图 11-59

如果此时在 Particle Type 中选择 Sprite。并且在 Texture 选项下的 Layer 中选择要作为粒子贴图的合成文件"1.粒子替换",就已经可以看到整个粒子发射出的形态都是合成文件"粒子替换"中的内容,如图 11-60 所示。

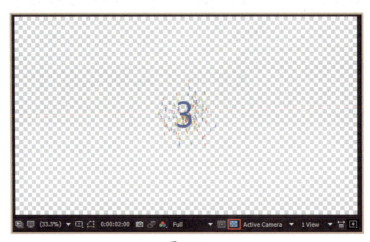

图 11-60

在图 11-60 中那些密密麻麻的图案,其实就是合成文件"粒子替换"中的数字 1,2,3,并且注意图 11-60 中用红框标注的透明度开关,当背景是这些黑白旗格时就说明这部分是透明没有背景的。作用是排除合成文件自带的背景颜色的干扰,易于分辨。

不过这些粒子太小且太密集了，从画面中很难观察 Time Sampling 的作用，所以接下来设置一下粒子发射速度与大小以方便观察。

4．移动合成文件"粒子替换"到角落用于变化对比。例如把合成文件"粒子替换"移动到屏幕右下角，Position 属性的数值为：1785，945。这么做的目的是为了观察合成文件"粒子替换"自身变化过程与粒子变化的关系。在实际工作使用中是不需要把合成文件"粒子替换"显示出来的，如图 11-61 所示。

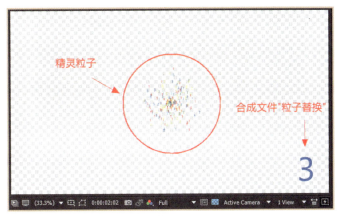

图 11-61

在图 11-61 中，清楚地标识出了精灵粒子与用于替换粒子贴图的合成文件，这样的做法就是方便观察在 Time Sampling 中两者的关系。

5．为了便于观察改变发射器设置，设置 Emitter（Master）中的 Position，移动到屏幕的左侧，比如"85.0,550,0.0"；修改发射器的 Direction 为 Directional。在发射速度与方向扩散等数据中，除了设置方向 Y Rotation 为 90，Velocity 为 200，其他数值均为 0，以确保粒子从屏幕左侧以直线往右侧发射，并且有足够的速度拉开不同粒子之间的距离。减少粒子发射数量，设置 Particles/sec 为 1，表示 1 秒发射一个粒子。发射器设置如图 11-62 所示。

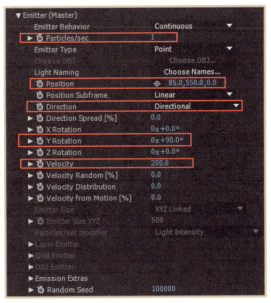

图 11-62

最后设置 Particle（Master）中的生命值与粒子大小即可。将 Life [sec] 设置为 6 秒，Size 设置为 100，如图 11-63 所示。

图 11-63

图 11-63 中用框标记出了需要设置属性的地方，其中在 Particle Type 选择 Sprite。并且在 Texture 选项下的 Layer 中选择合成文件"1. 粒子替换"。而需要了解的 Time Sampling 暂时设置成 Start at Birth - Loop。现在试验所有的设置都已经完成了，此时按空格键播放预览，如图 11-64 所示。

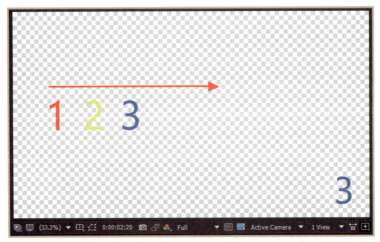

图 11-64

这时候看到画面从左侧往右源源不断地出现彩色的 1，2，3，并且向右移动。屏幕右下角的合成文件"粒子替换"也同时播放着自身文件内容，并不断变化。这时再切换 Time Sampling 中的各个选项，起到的作用就变得一目了然。

当选择 Current Time 时，粒子替换与选用粒子贴图层同步，如图 11-65 所示。

当合成文件"粒子替代"读取到当前的自身合成内的数据，所有的粒子也会相应地变化成合成文件"粒子替代"所读取的数据。它的时间线，如图 11-66 所示。

如果指针读到合成文件"粒子替换"是显示蓝色数字 3 时，粒子也全部变成蓝色数字 3。如果指针读到黄色数字 2 时，那么所有粒子也会显示为黄色的数字 2。因为合成文件"粒子替代"是 3 秒的生命长度。所以当指针超过 3 秒后，就读不到合成文件"粒子替换"中的数据了，那么预览窗口中也没有粒子可以显示了。这个模式通俗地说就是：时间线上读到作为粒子贴图的合成里有什么，就显示什么，超过了合成的生命长度，没有数据了，那就什么也不显示了。

图 11-65

图 11-66

当选择 Start at Birth - Play Once 时，如图 11-67 所示。

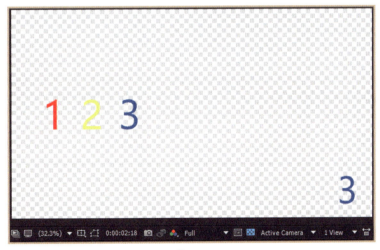

图 11-67

在图 11-67 中，粒子 Life[sec] 已经被设置成了 6 秒，但是 3 秒以后粒子播放了 1，2，3 就消失不见了。所以 Start at Birth - Play Once 的作用主要是针对合成"粒子替换"，这个合成只有 3 秒。粒子播放一次合成文件"粒子替换"中的数据，超过 3 秒后没有新的数据，粒子就不再显示了。如果粒子的时长少于 3 秒，那么播放合成文件"粒子替换"中的数据以粒子生命长度为准，能播放多少算多少，直到粒子消失。

当选择 Start at Birth - Loop 时，如图 11-68 所示。

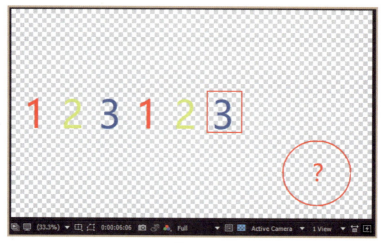

图 11-68

图 11-68 是时间线上大约播放到 6 秒的位置效果，而时间线如图 11-69 所示。

图 11-69

在图 11-69 中，因为用来做粒子贴图的合成文件"粒子替换"的长度为 3 秒，所以在 6 秒的时候在图 11-68 的右下角已经看不到合成文件了。而粒子却以"1，2，3"的方式交替显示，丝毫不受影响。比如红方框中的蓝色数字 3，就是我们发出的第一个粒子，这是它循环播放"1，2，3"第二次了。所以 Start at Birth - Loop 是以粒子生命为准，不断循环播放合成文件"粒子替换"中的数据，直到粒子生命结束为止。

当选择 Start at Birth - Stretch 时，播放粒子层动画，加快或减慢播放速度，保持与粒子生命长度一致，如图 11-70 所示。

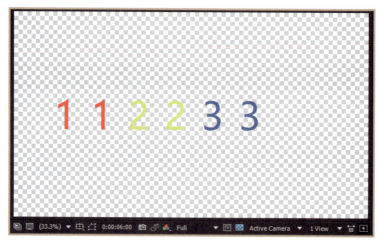

图 11-70

图11-70是时间线播放到6秒时候的显示情况，右下角的合成文件"粒子替换"自然是已经看不到了。而粒子本身不再是以作为粒子贴图的合成文件"粒子替换"中一秒换一个数字的方式，它变成2秒换一个数字。这是为什么呢？因为Start at Birth - Stretch 的方式是以粒子生命长度为准。无论作为粒子贴图的合成文件"粒子替换"中的长度是多少，都会被以粒子生命长度为准，从而加快或者减慢播放速度。

在试验时设置的Life[sec]是6秒，所以原本合成文件"粒子替换"3秒就可以播放完成的内容，会变成6秒才播放完。同理，如果将Life[sec]设置为1秒，那么为粒子贴图的合成文件"粒子替换"中原本3秒的动画，会在粒子1秒的短暂生命里快速播放完毕。

上面这几个重要的使用方式理解好以后，剩下的Time Sampling方式就非常好理解了。

当选择Random - Still Frame时，每个粒子随机抽取粒子贴图层的一帧，保持直至粒子消失，如图11-71所示。

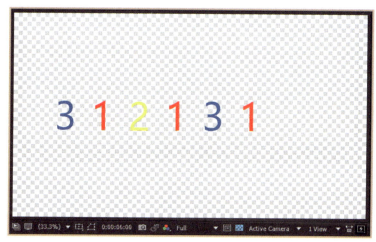

图11-71

图11-71是时间线播放到6秒时候的效果。在播放时发现，每个粒子随机从作为粒子贴图的合成文件"粒子替换"抽取了一帧，然后一直保持不变直到粒子结束。

当选择Random - Play Once时，每个粒子随机抽取粒子贴图层的一帧，然后循环一次直到粒子消失，如图11-72所示。

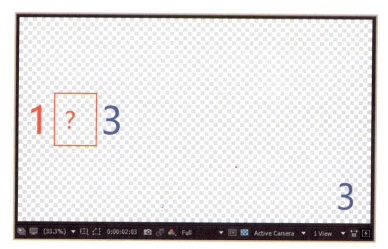

图11-72

图 11-72 是时间线播放到 3 秒时候的效果，为什么在红框处会出现一个空位呢？结合 Start at Birth - Play Once 的特点。粒子只播放合成文件"粒子替换"中的内容一次。但是如果一开始就随机到最后的蓝色数字 3，然后播放完毕，就不再读取合成文件"粒子替换"中的数据了，所以会显示为空白。而且需要注意的是，Random - Play Once 的方式是随机粒子贴图层中的某一帧。以这个案例来说，如果随机到蓝色数字 3 就可能处于粒子贴图层快结束位置的帧数了，可能粒子存在时间连一秒都不到。

当选择 Random - Loop 时，每个粒子随机抽取粒子贴图层的一帧，从此帧开始播放粒子贴图层内容，并且一直循环到粒子消失，如图 11-73 所示。

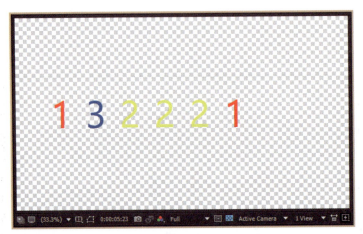

图 11-73

图 11-73 是时间线播放到 6 秒时候的效果。要结合 Start at Birth - Loop 的特点来理解。它们两个最大的区别就是帧开始的内容是随机的，所以不一定是某一个具体的数字。从随机的读取合成文件"粒子替换"中的某一帧开始，不断地循环直到粒子生命周期结束。

刚才这 3 个 Time Sampling 的最大特点就是粒子诞生的那一帧数是不确定的，其他行为都与"Start at Birth..."的采样方式的运作几乎一样。同理，既然粒子诞生可与随机读取作为粒子贴图的合成中任意一帧，那么结束是不是也可以在随机的任意一帧呢？答案显然是肯定的。Time Sampling 中的"Split Clip..."系列就有这个特点。

当选择 Split Clip - Play Once 时，粒子随机抽取粒子贴图层中的一段动画播放一次。可能会完整的播完整个作为粒子贴图的合成文件"粒子替换"的全部过程，也可能是其中的一段，能不能播放完还取决于粒子的生命长度，并且只播放一次，播放完毕后，即便粒子生命长度很长也再无数据。

当选择 Split Clip - Loop 时，粒子随机抽取粒子贴图层中的一段动画循环播放此段。可能会完整地播完整个作为粒子贴图的合成文件"粒子替换"的全部过程，也可能是其中的一段，然后一直循环播放这一段直到粒子生命周期结束。

当选择 Split Clip - Stretch 时，粒子随机抽取粒子贴图层的一段动画，加快或放慢播放速度，保持与粒子生命长度一致。假设随机采样了合成文件"粒子替换"中的长度为 2 秒的过程，而粒子的生命为 6 秒，那么 2 秒会被拉伸成 6 秒才播放完毕。反之亦然，如果粒子生命长度只有 1 秒，那么 2 秒的过程会被加快到 1 秒内播放完毕。

这 3 个以"Split Clip..."的采样方式最重要的就是只读取作为粒子贴图的合成文件中一段进行操作；而以"Start at Birth..."的采样方式是针对完整的粒子贴图的合成文件；以"Random- ..."

的采样方式主要特点是：粒子诞生是随机采样粒子贴图的合成文件中的某一帧，然后再进行其他操作播放的。

当选择 Current Frame - Freeze 时，粒子内容为粒子出生时粒子贴图层当时帧的内容，且持续保持直至粒子消失，如图 11-74 所示。

图 11-74

从图 11-74 中可以看到，粒子出生的时候其实是以作为粒子贴图的合成文件"粒子替换"进行读取的，并且一直保持不变直到粒子消失。时间线再往后面走也不会产生新的粒子，因为整个合成文件"粒子替换"已经被读取完毕了。如果合成文件更长，那么还会继续读取，直到读取完毕。粒子存在显示的时间以粒子生命长度决定，这个功能毕竟方便浏览作为粒子贴图的合成文件"粒子替换"中有什么数据，逐一浏览播放完毕。

掌握好整个粒子属性组中最复杂的部分，最好尝试用自己的方式解释一遍，才会理解的深刻。在观察测试效果的过程中，也要观察它们在不同时间采样下的变化。

<5> 粒子尺寸大小与透明度

在 Particle (Master) 中包含一些以粒子大小设置相关的选项，如图 11-75 所示。

在图 11-75 中，Size 表示粒子的大小；Size Random[%] 表示粒子出生时候随机大小的比例数量。当然，还有一个最为重要的选项 Size over Life。在图 11-76 中的蓝色区域有两个方向轴，垂直方向的 Size 与水平方向的 Start - TIME - End。这个图形默认是蓝色的（满屏），表示粒子从出生到死亡都是一样的大小。但是使用画笔工具绘制一下，如图 11-76 所示。

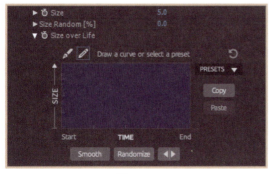

图 11-75

图 11-76

在图 11-76 中，将粒子 Size 设置为 20，显得大一点且方便观察变化。同时用自由绘制工具对蓝色区域进行涂抹。在图 11-76 中涂抹成了一个斜坡，表示在粒子"出生"时 Size 是最大的，随着时间的推移，粒子尺寸越来越小，直到粒子快消亡时粒子的 Size 也非常小。当然，涂抹的方式也多种多样。效果如图 11-77 所示。

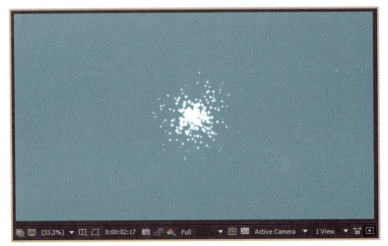

图 11-77

在图 11-77 中可以清楚地看到粒子诞生的时候比消亡的时候要大得多。随着粒子生命周期渐渐结束，粒子也变得越来越小。而图 11-76 中有两个笔的模样的修改工具，第一个钢笔工具则是可以画出贝塞尔曲线的工具，用它调节也相对精准一些，如图 11-78 所示。

在图 11-78 中的蓝色区域的小点都是用第一个钢笔工具打上的点，并且拖动这些点就可以形成曲线，这样也能让粒子变化得很柔和。当然，这个 Size over Life 选项也包括了很多预设，如图 11-79 所示。

图 11-78

图 11-79

选择图 11-79 中的 Presets，就有若干系统设置好的 Size over Life 的变化方式。此外，选择 Smooth 可以让这些变化的区域变得平滑一些。单击 Randomize 会生成随机的 Size over Life，单击两个三角形的标记后是把蓝色区域的效果左右对调。

此外，粒子的边缘有时也不需要那么锐利，可以给予一定的羽化值，如果选择粒子为 Sphere，对应的就有 Sphere Feather 选项。如图 11-80 所示。

图 11-80

Sphere Feather 数值越大,边缘羽化越明显,如图 11-81 所示。反之为 0 时就没有羽化效果,粒子的球体边缘清晰圆润。

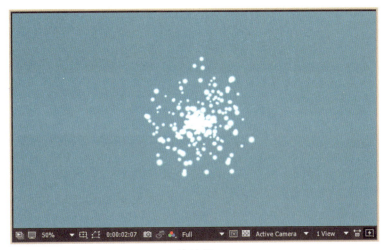

图 11-81

在图 11-81 中可以看到小球的边缘都是模糊渐变的,这就是羽化效果。如果粒子类型是 Clouldet,那么对应的就有 Clouldet Feather 选项,可以使得云体的边缘羽化。很多粒子类型都有可以羽化的选项,但是精灵粒子则没有。在看到这些选项被激活时就可以调整这些属性,如果相关选项没有被激活,则说明该粒子类型不能使用这些功能。

现在已经知道了关于粒子尺寸大小的调整方式了,而调整粒子透明度的方式与其相似,如图 11-82 所示。

Opacity、Opacity Random[%]、Opacity over Life 表示粒子生命周期里粒子的透明度变化过程。垂直方向的 Opacity,蓝色区域越满表示越不透明,蓝色区域越小表示越透明,如果完全没有就表示为透明的。水平方向的 Start - TIME - End 从左到右就是表示粒子从出生到消失的过程。Opacity over Life 也同样包含 Presets。

<6> 粒子旋转

粒子可以进行旋转,因为粒子其实是三维的,可以往 3 个方向旋转,主要负责粒子旋转的属性如图 11-83 所示。

旋转属性在不同模式下的激活程度不同。如果需要全部激活,需要在 Particle Type 中选择 Sprite,并且在 Textrue 中选择 Textured Polygon。若选择其他选项,只有部分旋转属性被激活。

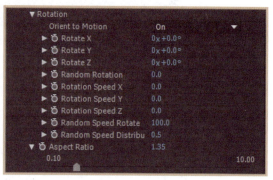

图 11-82　　　　　　　　　　　　　　　图 11-83

任意设置一些旋转参数，效果如图 11-84 所示。

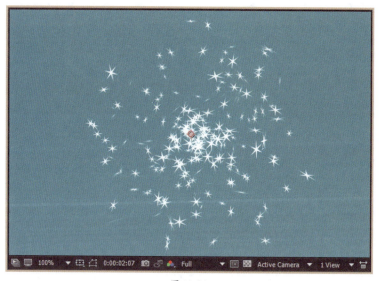

图 11-84

在图 11-84 中选择的是 Textured Polygon，可以清楚地看到这些精灵粒子都有不同的朝向，如果在电脑上进行播放时也可以看到它们旋转的方向各不相同。

粒子旋转的主要属性是 Orient to Motion，有一个对应的开关，On 表示打开，Off 表示关闭。只有打开这个功能，其他属性才可以被使用。

Rotate X：全部粒子根据粒子层自身中心 X 轴固定旋转，选择 Textured Polygon 相关类型时生效。

Rotate Y：全部粒子根据粒子层自身中心 Y 轴固定旋转，选择 Textured Polygon 相关类型时生效。

Rotate Z：全部粒子根据粒子层自身中心 Z 轴固定旋转，选择 Textured Polygon/Split/Star/Square 时生效。

Random Rotation：使粒子随机旋转一定角度。

Rotation Speed X：给粒子定义一个自身围绕 X 轴旋转速度，选择 Textured Polygon 相关类型时生效。

Rotation Speed Y：给粒子定义一个自身围绕 Y 轴旋转速度，选择 Textured Polygon 相关类型时生效。

Rotation Speed Z：给粒子定义一个自身围绕 Z 轴旋转速度，选择 Textured Polygon/Split/Star/Square 时生效。

Random Speed Rotate：对旋转速度进行随机化。

Random Speed Distribute：这个方式采用高斯分布，0 为不随机，数值越大随机越强（默认 0.5 为正常），数值越大差距越明显。

Aspect Ratio（纵横比）：调整数值的时候会对粒子长宽的比例进行拉伸。

<7> 粒子增加颜色

可以给粒子增加颜色，粒子的颜色属性组，如图 11-85 所示。

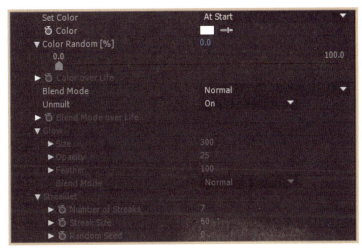

图 11-85

图 11-85 中部分属性被激活而部分没有。Glow 是针对粒子类型 Glow Sphere 的属性组，而 Streaklet 是针对粒子类型 Streaklet 的属性组。所以从默认的粒子类型 Sphere 对颜色的基本属性设置开始。

Set Color：设置粒子赋予颜色的方式。

Color：被赋予的颜色，选择色块或者吸管工具，再选择颜色即可。

Color Random[%]：粒子随机颜色所占的百分比。

当打开 Set Color 后的 At Star 选项的下拉菜单时，可以看到几种赋予颜色的方式，如图 11-86 所示。

图 11-86

At Start：粒子在出生的那一刻被赋予了颜色，设置什么颜色粒子就是什么颜色。

Over Life：对整个生命周期过程颜色进行设置。此时 Color over Life 选项会被激活，如图

11-87 所示。可以通过拖动彩色小标签来调整颜色。

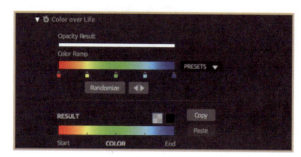

图 11-87

Random from Gradient：从渐变中随机颜色赋予粒子，这个取色来自 Color over Life 中选择的颜色范围。

From Light Emitter：当从 Emitter Type 中选择 Lights 作为粒子发射器时，粒子的颜色会根据灯光的颜色所决定，白色的灯光粒子就呈现白色，红色的灯光粒子呈现红色。

粒子也可以有它的混合模式，如图 11-88 所示。

图 11-88

Blend Mode：这个选项可以影响粒子将会有什么样的叠加方式，它们的作用与图层之间叠加混合相关知识大致一致。其中要注意的是 Lighten 模式，较亮颜色的粒子可以遮挡相对较暗颜色的粒子。比如白色粒子可以遮挡住黑色粒子。

Unmult：这个效果在使用精灵粒子贴图中常用，如果贴图中包含黑色的部分，那么打开 On 选项，这部分的黑色会被"读成"透明部分，关闭后则依然以黑色显示。

Blend Mode over Life：在 Normal Add over Life 与 Normal Screen over Life 模式下可以被激活，它是混合模式与粒子生命周期的关系。

在 Particle Type 中选择 Glow Sphere 时，粒子辉光选项则会被激活，如图 11-89 所示。

图 11-89

辉光效果就是物体周围的一圈散发的朦胧光芒。图 11-90 中的辉光属性作用比较直观，手动调节就可以看到明显的效果。

图 11-90

Size：调整辉光大小。
Opacity：调整辉光透明度。
Feather：调整辉光羽化程度。
Blend Mode：辉光也可以进行混合叠加。
当在 Particle Type 中选择 Streaklet 选项时，粒子烟雾相关选项则会被激活。
Number of Streaks：调整单个烟雾粒子的密集程度。
Streak Size：调整单个烟雾粒子的尺寸大小。
Random Seed：随机产生的烟雾数量。

11.4　Particular 粒子阴影系统

11.4.1　粒子阴影属性组

在很多时候需要给粒子增加一些阴影，这能够让粒子看起来更加立体与富有层次感。但是这部分的属性组通常会与灯光相互作用，相对来说会略微繁杂一些。整个属性组，如图 11-91 所示。

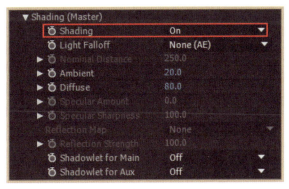

图 11-91

图 11-91 中的所有属性主要是灯光开关、灯光强度与粒子可见关系、粒子受到光照的设置，对这些属性的设置必然会让粒子有阴影，那么自然还有对粒子阴影属性的设置，即 Shading (Master)。

11.4.2　灯光与粒子的可见关系

在使用粒子 Shading (Master) 时需要将图 11-91 中用红色框标记的"On"打开。一旦打开以后，粒子的显示则会受到合成中灯光的影响。也就是说，如果没有灯光的照射，无论什么粒子都只能看到黑乎乎的一片了，如图 11-92 所示。

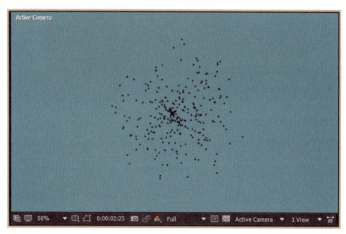

图 11-92

在图 11-92 中可以看到粒子已经变成了黑色，即便给它们赋予颜色。如果要看到它们就需要在合成中新建一个灯光来照亮它们。先任意新建一个合成灯光，例如 Spot，然后会发现粒子变得可见了，如图 11-93 所示。

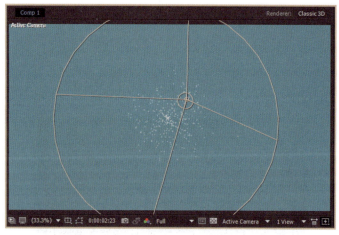

图 11-93

在图 11-93 中可以看到粒子原本的白色，但是似乎还不够亮，这是因为粒子可见度受到了灯光强度的影响。

11.4.3 粒子与灯光强度

当有了灯光照亮粒子后，灯光效果有两种主要的照射影响方式。一种是灯光强度直接可以与粒子影响没有因为光线距离而衰减；另一种是开启了物理衰减，这样的效果更真实且更有层次感。

<1> 没有衰减效果

当灯光没有因为光线距离而衰减时，设置如图 11-94 所示。

在图 11-94 中 Light Falloff 默认值为 None(AE)，表示灯光没有任何因为光照距离而

图 11-94

有衰减的过程，灯光强度是多少，那么照射在粒子上的亮度就是多少。

　　Ambient：环境灯对粒子的影响强度，灯光发射出光的颜色也会影响到粒子显示的颜色。在默认情况下新建的灯光是白色的，如果把灯光调成红色，再照射到如 11-93 所示的粒子上时，效果如图 11-95 所示。

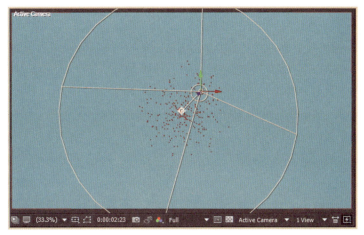

图 11-95

　　在图 11-95 中可以看到因为灯光发射的红色光，所以粒子也被照成了红色，这好比在红色灯光下看其他物体也会觉得偏红似的，将 Ambient 的数值调低，可以减少灯光照射颜色的影响，反之依然。

　　Diffuse：灯光亮度的强度。这个数值的大小会影响到粒子被照亮的程度，也可以通过时间轴面板上灯光自身属性调节亮度。当将图 11-93 中的灯光强度设置为 200 时，效果如图 11-96 所示。

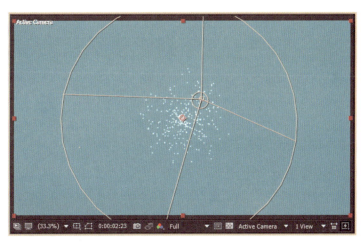

图 11-96

　　此时对比图 11-96 与图 11-93，前者的粒子比后者的粒子明显明亮很多，这就是因为加强了灯光照射强度的缘故。

<2> 具有衰减效果的灯光

　　当灯光具有衰减效果时，设置如图 11-97 所示。

在图 11-97 用红框标记的 Light Falloff 选项中选择了 Natural(Lux)，这表示灯光照射在粒子上有一个自然衰减的过程，离灯光越近的被照得更亮，而远处的粒子则是黑色的，因为灯光在这个距离已经衰减得差不多了，粒子没有被照亮。

图 11-97

Nominal Distance：当参数为 350.0 时，表示为距离灯光 350 像素时，灯光强度为设置的灯光强度值，越远灯光强度越弱，越近越强。

此时白色灯光具有衰减效果照射的效果，效果如图 11-98 所示。

图 11-98

可以在图 11-98 中看到粒子呈现白色、灰色、黑色不同的颜色。这表示白色的粒子肯定离灯光近，而黑色的粒子则离灯光很远没有被照亮。这也说明粒子发射是具有三维距离的，虽然很多时候看起来是平面的，这也是因为没有阴影与光照不方便观测出它的景深。

11.4.4 粒子反射光照

如果要观察粒子反射光照的效果，需要选择能够激活这个功能的粒子类型，比如选择 Sprite 与 Textured Polygon 这类粒子类型就可以设置反射功能了。而粒子中的 Cloudlet 与 Streaklet 这类粒子则会有另外的针对这类粒子特点的反射系统设置。

<1> 精灵粒子类型的反射效果

精灵粒子与多边形纹理类的粒子有一套反射系统，如图 11-99 所示。

图 11-99

Specular Amount：一些金属在光照下，部分区域会格外的亮。而这些粒子也具有高光反射的区域，其反射强度可以调整，当数值越大高光越亮。

如果在 Sprite 与 Textured Polygon 中选择了一些类似金属效果贴图的粒子，那么调整这个数值就会有明显变化，如图 11-100 所示。

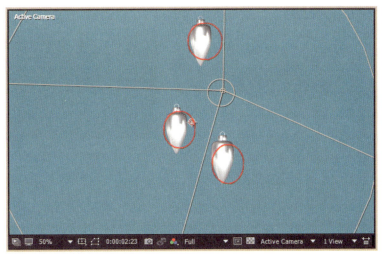

图 11-100

图 11-100 是具有金属效果贴图的精灵粒子，红圈处表示这个粒子的高光部分。灯光强度越大这些高光反射越大，但是不改变灯光强度的时候，调整 Specular Amount 就可以针对高光部分亮度调整。

Specular Sharpness：粒子高光范围，数字越大高光范围越小。观察生活中那些金属的高光反射会发现，有些高光是散开的一块，有些是有明显形状的一块亮斑。这个选项的作用就是缩小或放大这一块亮斑的。当把数值提高时的效果，如图 11-101 所示。

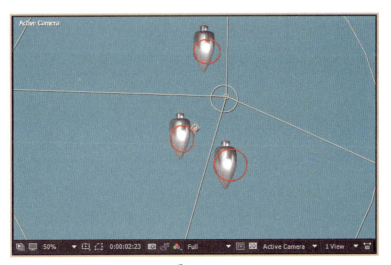

图 11-101

对比图 11-101 与图 11-100 会发现，因为 Specular Sharpness 数值提高，高光部分变得集中边缘了相比图 11-100 更为明显了。

Reflection Map：可以理解为环境反射贴图，在下拉菜单中选择想作为反射贴图的图层。这个作用其实很好理解，任何一个金属，比如勺子就会反射周围的环境。那么在粒子系统中，可以在粒子上，尤其是金属效果的粒子上贴上一个反射贴图进行模拟，让这些粒子看起来反射了某种周围环境的效果。

Reflection Strength：调节反射贴图的强度，数值越大越清晰，反之越模糊透明化。

<2> 阴影的反射效果设置

选择粒子类型是 Cloudlet 与 Streaklet 时，观察这些反射效果也比较明显，如图 11-102 所示。

Shadowlet for Main：使阴影球系统在主要粒子系统使用，模仿粒子间阴影，On 表示打开，Off 表示关闭。

Shadowlet for Aux：使阴影球系统在辅助粒子系统使用，模仿粒子间阴影，On 表示打开，Off 表示关闭。

图 11-102

假设设置了粒子类型是 Cloudlet，在不打开这两个开关时，效果如图 11-103 所示。

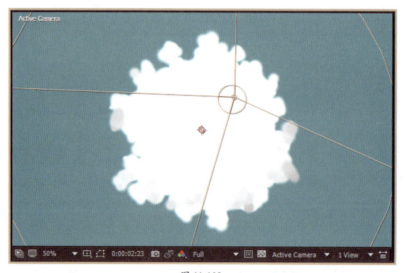

图 11-103

可以看到 Cloudlet 粒子所形成的一团团的云状粒子是没有层次感的，之间也没有阴影关系，都糊作一团。现在打开 Shadowlet for Main 与 Shadowlet for Aux，效果如图 11-104 所示。

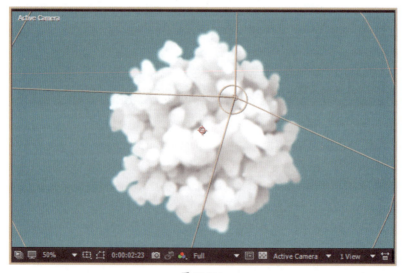

图 11-104

对比图 11-104 与图 11-103 会发现，明显图 11-104 中的 Cloudlet 粒子之间有了互相的阴影关系，整个形状变得有立体层次感了。

当 Shadowlet Settings 被激活时，可以设置针对阴影的变化而进行参数调整。它效果为以灯光为中心点，照射在粒子上以后，模拟粒子间阴影颜色、透明度等变化。

Color：默认的阴影颜色是黑色，可以通过此选项改变阴影颜色。

Color Strength：阴影也可以反过来影响粒子的颜色，此选项关系着阴影颜色与粒子自身颜色的融合程度，0 表示不受影响，100 表示全部受阴影颜色影响。

Opacity：阴影的透明程度。

Adjust Size：这个参数越大阴影范围越大，反之依然。

Adjust Distance：阴影是物体光照产生的，100 是默认值，当数值越大表示阴影离灯光越远，反之亦然。当调整这个数值会发现阴影效果的位置产生了变化，有些地方变得阴影更加浓厚，有些则变淡。

Placement 选项是主要控制阴影的位置。在它的下拉菜单中有 4 个选项。

- Auto：默认选项，自动影响阴影显现，不论阴影位置在何处，一般来说，最靠近摄像机的粒子不受阴影投影，此效果在粒子类型为 Sphere/Cloudlet/Streaklet 时不生效。
- Project：完全受阴影位置与粒子位置的影响，如果阴影位置比粒子离摄像机更近，那么阴影一样会影响到靠近摄像机的粒子。
- Always behind：阴影永远不会超过它前面的粒子。
- Always infront：阴影永远可以透过它前面的一层粒子，可以使粒子看起来更有深度感。

11.5　粒子的物理系统是如何影响粒子的

物理系统中的参数组主要是在设置粒子发射以后，重力、碰撞等效果。它的物理模型主要分为 Air 与 Bounce 两种模式。

11.5.1　如何理解物理系统中的 Air 模式

粒子的物理系统的主要属性，如图 11-105 所示。

图 11-105

Physics(Master)：在这个选项下主要分为物理模型、重力、时间因素等。先学习一下 Physics Model 中的 Air 模式。

<1> 重力与时间因素影响

Gravity：粒子"出生"以后会受到向下的重力的影响，然后粒子会产生下落的效果，如图 11-106 所示。

图 11-106

当把 Gravity 数值调高后，会发现粒子会受到向下引力而纷纷下坠。它的运动节奏与感觉是与直接朝着下方发射粒子的效果完全不同的。

Physics Time Factor：这是一个现实世界控制器，默认值是 1 时，表示与现实时间效果相同；0 表示冻结时间；2 表示两倍速度，依此类推，负数表示时间倒流。当把这个数值提高时，效果如图 11-107 所示。

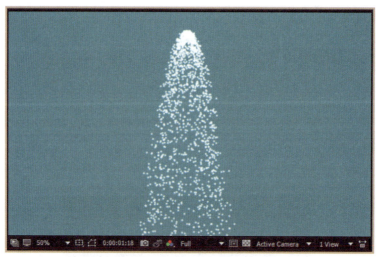

图 11-107

图 11-107 是基于图 11-106 一样的设置，唯独不同的是加强了 Physics Time Factor 的设置，可以明显地看到图 11-107 粒子的数量与密集度多于和高于图 11-106 所示的粒子。

<2> 如何使用模拟空气力场

打开 Air 下拉菜单，主要属性组如图 11-108 所示。

图 11-108 中是 Air 的主要属性参数，可以把 Air 理解成像风一样的流动气体，它可以吹动粒子使其飘散。

Motion Path：默认是关闭的，当选择 On 打开时，可以在下拉菜单中看到命名为 "1-9" 和 "HQ1-9" 的路径选择。是否带有 HQ 标识的区别在于，在快速运动时，带有 HQ 标识的路径可使粒子形成的运动曲线更为圆滑，但是计算速度慢。

如果任意地选择一条路径，系统会提示找不到"Motion Path 1"，此时需要新建一个灯光并且将它命名为"Motion Path 1"，那么系统会自动读取。它的9条路径依次可以命名成"Motion Path（1-9）"。当新建了一个名字为"Motion Path 1"（区分大小写）灯光后，在 Motion Path（运动路径）选择路径1，并且把该灯光做一个简单的位移，效果如图11-109所示。

图 11-108

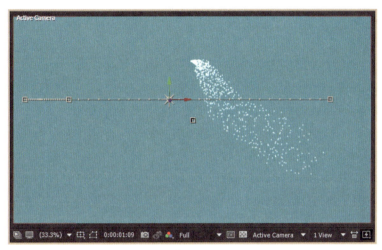

图 11-109

在图 11-109 中，把灯光从左往右做位置关键帧位移，可以看到本来垂直下落的粒子，仿佛受到了从左往右吹来的风的影响，把粒子吹向了右边，产生了简单飘逸的效果。

Air Resistance：加入空气阻力效果，可以使得粒子的速度逐渐减慢，直至停止。

Air Resistance Rotation：当勾选此选项时，粒子的旋转速度也逐渐减慢，直至停止。

Spin Amplitude：使粒子进行随机的圆轨道运动，0 为关闭，数值越大运动范围越大，使粒子的运动效果更加真实。

Spin Frequency：自旋频率数值越大，自旋速度越快。

Fade-in Spin[sec]：数值表示多少秒后粒子完全受自旋参数影响，从粒子出生时开始计算时间。

除了使用灯光做出 Motion Path 的空气力场，也可以使用由 X、Y、Z 轴吹来的"风力场"。

Wind X：风向吹向 X 轴方向。

Wind Y：风向吹向 Y 轴方向。

Wind Z：风向吹向 Z 轴方向。

Visualize Fields：勾选此选项后，会看到红蓝色的垂直线，移动垂直线的中心点可以看到粒子的变化状态。

在现实中，空气中风的方向往往并不是单纯的一个方向，其可能受空气流动中的扰动，紊乱的气体影响。Turbulence Field，就是专门模拟这些效果的，如图 11-110 所示。

Affect Size：使粒子的大小受扰乱场影响，改变原来既定尺寸大小。

Affect Position：使粒子的位置受扰乱场影响，改变原来既定运动轨道。

Fade-inTime[sec]：从粒子出生时开始多少秒以后，粒子完全受扰乱场影响。

Fade-in Curve，在下拉菜单中有两种方式，即 Linear 和 Smooth。

图 11-110

Scale：扰乱缩放，具有随机影响性，但当数值越大时效果越明显。

Complexity：影响粒子受扰乱的细节与复杂程度。

Octave Multiplier：当值为 1 时影响度不变，数值越大影响越大。反之亦然，一般情况会设置成小于 1 的数值。

Octave Scale：当值为 1 时影响度不变，数值越大影响越小。反之亦然，一般情况会设置成大于 1 的数值。

Evolution Speed：演变速度变化，数值越大速度越快，反之亦然。

Evolution Offset：演变偏移，随着时间数值发生偏移程度。

X Offset：向 X 轴方向偏移程度。

Y Offset：向 Y 轴方向偏移程度。

Z Offset：向 Z 轴方向偏移程度。

Move with Wind[%]：跟随风力场运动。

Strength：正数为排斥场排斥粒子远离力场，负数为吸引场吸引粒子靠近力场。

Spherical Field，粒子受到球形的引力场作用，当把数值调高时，效果如图 11-111 所示。

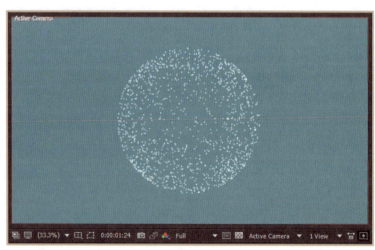

图 11-111

Sphere Position：这个选项数值决定球形力场的位置。

Radius：球形作用的半径大小。

Feather：球形力场边缘羽化值，在羽化的边缘力场的力量变得模糊。

上面这些就是针对粒子扰动效果的主要属性调整，大部分的时候对粒子只需要添加和修改简单的扰动数值就可以有很好的效果了。

11.5.2 如何理解物理系统中的 Bounce 模式

如果把粒子视为无数的小体积的小球体，甚至可以是沙砾，那么它们落地碰撞的时候往往具有弹跳的效果，是否需要这种力场模式主要根据实际需求而决定。

打开 Bounce 下拉菜单，主要属性组如图 11-112 所示。

因为当需要设置粒子碰到物体反弹时，那么第一个要解决的问题是粒子碰到哪个层会产生反弹。在 Floor Layer 下拉菜单中，可以选择用反弹粒子的地板层。

图 11-112

但是在能够选择地板层之前，要先建一个地板层：

1．新建一个固态层并且打开三维开关。

2．在时间轴面板上选择刚才新建的固态层，然后按住键盘上的"Alt+Shift+C"组合键新建一个预合成。

3．把新建的预合成的三维开关打开。

4．此时该预合成可以被视为一个提供反弹的"地板"，可以将其旋转角度并放至于粒子下落的下方。

5．为了方便观察三维空间，可能通过旋转摄像机镜头多角度观察。

6．在 Floor Layer 的下拉菜单中选择刚才的预合成作为"地板"。

7．调节粒子受到的重力或者发射方向，确保粒子会碰撞上"地板"，按空格键播放并观察粒子碰撞情况，如图 11-113 所示。

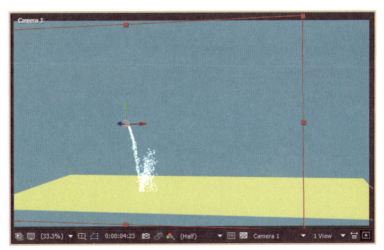

图 11-113

在图 11-113 中可以看到粒子下落以后碰上了黄色的固态层地板然后产生了明显的反弹。理解产生这个功能的重要思路：首先制作一个提供碰撞的地板，它可以是固态层，也可以是文字，还可以是任意图形，唯一需要注意的是，在粒子系统中这个"地板"需要是合成文件，而且是三维的。所以要对这些"地板"执行打开三维开关的操作并且生成一个预合成文件，或者直接新建合成文件在合成文件里放上作为"地板"的素材,并且也要打开合成文件的三维开关。其次就是要确保粒子最后能够碰撞到地板层上并产生反弹。最后在 Floor Layer(地板层)的下拉菜单中选择正确的地板层。

Floor Mode 包含以下几个选项。
- Infinite Plane：地板的边缘不受图层大小限制，地板可以被视为无限长度。
- Layer Size：地板的面积大小就是合成的尺寸或者本身层的面积大小。
- Layer Alpha：地板面积的透明效果，比如当以字体作为地板层时，字体中间的透明部分（字符的镂空区域）就会被粒子穿过，而不会使得粒子反弹。

Wall Layer：用来添加第二个可以用来碰撞的层。它的使用方法与使用 Floor Layer（地板层）的方法一致。

Wall Mode 也同样包括 Infinite Plane、Layer Size、Layer Alpha 等模式，其作用与 Floor Mode 中效果一致。

当粒子与地板或者墙体层互相作用以后，它们之间的互相作用关系不仅仅只包括弹跳一种选择。

Collision Event：这个选项决定了粒子碰撞到层时会产生什么样的互动效果。
- Bounce：粒子碰到地板或者墙体层时发生弹跳。当选择这个选项时，下方的三个属性如图 11-114 所示，是针对 Bounce 效果进行设置的。
  — Bounce：调整粒子碰撞后弹跳的高度。
  — Bounce Random[%]：调整粒子碰撞后弹跳高度的随机程度。
  — Slide：调整粒子碰撞后在碰撞体上的滑动效果。

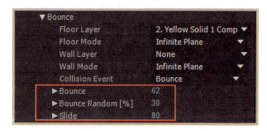

图 11-114

在 Collision Event 下拉菜单中包含以下三个选项。

Slide：粒子碰撞以后能够在层上略微地滑动。
Stick：粒子被吸附在碰撞层上，这个效果如同雪花落在物体上被吸附一样。
Kill：粒子遇到碰撞层时消失不见。

第 12 章
画面跟踪技术与摄像机反求

12.1 基础的跟踪方式

12.1.1 画面跟踪

通俗来说，这类软件的作用就是让合成的元素能够稳稳地跟随摄像机运动。举一个简单的例子，如图 12-1 所示。

图 12-1

在图 12-1 中看到一个随时可以被替换的手机屏幕，如何替换这个屏幕的内容呢？你可能会说抠图，或者在这上面挡一个图层。先尝试一下用这种方法操作，如图 12-2 所示。

图 12-2 所示的效果似乎看起来还不错，起码做了一个图层挡住了原来的手机屏幕，放在了手机屏幕之上。假设这是手机屏幕中的内容。播放一下就出现问题了，如图 12-3 所示。

我们仅仅播放了数帧，图层就无法与屏幕位置适配了。很明显是因为镜头中的物体是移动的，难道每播放一帧都要移动一次位置吗？显然还是不可能的，也许一秒可以，要是十秒，甚至是数分钟，这个工作量简直无法想象。所以需要使用画面跟踪技术，让这些素材能够稳稳地贴合在某些画面上，无论镜头是移动还是旋转，是拉近还是拉远，都可以稳稳地贴合在一些地方。那么掌握这些技术就意味着可以为你拍摄的画面做很多替换，做出极为有创意的视频，比如马路上拍摄一段视频，然后合成几个卡通角色进去。

图 12-2

图 12-3

<1> 如何解决视频拍摄抖动问题

在解决系统复杂的跟踪画面问题时，从一些基本跟踪问题入手，然后掌握一些简单的跟踪方式。首先单击 windows → Tracker，打开跟踪面板，如图 12-4 所示。

图 12-4 就是 After Effects 的 Tracker 面板，这个面板的主要作用还是跟踪一些变化的画面，那么运动跟踪是什么呢？有时素材的内容是动态的，所以对镜头中的画面进行分析，设定一些画面的追踪，设定一系列的关键帧，最后把这些关键帧应用到新的元素上，实现新的元素能够与视频中的动态镜头的运动相匹配，如图 12-5 所示。

图 12-5 所示是一些常见的画面跟踪素材，现在可以通过跟踪的方式替换图 12-5 中的绿色屏幕。当视频素材是动态拍摄时，镜头会有旋转位移时，你会发现直接使用一个图层去叠加替换是不可能的。镜头稍微一移动就会与画面不匹配，所以使用一些画面跟踪技术，计算出特定画面内容的运动方式，然后把新的图像匹配上去时，就会稳稳地跟随画面。当然，可以作为替换的东西有很多，并不仅限于一些屏幕。

图 12-4

图 12-5

在跟踪面板中，主要是 4 个功能类型，如图 12-6 所示。

Track Camera：通常用来完成摄像机反求计算的，主要是解算拍摄素材的摄像机运动。

Warp Stabilizer：用来计算并判断画面是否稳定。

Track Motion：计算视频中画面的二维运动路径。

Stabilize Motion：用来调整画面并使其稳定。

图 12-6

不过基于跟踪面板上的功能很多，首先掌握 Track Motion。通过这个功能实现大部分的图像画面运动跟踪的替换，然后学习 Track Camera，进行一些摄像机反求，可以在视频中添加诸多复杂的效果。而 Warp stabilizer 与 Stabilize Motion 可以根据实际需要更好地调整画面。

在图 12-3 中出现的素材与画面运动不匹配，可以使用 Track Motion 来解决。在时间轴面板上单击（选择）需要跟踪的视频素材后，单击 Track Motion 后，会进入该视频素材的图层预览窗口，如图 12-7 所示。

图 12-7

在图 12-7 中的红框中有一个 Track Point 1，如果拖动这个跟踪点到画面中的某一个位置，它会计算 Track Point 1 所吸附范围的所有像素的运动轨迹。可能在一些极为简单的画面需求中才使用一个点跟踪，面对复杂的情况需要多个跟踪点配合使用。跟踪面板中其他的功能，如图 12-8 所示。在激活 Track Motion 与 Stabilize Motion 后，图 12-8 所示的功能会被相对应地激活。

Motion Source：设置被计算的源素材，只对素材预合成有效。也就是说，确定到底解算分析什么内容，尤其在时间轴面板有多个素材预合成时，要通过下拉菜单选择需要解析的源素材。

图 12-8

Current Track：选择跟踪解算的数据，当第一次使用跟踪解算时，第一条跟踪数据被默认命名为 Track 1。当多次使用跟踪分析解算以后会被依次类推命名为 Track 2、Track 3 等。

Track Type：设置计算机分析画面的方式，在其中有多个不同的跟踪类型，不同的跟踪类型有不同的跟踪方式，所以最后跟踪分析解算的数据应用到目标图层中的数据与方式也不一样。

需要注意的是，无论选择 Track Motion 还是 Stabilize Motion，起作用的都是 Track Type。所以选择 Track Motion 时，Track Type 默认为 Transform，而 Stabilize Motion 会在 Track Type 中默认为 Stabilize。

那么在 Track Type 有哪些稳定与跟踪的方式呢？如图 12-9 所示。

Track Type 的主要跟踪类型如下。

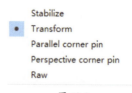

Stabilize：在 Tracker 面板上选择 Stabilize Motion 后，会默认选择该模式。在这个模式下会通过一到两个跟踪点来确定选区范围内的图像的运动变化，然后把这些跟踪的参数重新作用于当前被跟踪解析的图层里。

图 12-9

比如它会监测某一个像素区域在视频中如何移动、如何旋转与缩放，那么系统会把这些变化对当前被跟踪解析的图层进行补偿计算，于是会看到该像素区域会稳稳地保持在某些位置不发生变化，而整个视频的边缘在不断变化。

那么如何解决拍摄视频时的抖动问题呢？用 Stabilize 功能测试一下。首先找到一段用手持方式拍摄的视频，如图 12-10 所示。

图 12-10

图 12-10 所示的视频素材是一个用手持方式拍摄的画面，视频会有轻微的晃动。现在要消除这些晃动，让观看视频的人感觉是固定镜头所拍摄的画面。

既然要解决抖动问题，其中一方式是使用 Stabilize 功能。在时间轴面板上选中视频素材后，在跟踪面板中选择 Stabilize Motion 选项，就会进入该图层的预览窗口，如图 12-11 所示。

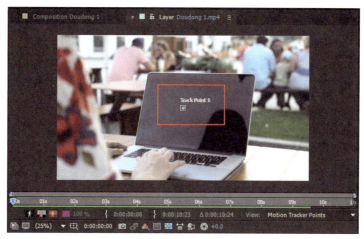

图 12-11

要注意此时进入的是图层预览窗口，图 12-11 中有一个红框标识的 Track Point 1。这是计算机在让你定位一个像素区域，然后它会追踪这个像素区域的因为抖动而产生的位移、缩放、旋转等变化，最后应用这些跟踪解析数据后，让它像一个钉子一样地固定它在预览窗口中的位置。既然图像中某一个位置进行固定了，那么整个图像都会被固定住而不抖动。

如何使用 Track Point 1 呢？它又被称为运动跟踪点，单独一个运动跟踪点往往追踪的只是跟踪点附近的像素区域的位置变化，复杂的情况则需要多个跟踪点，不过我们从这个基础且常用的单点跟踪开始。

如果使用跟踪点，需要挑选图像中认为应该固定的地方，就像给画面里钉个钉子。最重要的是：该区域的像素与周围的像素有比较明显的差别，这样计算机就不会将其他区域的像素混淆并计算。

使用鼠标滚轴放大画面，然后拖动跟踪点，找到一个相对合适的位置，如图 12-12 所示。

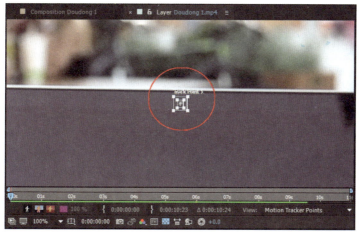

图 12-12

把跟踪点限制在笔记本摄像头的位置，需要耐心地观察整个素材，找到一个最好的位置。摄像头是白色的，而摄像头周围的素材是黑色的，这会形成一个很好的对比。

那么跟踪点的两个边框与一个准心是什么意思呢？一个跟踪点包括特征区域，是最小的框中所包含的信息；搜索区域就是外框的范围，它通过搜索这些区域的像素信息用来寻找特征并且确定位移变化；准心即吸附点，它的主要作用就是追踪主要特征。可以用鼠标拖动它，然后调整它们的位置与搜索范围等。

那么对于这3项的定位有什么需要注意的呢？对于特征区域与吸附点，顾名思义就是被跟踪运动轨迹最重要的区域，它需要明显的视觉元素，并且整个跟踪阶段最好不要出现任何遮挡，防止跟踪点丢失。而搜索区域是调整对于特征点的搜索范围，这个范围不能太小也没必要过大，如果搜索区域中出现多个与特征区域类似的像素图像，那么极有可能跟踪失败，但是搜索区域过小也会容易丢失跟踪。

当定位完这个跟踪点后，就要进行分析，在这个分析中可能会遇到3个问题。如图12-13所示，跟踪点所追踪的变化有3个选项可以勾选，即Position、Rotation、Scale。但是一个跟踪点只能追踪Position的变化，通常情况下也够用了，先来解决单点跟踪的问题。

图 12-13

当勾选Position后，可以看到Tracker面板中的Analyze后面对应4个按钮，（从右至左）即往后解算分析一帧，往后自动解算分析，往前自动解算分析，往前自动解算分析一帧。所以在图像中任何一个时间位置添加跟踪点都可以，可以往视频前、视频后都进行解算。可以尝试使用"往后自动解算分析"与"往前自动解算分析"，然后耐心地等待计算机计算出跟踪区的运动轨迹，如图12-14所示。

图 12-14

当完成跟踪点的分析解算后，可以在图12-14中清楚地看到刚才跟踪点的运动轨迹，现在需要完成最后一步。如果对之前的设置都不满意，可以单击Rest恢复初始设置，如图12-15所示。把刚才的数据用于稳定画面，当单击Apply按钮后，如图12-16所示。

图 12-15

图 12-16

此时计算机会显示是把刚才跟踪的数据是同时运用给 X 轴与 Y 轴，还是单独应用某个轴。通常情况下是同时应用到 X 轴与 Y 轴，运行结果如图 12-17 所示。

图 12-17

单击 Apply 按钮后就会回到合成预览窗口，此时注意图 12-17 中的视频位置偏移了，那说明成功了。此时播放视频会发现整个画面不再抖动，计算机通过反复调整图层的位置，把刚才的跟踪点固定到了初始位置，如图 12-18 所示。

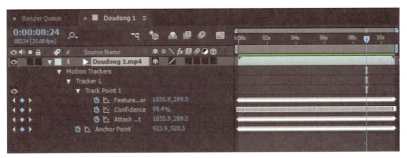
图 12-18

对刚才被稳定的视频素材按 U 键检查哪些属性被打上了关键帧。此时计算机通过这种密集的关键帧做出了稳定画面。不过如何处理边缘损失的画面呢？通常会把整个视频放大一些以填充整个预览窗口，如图 12-19 所示。

图 12-19

在图 12-19 中对素材进行了缩放，面对因为跟踪损失的一些画面，通常会放大素材来填充整个合成画面。此时再预览播放时会发现已经看不出画面有任何抖动了。不过这也说明了一个问题，抖动的幅度越小，损失的画面部分越小。如果抖动特别严重，可能这种方式也无济于事，并且也可能很难成功地稳定追踪跟踪点，还是要注意前期的拍摄。

刚才是处理画面水平抖动的一个例子，如果视频还有旋转、拉伸的一些情况，可能就需要更多的跟踪点。换一个素材测试一下，如图 12-20 所示。

图 12-20

图 12-20 中的视频素材会以一个角度旋转，虽然这段视频的主要作用是用来替换其中的电脑屏幕的。不过也可以因为它有更明显的旋转镜头，强行把画面稳定在一个角度不动，方便看到跟踪的轨迹极其明显的变化。

稳定镜头的步骤都是一样的，不过这一次有了旋转，可以将 Rotation 和 Scale 同时勾选。此时会看到屏幕上有两个跟踪点，如图 12-21 所示。

图 12-21

在图 12-21 中可以看到图中的两个跟踪点中间有一个连线,计算机其实就是根据这根线的角度旋转与距离变化来判定图像的旋转与缩放的。确定了跟踪点以后,依然首先单击 Analyze,分析跟踪点的数据,如图 12-22 所示。

图 12-22

在图 12-22 中会看到两个跟踪点的运动轨迹,当单击 Apply 按钮后发现,即使有旋转、缩放、位移同时发生,镜头也会被稳定。不要认为这种方式是完全能够应用到任何场合的,它只适用于视频有小幅度的旋转与抖动。如果测试的视频旋转移动角度很大,当移动角度很大后,如图 12-23 所示。

图 12-23

在图 12-23 中是成功稳定了镜头，但是面对过大幅度的旋转与抖动时依然不可取，因为会损失太多的画面。此时时间轴面板上该素材的关键帧，如图 12-24 所示。

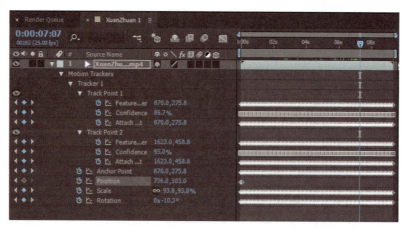

图 12-24

对比之前只使用位置变化跟踪，而在图 12-24 中该素材旋转、缩放的参数都发生了相应的变化，所以能够处理好具有小幅度旋转与缩放的画面。不过如果视频只有一些水平、垂直方向的抖动，而没有旋转与镜头远近的抖动变化，那么只使用位置变化即可，并不是跟踪点越多稳定效果越好。

<2> 如何跟踪画面的运动及替换其内容

首先看图 12-2 与图 12-3 所出现的情况，比起跟踪画面运动，然后重新应用给被跟踪解析的源素材。这次换个方式，把跟踪的数据赋值给其他素材，让它利用这些数据匹配制定画面范围的运动。

为了测试与解决这个问题，另外导入一张图片，如果它稳稳地贴合被跟踪的画面，说明跟踪画面的运动是成功的。首先将素材调整到合适的位置，如图 12-25 所示。

图 12-25

虽然在图 12-25 中可以使用一张壁纸大小的图片，完全替换这个绿色屏幕，但是为了方便清楚地看到它是如何被稳定地跟踪的，所以缩放了图像。在把素材调整到屏幕上后，一开始依然是进行解算分析画面跟踪。

解决对运动画面的跟踪问题，单击跟踪面板中的 Track Motion，此时在 Track Type 中选择 Transform 方式。在 Transform 中也可以选择跟踪 Position、Rotation 与选 Scale 3 种属性，如图 12-26 所示。

在图 12-26 中看到 Track Type 中的 Transform 方式。这种方式的特点是跟踪 Position、Rotation、Scale 等数据，然后记录跟踪画面这些数值变化并应用到其他图层中。

所以，在一开始只跟踪 Position 属性的变化并进行分析，通过这种方式也能理解如同使用 Rotation 与 Scale，这些分析方式与 Stabilize 没有什么太大区别。很快计算机会计算出跟踪像素的运动轨迹，如图 12-27 所示。

图 12-26

图 12-27

在图 12-27 中看到对于 Position 属性的变化过程，那么如果"Rabbit.png"图层能够与这些 Position 属性变化进行同样的轨迹运动，那么是否意味着在视觉上会看到它们会稳稳地匹配与互相贴合呢？事实上原理正是如此。此时把跟踪的数据应用到"Rabbit.png"图层中，如图 12-28 所示。

在图 12-28 中单击 Edit Target，这个选项的作用就是选择要把画面跟踪的变化数据应用到什么图层，在弹出的对话框中选择目标对象。比如此时的应用跟踪数据的目标图层是"Rabbit.png"，如图 12-29 所示。

图 12-28

在图 12-29 中可以看到 Apply Motion To:，顾名思义就是将跟踪画面的运动数据应用到哪个图层，正确选择完毕以后单击 OK 按钮。回到跟踪面板上再单击 Apply 按钮，并在弹出的对话框中根据需要选择"X 轴和 Y 轴"同时应用。此时就

图 12-29

会在合成的预览窗口中看到"Rabbit.png"图层应用这些数据后变化的结果，如图 12-30 所示。

图 12-30

此时在图 12-30 中，随着合成播放可以看到"Rabbit.png"图层稳稳地跟随屏幕运动，就好像这是屏幕中的内容一样，打开"Rabbit.png"图层中的关键帧查看一下，如图 12-31 所示。

图 12-31

在图 12-31 中看到"Rabbit.png"图层的 Position 属性变化，其有了很多关键帧。正是这些变化在跟随素材"Phone 1"中的跟踪点而运动。所以在视觉上看到它们两个似乎是贴合在一起的同步运动。不过你会发现一个问题，图 12-30 所示的内容与之前调整好的在图 12-25 中的"Rabbit.png"图层位置相比似乎发生了一些偏移，并不是一开始所摆放的位置，这是个非常常见的问题。在时间轴上移动"Rabbit.png"图层未被打关键帧的属性，再微调一下达到预期效果即可，如图 12-32 所示。

图 12-32

例如在图 12-32 中修改 Anchor Point 属性，把图层进行位置移动，因为该属性没有关键帧，所以通过修改来达到预期位置。那么为什么会出现一些偏移的情况呢？要解释这个问题，就需要继续学习四点跟踪的方式。

单点跟踪通常说的就是位置跟踪，只用一个跟踪点来跟踪某个区域画面的位置变化。而两点跟踪则是加入了 Rotation 或者 Scale 属性，通过两点之间的直线角度变化与距离来测算旋转与缩放的变化，然后将这些数据应用到目标图层中。最重要的还有一个四点跟踪方式，对于在进行画面解析的素材中 Rotation 或者 Scale 变化较大的情况，都建议采用四点跟踪的方式。

打开 Track Type 的下拉菜单，会看到还有几种跟踪类型。

Parallel corner pin：这个模式只会跟踪倾斜与旋转的变化，不能跟踪画面的透视变化。它的原理是通过三个跟踪点的位置变化，然后计算出第四个跟踪点的数据。最后图层应用的也是第四个跟踪点的数据变化，但是形状是固定的。

Perspective corner pin：该模式可以跟踪到源素材的移动、旋转、透视等变化。它是基于四个点跟踪素材的变化，将四个点的位置变化应用到目标图层的四个边角点，所以也被称为四点跟踪。

Raw：该模式只能跟踪源素材的位置变化，并且记录这些数据的变化。不过这些跟踪数据并不能直接应用到某些图层当中，而是通过在时间轴面板中复制这些跟踪后的属性关键帧的变化，粘贴到其他有需要的目标图层中使用，相对来说比较灵活一点。

在这几种方式中，最核心的就是 Perspective corner pin。通过学习它，其他的跟踪方式也很容易理解，并且对之前的 Stabilize 模式与 Transform 的理解会更加深刻。

12.1.2 四点跟踪

选择一个在拍摄时，镜头有一定旋转、位移明显的素材，如图 12-33 所示。

图 12-33 中的素材有比较明显的旋转位移，这好比一台笔记本电脑放在展柜上，然后慢慢旋转展示的效果。一开始要摆放好想替换的素材，如图 12-34 所示。

在图 12-34 中将"Rabbit.png"图层的三维开关打开，通过合适的角度进行旋转调整，位移才能放置到合适的匹配角度。目的很简单，就是通过画面运动跟踪后，让图层"Rabbit.png"也紧紧贴合屏幕。面对这种大角度的旋转，单一追踪 Position 属性是不够的。

所以解决这类对画面的运动跟踪问题，都习惯使用四点跟踪的方式。首先在跟踪面板中选择 Track Motion，这次在 Track Type 中选择 Perspective corner pin，如图 12-35 所示。

图 12-33

图 12-34

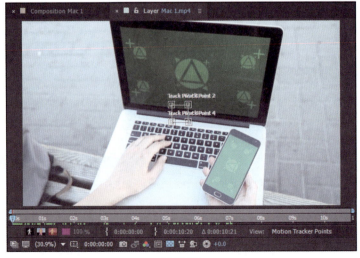

图 12-35

可以看到图 12-35 中的四个跟踪点,把这些跟踪点放到比较合适的位置,然后解算分析它们,如图 12-36 所示。

图 12-36

在图 12-36 中看到四个跟踪点的运动轨迹。同时把跟踪结果应用到图层"Rabbit.png"中,将跟踪数据应用到制定目标中的方式,与之前使用 Stabilize 模式与 Transform 时是一样的。得到的运行结果,如图 12-37 所示。

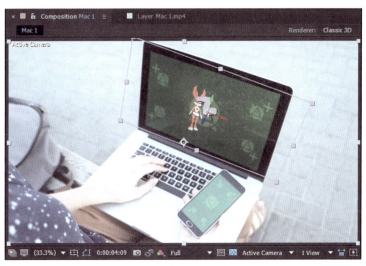

图 12-37

可以看到图层被有效地匹配了跟踪画面,随着视频的播放,图层"Rabbit.png"在视觉上会出现在屏幕上,并保持稳定。

<1> 四点跟踪对图层的影响

使用 Perspective corner pin 对于画面跟踪很有效。它的使用逻辑很简单,跟踪画面运动,然后把运动数据匹配到对应的目标图层上,然后单击 Apply 按钮即可。不过换一个素材再试试,回到图 12-1 所示的素材,对它进行四点追踪,然后贴合替换一些素材,如图 12-38 所示。

图 12-38

图 12-38 所示的是进行的四点跟踪已经完成了的样子，按理说简单的素材使用四点跟踪的方式应该完全没有问题，现在把数据应用到"Rabbit.png"图层中，结果如图 12-39 所示。

图 12-39

在图 12-39 中发现"Rabbit.png"图层已经被严重扭曲了，遇到类似的图形扭曲的情况是为什么呢？首先看一下"Rabbit.png"图层的 Effect Control，如图 12-40 所示。

图 12-40

在图 12-40 中可以看到"Rabbit.png"图层被添加了一个 Corner Pin 的特效。如果要知道为什么会发生扭曲，那么就要知道这个效果是做什么用的。新建一个固态层测试一下，如图

12-41 所示。

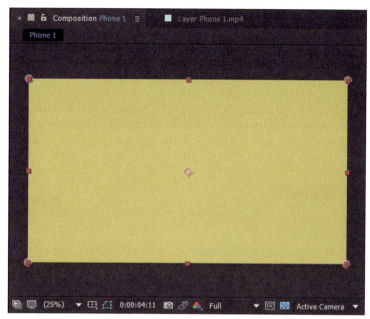

图 12-41

在图 12-41 的固态层中，对它使用 Corner Pin，可以看到这四个定位的点正好在图层的四个边角上。尝试拖动这些四个边角定位点，如图 12-42 所示。

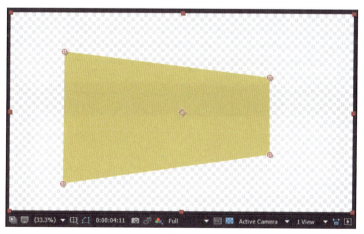

图 12-42

在图 12-42 中修改了四个边角定位点后，图形发生了扭曲，并且似乎看起来（如果位置恰当）可以产生透视的效果。那么是什么原因引起之前的匹配图形产生变形呢？也正是因为这四个坐标点的缘故。"Rabbit.png"图层应用了跟踪数据以后的时间轴面板上的关键帧，如图 12-43 所示。

可以看到图 12-43 中的 Corner Pin 都被密集地打上了关键帧，所以能够稳定地跟踪画面，而这四个角的关键帧变化与之前四点跟踪的四个跟踪点的位置变化是一致的。不过还存在问题，如图 12-44 所示。

在图 12-44 中可以看到这四个跟踪点的位置，这四个点就是之后对目标图层的应用跟踪数据以后的位置。把这四点跟踪的数据应用到刚才的黄色固态层上，如图 12-45 所示。

图 12-43

图 12-44　　　　　　　　　　　　　　图 12-45

通过图 12-45 所示可以明白四点跟踪的原理，即追踪四个点，然后把四个跟踪点的数据应用到目标图层中时，为目标图层加上一个 Corner Pin 特效，然后每一个跟踪点的位置对应其中一个角的变化。所以这个黄色固态层也没有完整地覆盖整个手机的屏幕，而只是覆盖了跟踪点所框选的范围内。"Rabbit.png"图片的实际大小，如图 12-46 所示。

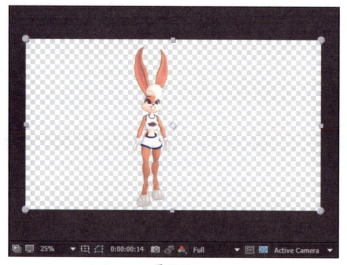

图 12-46

可以看到在图 12-46 中，观察这个图层的四个角，Corner Pin 特效修改的是整个图层的四个角的位置，所以当匹配到之前的四个跟踪点时，这是一个 16:9 的宽图层，而手机屏幕是狭窄的，当"Rabbit.png"所在图层的四个边角定位完全与跟踪点位置一致时，必然会发生扭曲，如图

12-47 所示。

图 12-47

在图 12-47 中可以看到用四个边角摆出了与之前进行四点跟踪后的位置差不多的比例的图像，就出现了扭曲效果。清楚了四点跟踪与 Corner Pin 关系与原理后就要解决这个问题。

在图 12-34 中，在为笔记本电脑跟踪数据前，将"Rabbit.png"图层位移、缩放、旋转，摆放在电脑屏幕上，让它们看起来很贴合。当清楚四点跟踪的原理后，就会发现这么操作多此一举。因为无论之前怎么摆放，该图层的四个角最终都会被固定到四点跟踪上的四个跟踪点上的。可以试一下只导入目标图层，不对它做任何操作，然后对源素材进行四点跟踪，再应用到目标图层，最后的结果也是一致的。

如何解决发生扭曲的问题呢？回想一下为什么之前进行四点跟踪，在对目标图层应用跟踪数据后没有很明显的扭曲呢？那是因为四个跟踪点所包含的区域与目标图层"Rabbit.png"的比例大小是差不多的，所以扭曲得不明显。那么要解决此问题，要注意的就是目标图层的图像长宽比例与四点跟踪区域的长宽比例要差不多。

现在解决"Rabbit.png"图层在图 12-39 中出现的扭曲问题，在应用图层"Rabbit.png"之前，可以设置一个差不多与所需要替换的跟踪画面相合适的合成，如图 12-48 所示。

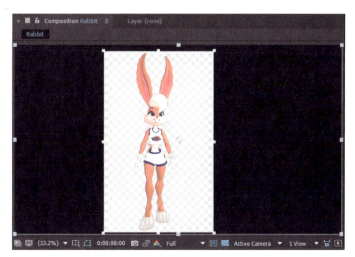

图 12-48

为Rabbit.png图片素材直接新建了一个合成"Rabbit",并且在新的合成里使用Region of Interest,然后绘制一个差不多适合手机屏幕大小的比例,如图C2.11所示。最后到菜单栏上使用Composition→Crop Comp to Region of Interest,得到一个新比例大小的合成,把四点跟踪的数据应用到合成"Rabbit"中。此时的时间轴面板,如图12-49所示。

图 12-49

在图12-49中,四点跟踪的数据应用到了合成"Rabbit"上,该合成的比例大小接近手机屏幕比例,应用跟踪数据的结果,如图12-50所示。

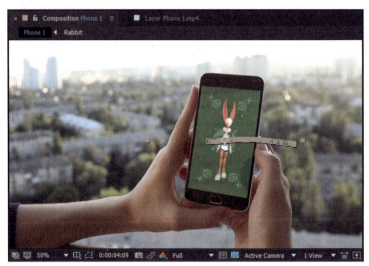

图 12-50

在图12-50中,画面扭曲的程度变得小了很多,在可以接受的范围内。为什么在之前的图12-37会变得大小比较合适呢?因为图层"Rabbit.png"与屏幕比例大小是差不多的,所以不会引起严重的变形。

对于四点跟踪而言,最需要注意的问题就是素材与替换的屏幕比例大小要一致,不然都会出现画面扭曲的情况,好在大部分的时候并不会产生什么大问题。如果素材大小比例大小不是很合适,首先要把目标图层进行预先合成,并且通过Region of Interest修改合成到合适的比例大小,再对该素材使用进行四点跟踪后的跟踪数据。

类似图层"Rabbit.png"这种带有大面积的透明度的图片,使用Region of Interest修改目标合成的大小,是可以比较好解决的。但是有一种情况,使用Region of Interest修改目标合成的大小可能比较麻烦,如图12-51所示。

图12-51中的素材是一个1920像素×1080像素的图片素材,文件名为Cat。如果使用之前的Region of Interest修改合成的大小可能会稍微麻烦。在解决这个问题时,首先对比这个图片素材与手机屏幕的大小,如图12-52所示。

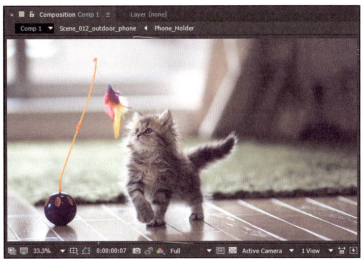

图 12-51

图 12-52

在图 12-52 中可以看到目标图层"Cat"比手机的屏幕大很多,采用缩放的方式肯定也不合适,大小不会适配。那么就只能使用图片 Cat 其中的一个区域。使用这种方式就像你用手机壁纸或者在网络上传头像图片,只选择其中的一块区域。基于 Corner Pin 的原理,到时候目标图层或者合成会被固定在四个跟踪点的位置,所以重新跟踪了整个屏幕的四个角,并手动调整了一些关键帧以确保稳定的跟踪结果,结果如图 12-53 所示。

图 12-53 与图 12-38 中的四个跟踪点的位置并不相同。所以把跟踪数据应用给目标图层以后不会出现图 12-45 中那样留出一些边缘,没有完整地覆盖屏幕的情况。当然,你已经知道 Corner Pin 的作用了,所以很清楚应用素材后会完美地覆盖屏幕。现在唯一的问题是目标图层"Cat"会有所扭曲,并且不能像对 Rabbit.png 这种具有大面积的透明区域的图片进行随意的区域裁剪。

产生扭曲的原因是因为 Corner Pin 吸附了跟踪点,所以画面比例会失真。但是需要注意,往往这种跟踪屏幕并替换其内容通常都是左右比例,或者上下比例失真,只要把它的缩放比例反拉回来就可以了。

做个测试,在时间轴面板上新建一个合成,名为 Tiaozhengbili。该合成的大小与 Cat 图片素材大小一致,把进行四点跟踪的跟踪数据应用到目标合成 Tiaozhengbili 中,如图 12-54 所示。

图 12-53　　　　　　　　　　　图 12-54

当完成这步后,进入合成 Tiaozhengbili 中,放入图片素材 Cat,此时在合成 Comp 1 中,合成预览窗口的效果,如图 12-55 所示。

在图 12-55 中也出现了比例扭曲的效果,图像(左右比例)被压缩得很严重。但是现在可以进入合成 Tiaozhengbili 去反向调整素材比例,如图 12-56 所示。

图 12-55　　　　　　　　　　　图 12-56

对图层 Cat 的 Scale 属性设置为取消等比缩放。为了得到更好的效果,单击 View → New Viewer,然后每一个视窗观察一个合成,如图 12-57 所示。

两个预览窗口,一个观察 Comp 1,也就是最终结果的画面;另一个观察 Tiaozhengbili。然后在这个合成中调整比例时,可以实时观察最终的结果。有人会发现 View → New Viewer 选项是灰色的,这是因为选择了时间轴面板或者别的选项,此时用鼠标在合成界面上单击即可。这基于 After Effects 的工作逻辑特点,先选择对象,然后选择操作方式。

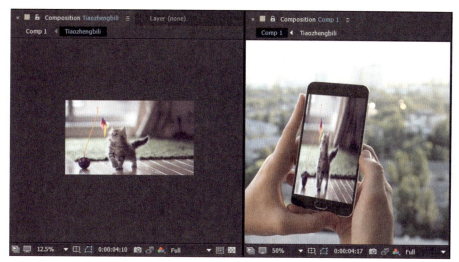

图 12-57

因为对图层 Cat 的 Scale 属性设置为了取消等比缩放,所以反方向拉升比例,这个过程似乎看起来有些夸张,但是效果不错,如图 12-58 所示。

图 12-58

可以在 Tiaozhengbili 中对 Cat 图层的 Scale 属性进行非锁定的缩放拉伸,并且调整整个图层的位置。虽然在图 12-58 中看到它进行不符合比例的缩放,不过最终的效果还算不错。调整 Cat 图层的效果会实时显示到 Comp 1 的窗口中,直到调整到最合适的比例与位置即可。这个方法可以适用于很多需要被跟踪和被替换的画面与目标素材之间比例不一致的情况。

<2> 如何解决屏幕遮挡的问题

很多跟踪画面运动后替换图像时,示例如图 12-59 所示。

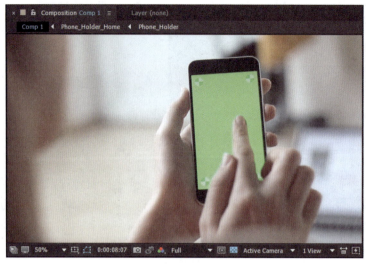

图 12-59

在图 12-59 中手机的绿色屏幕上任意单击（一下），即使完成了四点跟踪，可能应用素材的结果会如图 12-60 所示。

图 12-60 所示的猫咪图像没有失真，比例正常，位置合适，实现这种效果的方法与实现图 12-58 所示效果的方法一样。所以暂时也把跟踪数据所应用的目标合成叫作 Tiaozhengbili。回到我们的问题，正是因为 After Effects 的图层结构的特性，图层在时间轴面板上是自上而下显示的，如图 12-61 所示。

图 12-60　　　　　　　　　　　　　　图 12-61

正是因为合成 Tiaozhengbili 在源跟踪素材 Hand 之上，所以会把视频素材中的手势遮挡。但是手在屏幕上单击，然后出现替换画面的问题，这个在实际应用与工作中是极为常见的，应该怎么处理呢？要解决这个问题，就是在跟踪数据所应用的目标图层上再叠加一个一样的手势。所以需要把手势"抠"出来，然后把新的手势再放置在合成 Tiaozhengbili 上。

抠图的几种方法无非是键控、轨道蒙版、Roto 动态蒙版、遮罩。通过这些基本的抠图的办法解决这个问题。复制一层 Hand 源素材放在合成 Tiaozhengbili 图层之上，并且对它使用键控类抠图方式抠图，如图 12-62 所示。

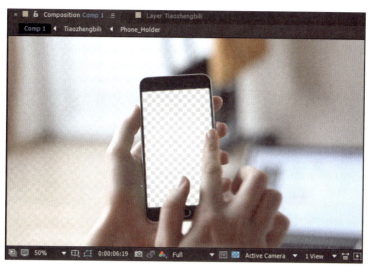

图 12-62

抠了一个空白区域，时间轴面板上各个图层的位置，如图 12-63 所示。要注意图 12-63 所示的各个图层的位置，其中两个图层的显示暂时关闭了，所以才看到了图 12-62 所示的结果。此时，图 12-62 的画面是被抠过的，它在时间轴面板的位置在合成 Tiaozhengbili 之上，肯定会挡住猫咪图像而超出屏幕的范围。现在把三个图层的"显示"都打开，结果如图 12-64 所示。

图 12-63

图 12-64

图 12-64 所示的结果还是比较理想的，但是如果源跟踪素材的屏幕并不利于抠图，那么建议使用 Roto 动态蒙版来解决这个问题。而拍摄并制作这些类似的效果时，记得把手机屏幕调成例如绿色屏幕这种单一的色彩，利于后期修改和使用。

12.1.3 变形稳定器 VFX

有一个视频素材在拍摄过程中有小幅度突然抖动，但是希望经过变形稳定器 VFX 处理过后，整个镜头是自然流畅过渡的，如图 12-65 所示。

图 12-65

在跟踪面板上单击 Warp Stabilizer 后，系统开始自动解析画面，然后消除抖动使之变得流畅，如图 12-66 所示。

图 12-66

图 12-66 所示就是计算机分析素材的过程，耐心等待整个分析过程的完成就可以得到稳定跟踪的结果，此时在播放时就会发现整个视频也流畅了很多。在使用 Warp Stabilizer 后，系统会为素材加上一个 Warp Stabilizer VFX，如图 12-67 所示。

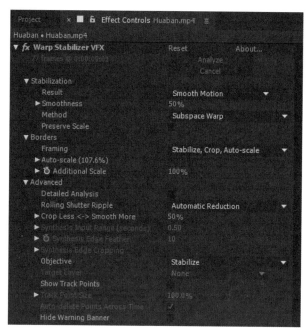

图 12-67

Reset：重置所有的设置。

Analyze：在第一次使用变形稳定器时系统会自动分析，如果对图层的入点、出点进行修改等，该选项会被重新激活，可以再次单击重新分析。

Cancel：取消分析过程。

Stabilization 属性组：设置稳定素材的稳定方式与平滑度等。

Result：该选项用于控制素材的预期结果，其中包括两个选项，Smooth Motion，该选项是默认设置，它能够保留原始摄像机镜头的移动，但是会让这些移动变得更加平滑。并且该选项会启用 Smoothness 来设置摄像机移动的平滑程度；No Motion，该选项主要的作用是尝试消除在拍摄中所有的摄像机运动。

Smoothness：对该选项值的设置会影响摄像机运动的稳定程度，数值越低，效果越接近摄像机原来的运动。反之，数值越高则素材画面中摄像机运动的轨迹平滑程度越高。

Method，该选项制定变形稳定器 VFX 对素材执行哪种复杂的操作，其中有以下 4 种选项。

1．Position：仅使用跟踪的位置数据来稳定画面，类似点跟踪。

2．Position,Scale,Rotation：使用跟踪的位置、缩放、旋转数据来稳定画面。

3．Perspective：使用该方式会解析素材的透视效果，类似四点跟踪边角定位的特点。

4．Subspace Warp：默认设置，系统会尝试以不同的方式稳定各种跟踪数据，然后稳定整个画面。

Preserve Scale：因为稳定画面的方式很多，有时会通过缩放素材的大小来稳定画面，类似单点、两点跟踪后稳定画面产生的画面偏移。勾选此复选框，变形稳定器 VFX 不会尝试通过缩放来调整向前和向后的摄像机运动。

Borders 属性组：调整对被稳定的素材进行处理裁剪、移动等处理画面边缘的方式。

Framing：设置稳定素材后，对画面边缘进行处理的几种方式。

Stabilize Only：选择该选项，只会稳定画面素材，不对画面进行裁剪，如图 12-68 所示。

图 12-68

图 12-68 所示画面边缘有一些移动，露出了"透明处"，并且整个画面的位置也不是非常规则与整齐。

Stabilize,Crop：在 Stabilize Only 基础上把画面调整到了合成的中心位置，并且均匀地裁剪了画面边缘，如图 12-69 所示。

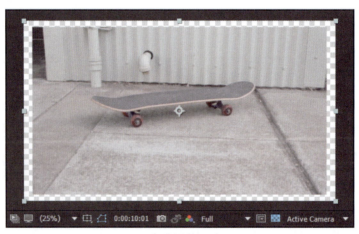

图 12-69

对比图 12-69 与图 12-68，画面在合成中的透明度区域的不同，后者显然对边缘做了很规整的裁剪处理。

Stabilize,Crop,Auto-scale：在 Stabilize,Crop 的基础上，自动缩放合成大小与之适配，如图 12-70 所示。

Stabilize,Synthesize Edges：对于画面裁剪部分的填补方式是使用在当前画面时间上靠前和靠后的内容进行填充，移动到边缘填充空缺画面，如图 12-71 所示。

仔细对比图 12-71 与图 12-70 所示画面边缘的差别，图 12-71 所示的图明显视野范围更大，这就是通过计算机自动"挪用"其他部分的画面来填补的。用这种方法不需要对素材进行缩放，然后填充整个合成大小，也可以达到填补画面裁剪损失的效果，虽然计算机运算负担很大，但是效果很好。

图 12-70

图 12-71

Auto-scale：设置 Stabilize,Crop,Auto-scale 选项中的自动缩放大小。还有以下两个选项。

1. Maximum Scale：限制为了进行画面稳定将素材放大的最大程度。
2. Action-safe Margin：设置一个安全范围，自动缩放时不会填充该范围，如图 12-72 所示。

图 12-72

在图 12-72 中调高了 Action-safe Margin 的数值，此时会发现选择 Stabilize, Crop, Auto-scale 选项时不会再完全填充整个合成大小。

Additional Scale：与时间轴面板中素材的 Scale 属性使用方式和效果一样。

Objective，用于确定效果目标，是为稳定或暂时稳定来执行视觉效果任务的，还是将图层合成到抖动的场景中。其中包括以下 5 个选项，如图 12-73 所示。

Stabilize：默认稳定镜头的常规选项。

Reversible Stabilization 和 Reverse Stabilization：这两个选项通常是配合着使用的，可以通过"可逆稳定"来稳定抖动的对象，然后再到 Effect control 再复制变形稳定器 VFX 的效果，第二个变形稳定器 VFX 选择"反向稳定"，将抖动插入回去，形成最终的稳定效果。同

图 12-73

时你会发现，单独使用 Reversible Stabilization 与单独使用 Reverse Stabilization 稳定画面的效果是正好相反的。因此，也可以将这两个效果配合着使用，将一些素材等稳定地匹配到原始画面中。

比如在使用第一个"变形稳定器 VFX"通过 Reversible Stabilization 处理素材以后，对被稳定的视频素材使用画笔工具任意绘制，然后复制第一个"变形稳定器 VFX"，并改成使用"反向稳定"，将抖动插入回去，最终形成一个相对平衡的画面，而你对被稳定的视频素材使用的其他效果也会出现在原始素材上，也会跟随画面运动，如图 12-74 所示。

在图 12-74 中看到，首先使用了一次变形稳定器 VFX，再使用其他效果，最后再一次使用变形稳定器 VFX。为什么是这个顺序呢？这个过程基本上也是基于 After Effects 对特效使用的顺序，也是自上而下的。在稳定以后使用效果，

图 12-74

最后才使用"反向稳定"将抖动插入回去。当然，这个效果对于初学者太过于抽象了，好在使用这种方式并不是特别频繁。

Apply Motion to Target 和 Apply Motion to Target Over Original：使用这两个方式，系统会要你在 Target Layer 选项中设定将稳定运动数据应用到哪个图层上。

Show Track Points：勾选此复选框后显示轨迹点，如同 12-75 所示。

图 12-75

计算机判定画面是否稳定，就是通过这些跟踪点来计算分析的。不过并不是跟踪点越多越

好，有些吸附在快速移动或者频繁晃动物体上的跟踪点反而可能会对画面造成影响，所以可以删除一些跟踪点，如图 12-76 所示。

图 12-76

在图 12-76 的预览窗口中可以单击鼠标并拖曳来框选不需要的跟踪点，然后按 Delete 键删除它们，通常需要检查整个跟踪视频片段，以确保这些点没有再生成，把多余的反复删除。

Track Point Size：调整稳定跟踪时使用的跟踪点的大小。

Show Track Points：在合成面板中删除跟踪点时，删除某一帧的跟踪点，可能下一帧该跟踪点还会生成。勾选此复选框，被删除的跟踪点将会一直被清除，无须再手动逐帧删除跟踪点。

Hide Warning Banner：隐藏在分析过程中弹出的警告横幅等。

12.2　摄像机反求

摄像机反求简单来说就是通过解析所拍摄的画面，反求计算出当时拍摄时摄像机的运动轨迹。在处理复杂的摄像机反求问题之前，找一个相对好理解与好处理的素材，如图 12-77 所示。

图 12-77

图 12-77 所示的是一辆在车上拍摄窗外的视频，通过摄像机反求可以在这片田野上添加很多元素，单击跟踪面板上的 Track Camera，或者使用菜单栏 Animation → Track Camera 来开启这一功能。此时图 12-77 中被反求摄像机的视频素材"Field"就会被添加一个 3D Camera Tracker，如图 12-78 所示。

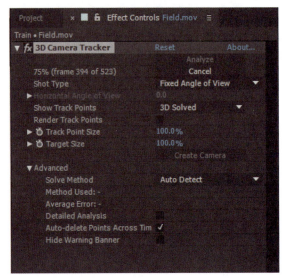

图 12-78

图 12-78 所示的就是 3D Camera Tracker 插件的主要功能。其实对素材的跟踪，反求的功能最后都是通过 Effect 中的插件来实现的。在使用了 3D Camera Tracker 后，系统首先会进入一个自动分析的过程。同时会弹出与使用变形稳定器 VFX 时类似的蓝色警告调幅。当系统初步分析完毕以后会有一个基本的分析结果，如图 12-79 所示。

图 12-79

在图 12-79 中可以看到很多熟悉的跟踪点，不过这一次它的作用不再是稳定画面，而是计算我们拍摄时摄像机是如何运动。那么既然获得这么多的跟踪点，应该如何使用它们呢？三个点就能够构成一个平面，如果使用其中的一些跟踪点的数据应用到其他我们想添加的素材上，那么这个素材可能就会被稳稳地匹配到摄像机的运动中。通过鼠标滚轴放大预览窗口，然后任意选择 3 个或 3 个以上的跟踪点，为它添加一些内容。不过这些跟踪点最好是在一个平面上，如果在"天空"选一个跟踪点，在"地面"上选两个跟踪点，可能应用素材后，这个素材的位置并不符合实际情况。所以从"地面"上选 3 个或者 3 个以上的跟踪点来设定一个平面，至少"地面"相对是一个平面的，如图 12-80 所示。

图 12-80

在图 12-80 中我们选择了 4 个跟踪点，然后计算机用红色的区域标识这是 4 个跟踪点所形成的平面。如果你觉得用框选的方式不方便，可以按住 Shift 键，然后单击跟踪点进行加选也可以。现在要用这些跟踪点为源视频素材"Field"添加一些元素，然后让这些素材看着也能匹配整个画面的运动。右击被选中的任意的跟踪点，弹出快捷菜单，如图 12-81 所示。

单击 Create Text and Camera 后，你会发现在视频素材"Field"的地面上会多出一个黑色的"Text"，它表示可以在这里输入文本内容，并且它会匹配刚才所选跟踪点的运动，如图 12-82 所示。

图 12-82

不用急于修改文字内容，播放该视频素材时就会发现 Text 就像被"写"在大地上一样，稳稳地贴合了视频运动。当镜头掠过它会消失，并且产生符合视觉变化的变形，这让一切看起来就像大地上有 Text 这几个字一样。此时的时间轴面板，如图 12-83 所示。

图 12-83

因为使用了 Create Text and Camera 选项而被添加了一个文本图层与摄像机。在修改本文时需要理解这两个图层的作用，理解它是怎么让新的元素"合成"并进入视频素材的，让它看起来非常匹配画面运动的呢？After Effects 是基于层级的合成软件，此时视频素材"Field"作为最底层，而新增的摄像机与文本在视频素材"Field"之前，如果摄像机与文本图层两者能够跟着视频素材"Field"中的运动的画面同时运动，那么在我们眼中就是相对静止的，它们被匹配在了一起。所以跟踪后新生成的摄像机的匹配运动的关键帧，如图 12-84 所示。

图 12-84

这个新生成的 3D Tracker Camera 是运动的，当它与跟踪数据进行同步时，新加入的素材看起来就与匹配源素材中的运动画面是相对静止的。就好比，假设你在车上拍摄窗外的画面，如果这时一个车与你并排前进，你与另外一辆车看起来就是相对静止的。那么视频素材"Field"中的运动的画面就是一个"在运动的车"，计算机解析了它的运动后，把数据应用到新的元素或者摄像机上，这新的元素或者摄像机就是另外一个"以同样速度和角度运动的车"，那么在我们眼里这两个车就是相对静止的，所以通过摄像机来观察新加入的素材，这些素材就会看起来与视频素材中的运动画面是同步运动的。修改一下文本的内容，并且调整它的位置大小等，移动到想放的位置，如图 12-85 所示。

图 12-85

在图 12-85 中的调整方式就是对 Text 图层中的基本属性参数进行了修改。此时播放视频文件会发现"Super hero"如同窗外的风景一样随着运动被掠过。我还想在田野上放些卡通人物。

拖动视频往前播放一点，找到需要的时间点后，选择视频素材"Field"，再到 Effect Control 中单击 3D Camera Tracker，就会再次看到跟踪点，选择需要的跟踪点，如图 12-86 所示。

图 12-86

在图 12-86 中选取了一块新的跟踪点，然后右击跟踪点，弹出快捷菜单，使用新的跟踪点添加别的素材，如图 12-87 所示。

图 12-87

不过图 12-87 所示菜单与图 12-81 所示菜单略有不同，在图 12-81 所示菜单中会附带创建一个摄像机的选项，这个摄像机将会分析并使用跟踪数据，保证应用的素材会被稳定地跟踪在视频素材中。当已经创建了摄像机后，就可以直接使用跟踪点的数据来应用到其他素材，并也会被稳定地匹配跟踪。

现在加入一些其他图片素材来匹配画面。但是图 12-87 中并没有支持导入图片素材的方式，不过可以利用其他数据，比如选择 Create Null，形成一个空层，只需要它的 Transform 中的属性。此时会在时间轴面板上形成一个新的名为 Track Null 1 的空层，如图 12-88 所示。

图 12-88

Track Null 1 的位置处于之前选的跟踪点的位置。现在放入其他的图片素材，如图 12-89 所示。

图 12-89

虽然还没有为图 12-89 的 Iron man 1 的图片素材加入地面阴影、合适的光照等，不过我们的主题是"跟踪"。为了让图片匹配摄像机跟踪，需要打开 Iron man 1.png 图层的三维开关，如图 12-90 所示。

图 12-90

图 12-90 中 Iron man 1.png 图层的三维开关已经被打开，重点就是要记得为素材打开三维开关。保持它图片素材的二维属性，它的性质与源素材"Field"一样就是个背景。播放一下视频，发现它不会受到 3D Tracker Camera 的影响，依然不会匹配摄像机而运动。理解这一点后，就需要你理解刚才谈到的，为什么系统会自动创建一个 3D Tracker Camera 的原因。

但是，当你打开时间轴面板上 Iron man 1.png 图层的三维开关后，会发现合成预览窗口中的钢铁侠图片素材不见了，不是它消失了，而是我们在合成预览窗口中所看到的内容全是 3D Tracker Camera 中的内容，显然 Iron man 1.png 图层被打开三维开关后，它并没有在摄像机的拍摄范围内，而且要找 Iron man 1.png 图层也变得很困难，因为不知道它此刻相对于 3D Tracker Camera 到底在哪里。此时，之前的 Track Null 1 就发挥了作用。

把 Track Null 1 的 Position 属性赋值给 Iron man 1.png 图层即可，让它们的位置一样，可以找到 Track Null 1，自然也就找到了 Iron man 1.png 图层，此时合成预览窗口中的效果，如图 12-91 所示。

不过在图 12-91 中，钢铁侠的图片看起来小了一点，这是因为刚才选择的跟踪点的位置就那么远，所以它看起来会很小。此时把 Iron man 1.png 图层放大一下即可，也可以稍微移动一下位置，把它摆放到更合适的位置。需要注意的是，这些图片不宜大幅度移动，毕竟远点的跟踪点的移动速度，与靠近屏幕的跟踪点的速度并不一样，当把图片大幅度移动时，很容易出现图片仿佛在"漂"的感觉，而且没有很好地匹配运动，不过经过调整后应该可以取得很好的效果。尝试加入一点阴影，如图 12-92 所示。

第12章　画面跟踪技术与摄像机反求　　339

图 12-91

图 12-92

其实还可以对图 12-92 所示的效果进行优化，例如可以进行调色，加入灯光，让它们融合得更加真实自然。不过现在播放视频时就可以看到仿佛田野上站着一个帅气的钢铁侠，然后镜头掠过，它也会稳稳地"站"在田野上。当然，把素材放得远远的，它就会很小，这样也不容易穿帮，越靠近屏幕的地方，就越需要仔细地调整参数，这依赖于你的经验和对跟踪原理的理解。

后记

当你学习到这里的时候，相信对于 After Effects 的基本原理已经有了一定的理解。也许你会有些疑问，比如，学习了书本上的内容就算完全掌握 After Effects 了吗？实际上，电子资源与书本上的内容在知识上是同等重要的，甚至有补充和延展的作用。例如，电子资源中视频是为了与大家沟通，用聊天的方式谈谈在 After Effects 的学习过程中会遇到的问题及解决问题的思路。例如，"第三方插件"、"深入学习与创造的窍门"等这些有意思的内容都在电子资源中，这些内容将会对你在书本学习之外进行一个补充，增加视觉上的记忆。

现在请重新回顾一下我们的学习过程。整个学习的目的是，清楚基本概念、属性的关系，梳理制作的主要逻辑与方法，努力完成 After Effects 从 0 到 1 的相对系统的蓝图构建。在此基础上，你再模仿案例制作，才能更快、更有效地整理、归纳出你自己的知识。这就如同我们期望的一样——实现高效的学习。

为了确定你已经学习到了我们希望你掌握的核心知识。所以我们准备了 12 个问题，请你自检一下：

1. 是否能给自己列出一个常用的获取不同类型素材的网站与资源列表。
2. 是否能够熟练转换与处理各类格式与文件，并且自己制作一个素材库。
3. 是否可以解释在新建工程与输出工程时每个参数的作用与注意事项。
4. 是否可以解释时间轴面板上每个功能的作用。
5. 是否可以解释关键帧插值与曲线编辑器的作用。
6. 是否可以解释三维摄像机与多视图的使用与注意事项。
7. 是否可以使用抠像的三个基础方法，并且能够自己讲解一遍。
8. 是否可以使用调色的三大基础工具，并且能够讲解直方图与色阶插件。
9. 是否可以绘制一个卡通角色并进行绑定。
10. 是否形成了自己的制作粒子效果的思路。
11. 是否能够利用滑块等插件写出调整图层参数属性变化的表达式。
12. 是否能够解释四点跟踪原理与摄像机反求。

当你能够很好地回答这些问题的时候，就意味着你确实对基础的知识掌握非常充分了。但是也有极大的可能是这样子的：你并不能轻松地回答出这些问题。你好像对这些知识有点印象，但是又一知半解说不上来。别担心，之所以会有这么一个后记，就是预计到会出现这样的问题。

有研究表明，只是机械的重复并不能够加强记忆。而且，对表面文字的理解离真正的掌握还差之千里。总体来说，我们和真正掌握知识之间还隔着一层。要解决的问题可总结如下：
- 如何摆脱机械的记忆？
- 如何从字面理解变成真正懂得？
- 如何让学习的过程不那么枯燥，能够让你有信心完成？

面对以上的问题，我建议大家先思考：如何将新知识与已掌握的知识联系在一起。带着这个问题再按照以下步骤完成挑战：

1. 建立一个自己的素材库，把素材转换成自己喜欢的格式，并且分类命名。在这个过程中你会体会到一些独特的拥有感。

2. 对于各个功能面板，时间轴面板是最关键的。而机械记忆是最糟糕的做法，建议是对每个功能进行创造性的练习。比如，在学习三维功能时，你只使用这一个核心功能去进行创意练习。组合不同的图片素材（从上一步的练习中获得的），然后利用三维摄像机与三维层搭建一个复杂的空间图。比如森林，太空，室内等，就像搭积木与贴片画之类的游戏。尽可能只用单一的功能去发挥想象创造。这样不但可以体会到从简单的东西进行创造组合的乐趣，而且还能加深对功能的理解，并不需要你去刻意记忆，而是在练习中掌握知识。

3. 设计两个简单的卡通人物，然后做一些简单的对话和动作，将文字与动画配合，使用不同的镜头进行切换，完成一个小故事。

4. 尝试做粒子效果，比如在卡通人物手上放出一团彩色粒子绽放。简单的粒子效果即可。毕竟对于粒子效果制作，培养自己的思路更重要，要做出丰富的粒子效果需要的是长期的积累，所以不能着急。

5. 将卡通人物与一些简单的元素进行合成跟踪。比如，尝试跟踪与反求计算，将卡通人物与桌面结合，使它们看起来就像"钉"在桌面上一样。尝试为这一合成结果调整颜色，统一光线与摄像机系统，使它看起来更加融合。虽然，可能会因为经验不足，结果不尽如人意。但是，这个过程的意义在于促使你主动思考

当你完成这5个步骤以后，再去回答之前的12个问题，就会发现顺利很多。注意每一个知识点的连贯性，在自学的过程中强调"新知识与已掌握的知识的联系"。然后，你只需要对知识进行进一步的精细化加工：用你自己的语言去解释所有的问题。其实我们的语言系统，讲述问题的方式，都属于自己已有的经验范畴。只要你能够把它们转换为你自己的语言，就基本代表你掌握了它们。

至此，相信你已经可以判断出自己是否真的掌握了书本中全部12章的内容了。如果你对网上正在流行的一些效果想要进行模仿制作，那么你可以开始动手尝试了。而我也要再次强调电子资源中除与书中配套的前12章的内容外，第13章第三方插件电子资料和第14章深入学习与创造电子资料也格外的重要，甚至更重要。

总之，一切都还没结束，我们的学习可能才刚刚开始，我们还要继续努力。

学习

纪念日

AFTER EFFECTS

高效学习指南：自学影视后期制作

此致，

梦尧